DIANQI SHEBEI
CHANGYONG KONGZHI DIANLU TUJI

# 电气设备
# 常用控制电路图集

黄北刚　黄义刚　陈宝庆　编著

中国电力出版社
CHINA ELECTRIC POWER PRESS

## 内 容 提 要

本书收集、设计、整理了近280例电气设备控制电路，内容包括电气照明控制电路、机械设备常用电动机控制电路、典型的电动机控制电路、单相交流感应电动机的控制电路、低压变电站系统与馈出回路控制电路、输送液体的泵用电动机控制电路、采用NJBK2系列电动机保护器的电动机控制电路、采用电动机保护器保护的电动机控制电路、采用JD—8系列电动机保护器的电动机控制电路、接触器实物与控制电路图，并对其中部分典型电路进行工作原理分析，可帮助读者举一反三，快速掌握电气设备控制电路的原理，从而解决工作中的实际问题。

本书可作为具有一定识图能力且能按电路图进行接线、故障处理的青年电工查、用图时的参考书，也可作为初中以上文化水平的电工技术初学者、厂矿维修电工和电工技术业余爱好者的学习用书，还可作为初级电工岗位技能方面的培训教材。

**图书在版编目（CIP）数据**

电气设备常用控制电路图集/黄北刚，黄义峰，陈宝庆编著．—北京：中国电力出版社，2017.9
ISBN 978-7-5198-0490-9

Ⅰ.①电…　Ⅱ.①黄…　②黄…　③陈…　Ⅲ.①电气设备—控制电路—电路图—图集　Ⅳ.①TM762-64

中国版本图书馆CIP数据核字（2017）第052179号

出版发行：中国电力出版社
地　　址：北京市东城区北京站西街19号（邮政编码100005）
网　　址：http：//www.cepp.sgcc.com.cn
责任编辑：杨　扬（010-63412524）　贾丹丹
责任校对：王开云
装帧设计：张俊霞　赵姗姗
责任印制：蔺义舟

印　　刷：北京市同江印刷厂
版　　次：2017年9月第一版
印　　次：2017年9月北京第一次印刷
开　　本：787毫米×1092毫米　16开本
印　　张：14
字　　数：344千字
印　　数：0001—2000册
定　　价：45.00元

**版权专有　侵权必究**
本书如有印装质量问题，我社发行部负责退换

# 前 言

随着电气技术的飞速发展，从事电气工作的技术工人也不断增加，而熟悉和掌握工厂常用电气控制电路，是每个电工必须具备的基本能力。面对各种各样的控制电路，许多电工新手常常觉得无从下手，希望能有一本实用的电气设备控制电路图集，为自己的工作提供帮助。

本书结合了作者四十多年的实际工作经验，收集整理了电工工作中常见的控制电路。在书中电气回路是以手动操作的隔离开关、断路器、熔断器及可以实现自动控制的带有电磁线圈的电气开关设备（如交流接触器、电磁继电器等）为主。在这些设备的线圈两端施加工作电压，线圈便励磁动作，开关闭合；断开工作电压，接触器、继电器等就断电释放。这样就能够满足电气设备动作的目的，这就是电气设备的控制接线。

书中内容包括电气照明控制电路、机械设备常用电动机控制电路、典型的电动机控制电路、单相交流感应电动机的控制电路、低压变电站系统与馈出回路控制电路、输送液体的泵用电动机控制电路、采用 NJBK2 系列电动机保护器的电动机控制电路、采用电动机保护器保护的电动机控制电路、采用 JD—8 系列电动机保护器的电动机控制电路、接触器实物与控制电路图。

从这些控制电路中将会看到，多数电动机的控制电路顺序是：控制电源控制回路熔断器→停止按钮→启动按钮→接触器线圈→热继电器动断触点→控制电源 N，或是控制电源控制回路熔断器→停止按钮→启动按钮→接触器线圈→热继电器动断触点→控制回路熔断器→控制电源 L3。通常，前者是 220V 控制电路，后者是 380V 控制电路。

这些控制电路看起来是相似的，但希望读者能仔细阅读本书，思考它们之间的细微差别，理解增加或者删减一个或两个元器件之后，控制电路的功能会发生哪些变化。比如延时自启动就是在电动机控制电路中增加一个时间继电器，把时间继电器的延时触点，直接与启动按钮并联，停机时按下停止按钮的时间要超过时间继电器的整定值，电动机才能停下。这时如果在时间继电器线圈前面或在延时断开的动合触点前增加一个控制开关，就能实现即时停机了。

另外也请读者朋友注意接触器联锁的技巧。通过接线，使得接触器触点相互联锁，这是保证接触器主触点短路的操作安全的必要技术措施。

电工工作的根本，是要绷紧安全这根弦。在接线之前就要想到错误接线的后果。轻则不能启动，重则短路、崩烧，甚至引起变电站停电事故，危及生命。因此必须小心谨慎，切勿盲目照搬，要结合实际情况反复盘查。

本书在编写过程中，获得许多同行热情的支持与帮助，陈宝庆、刘洁、李辉、李忠仁、刘世红、李庆海、黄义峰、祝传海、杜敏、姚琴、黄义曼、姚珍、姚绪等人进行了部分文字的录入工作，在此表示感谢。

限于编者水平，加之时间仓促，书中难免有疏漏与不妥之处，恳请广大读者批评指正。

作 者

2017 年 1 月

# 目　录

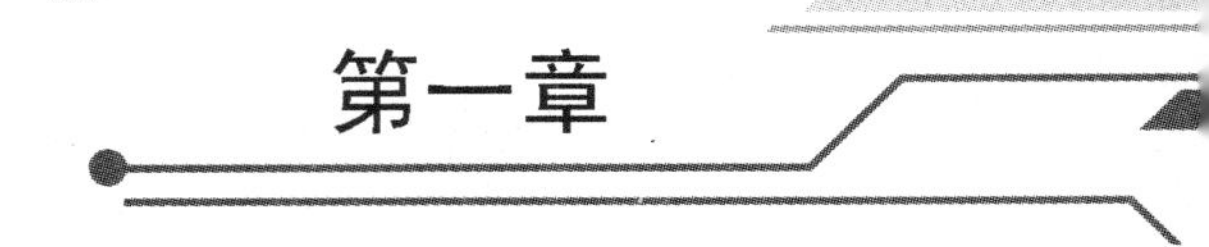

# 第一章

# 电气照明控制电路

## 例 1 一只开关控制一盏灯的接线

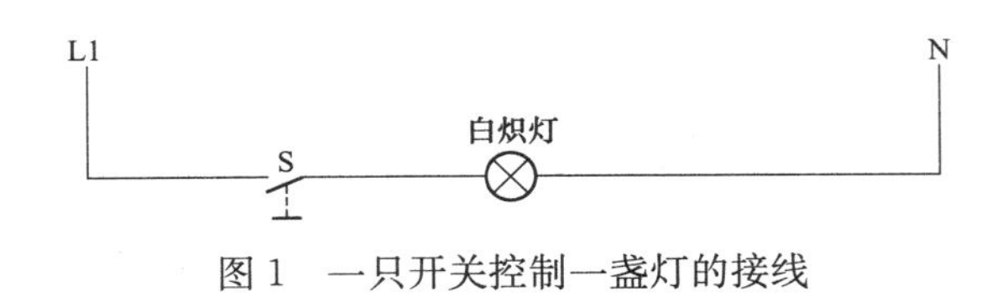


图 1 一只开关控制一盏灯的接线

## 例 2 一只开关控制五盏灯的接线

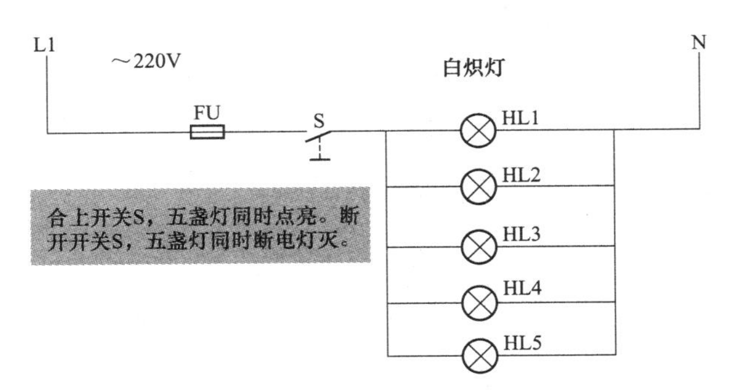


图 2 一只开关控制五盏灯的接线

## 例 3 一只开关控制一盏日光灯的接线（1）

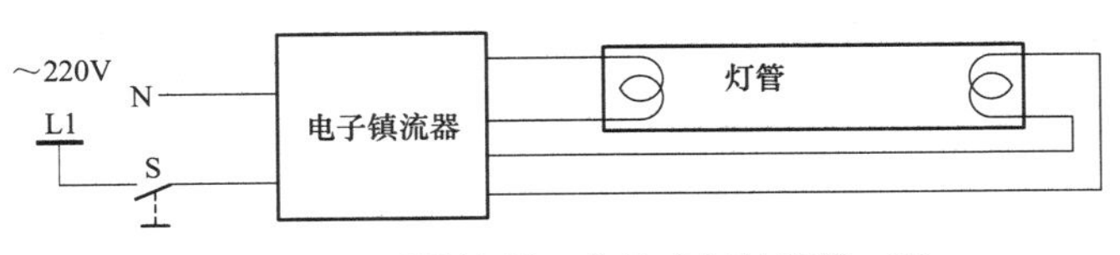


图 3 一只开关控制一盏日光灯的接线（1）

## 例 4 一只开关控制一盏日光灯的接线（2）

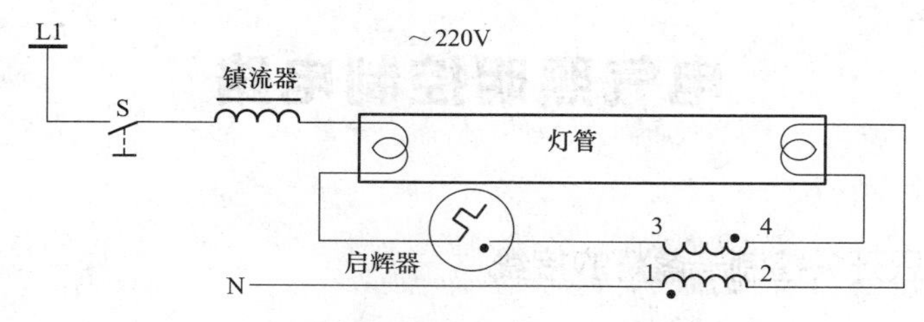


图 4 一只开关控制一盏日光灯的接线（2）

## 例 5 一只开关代替启辉器的日光灯的接线

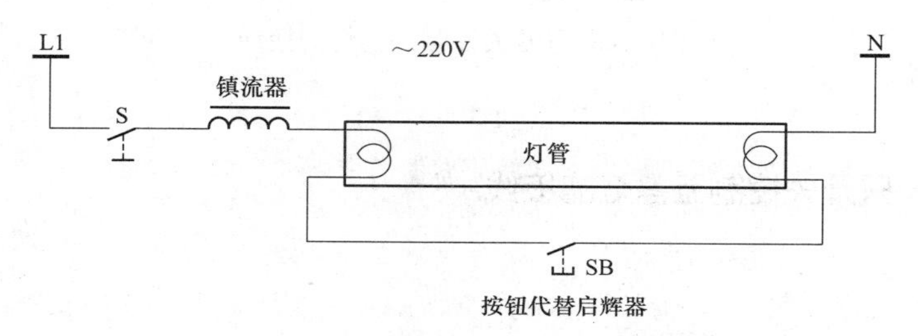


图 5 一只开关代替启辉器的日光灯的接线

## 例 6 一只开关控制一盏日光灯的接线（3）

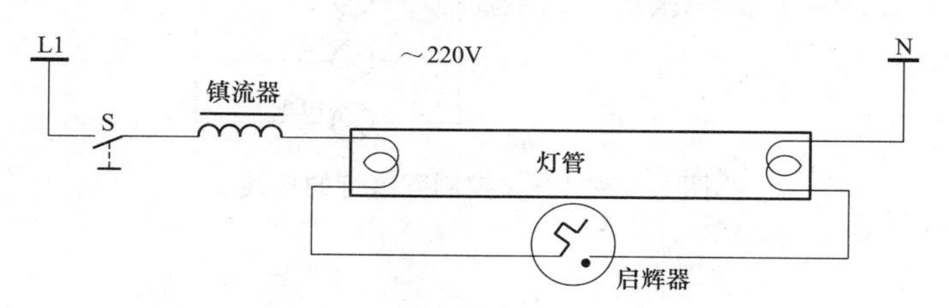


图 6 一只开关控制一盏日光灯的接线（3）

## 例 7 一楼与二楼之间（楼梯）灯的接线

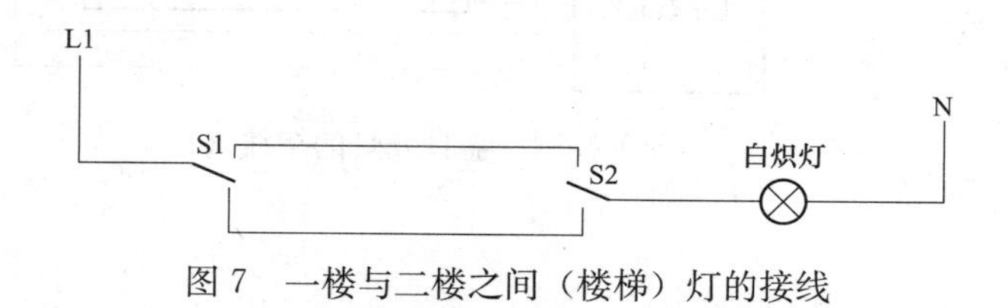


图 7 一楼与二楼之间（楼梯）灯的接线

## 例 8 一只开关控制两盏相同规格 110V/100W 灯的接线

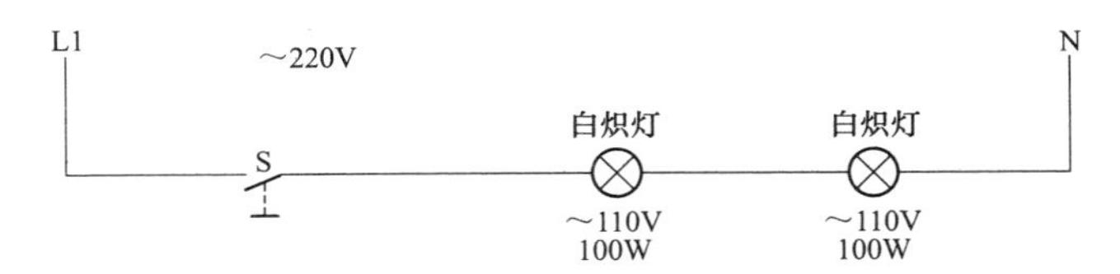


图 8 一只开关控制两盏相同规格 110V/100W 灯的接线

## 例 9 变电站照明控制电路

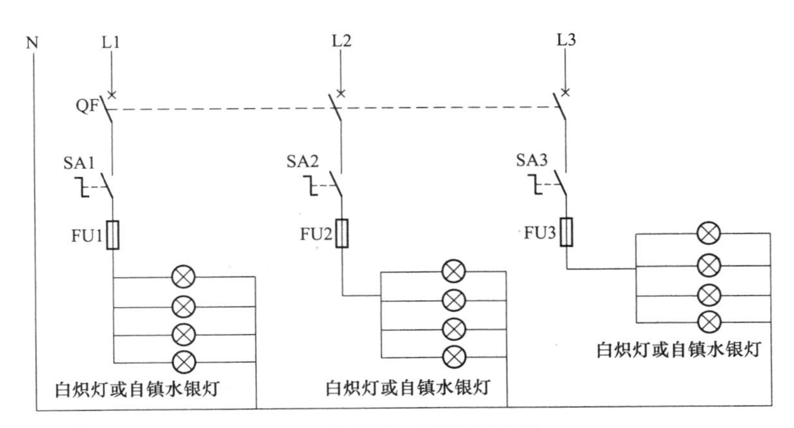


图 9 变电站照明控制电路

## 例 10 变电站照明采用接触器集中控制的电路接线

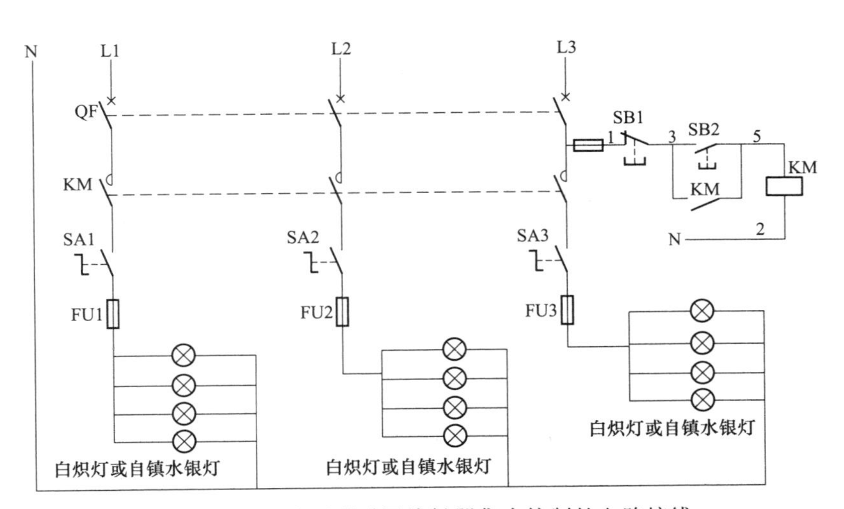


图 10 变电站照明采用接触器集中控制的电路接线

## 例 11 无人值班的变电站照明采用接触器集中控制的电路接线

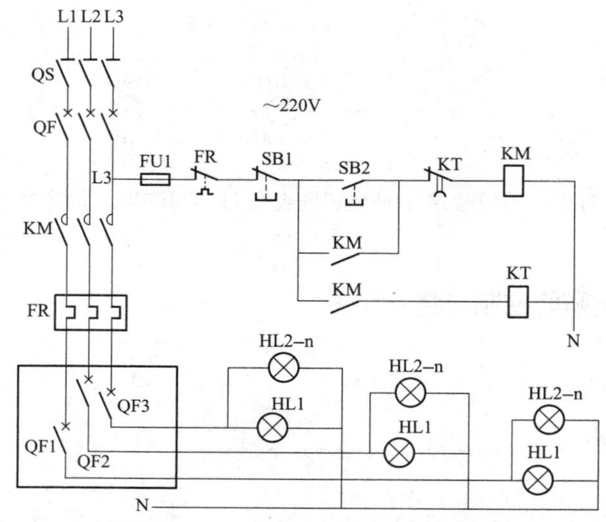


图 11 无人值班的变电站照明采用接触器集中控制的电路接线

## 例 12 采用 KG316T 时控器定时启停路灯的电路接线

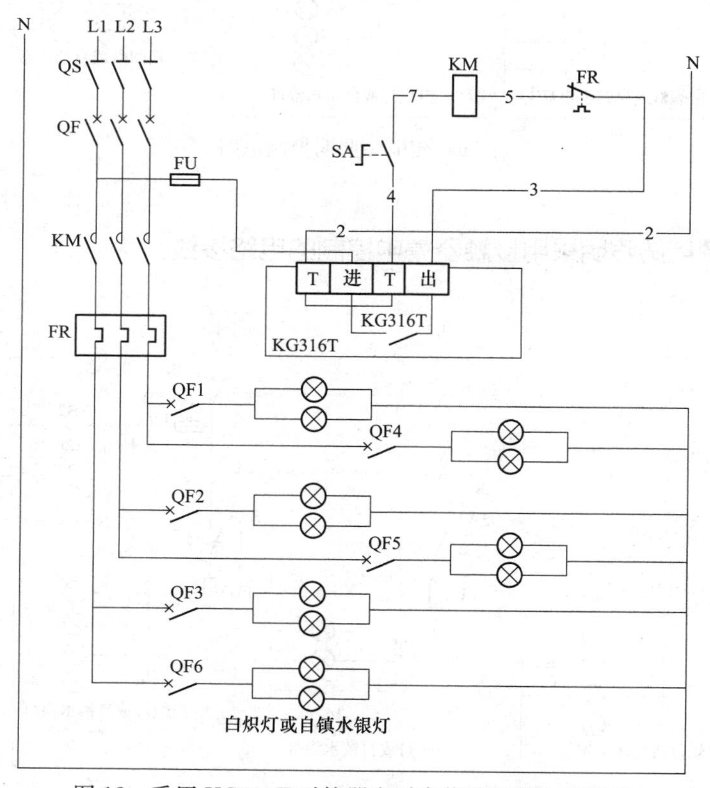


图 12 采用 KG316T 时控器定时启停路灯的电路接线

# 机械设备常用电动机控制电路

## 例 13 无过负荷保护、按钮操作启停的电动机 220V 控制电路

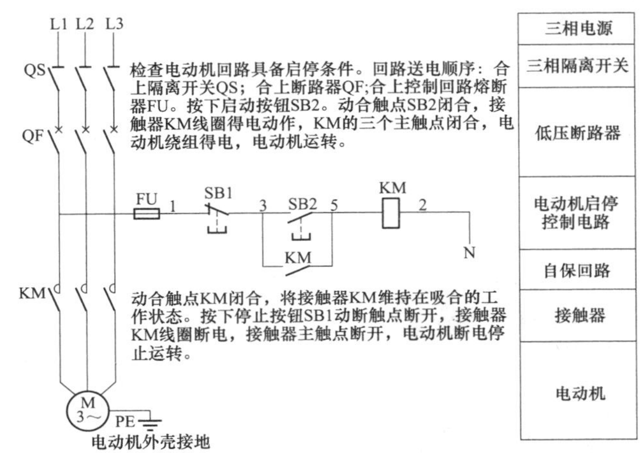


图 13 无过负荷保护、按钮操作启停的电动机 220V 控制电路

## 例 14 一启两停、有手动发启动通知信号一启两停的电动机 380/36V 控制电路

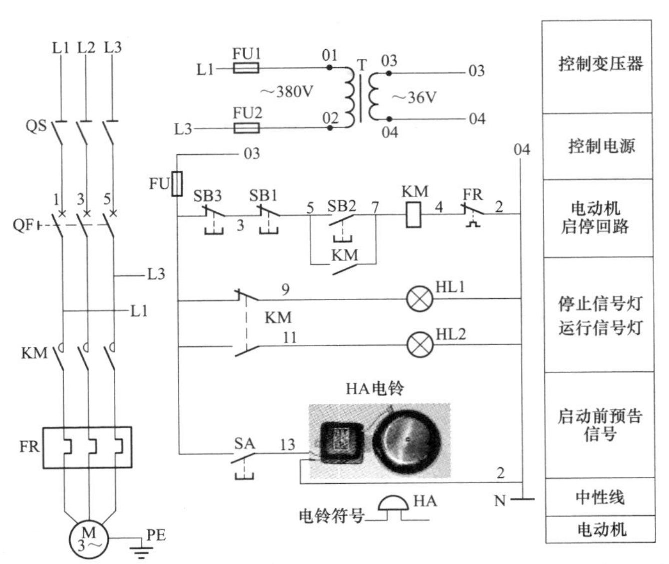


图 14 一启两停、有手动发启动通知信号一启两停的电动机 380/36V 控制电路

## 例 15 无过负荷保护、按钮操作启停的电动机 220V 控制电路实物接线图

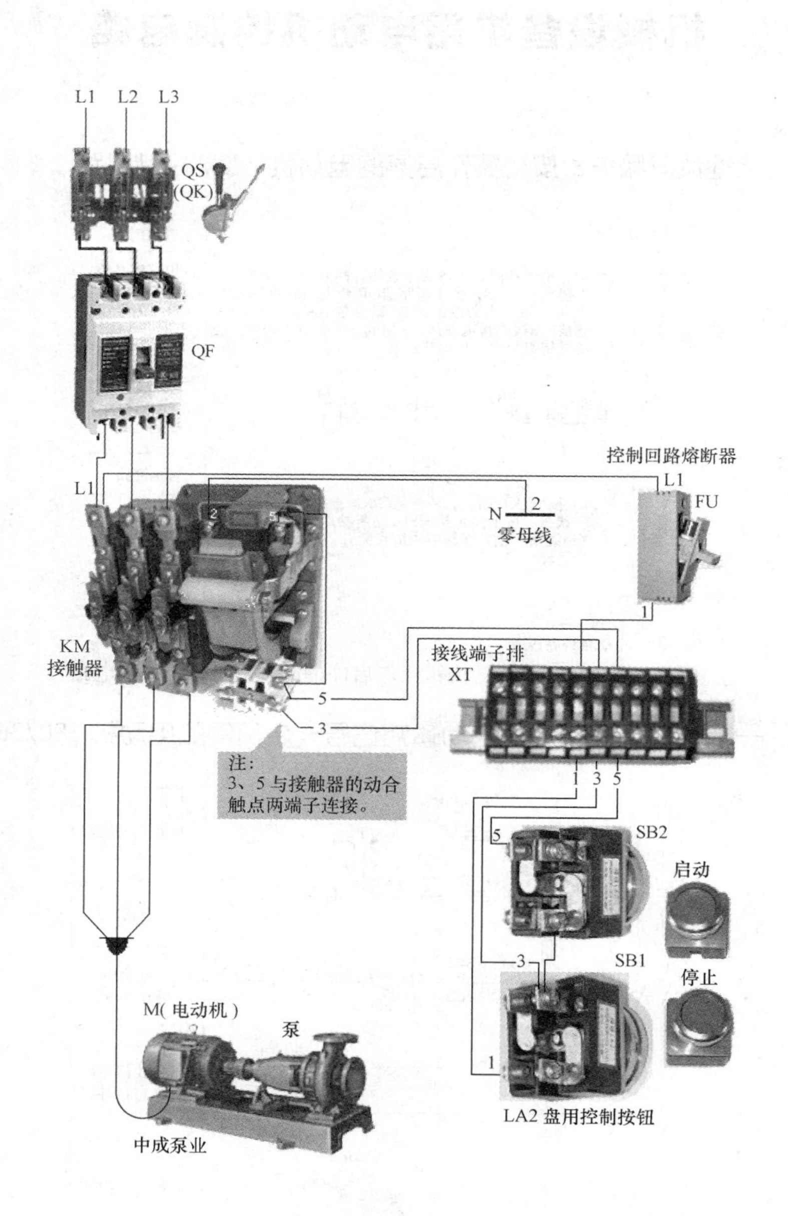


图 15 无过负荷保护、按钮操作启停的电动机 220V 控制电路实物接线图

注：控制电路图如图 13 所示。

## 例 16 有过负荷保护、按钮操作启停的电动机 380V 控制电路

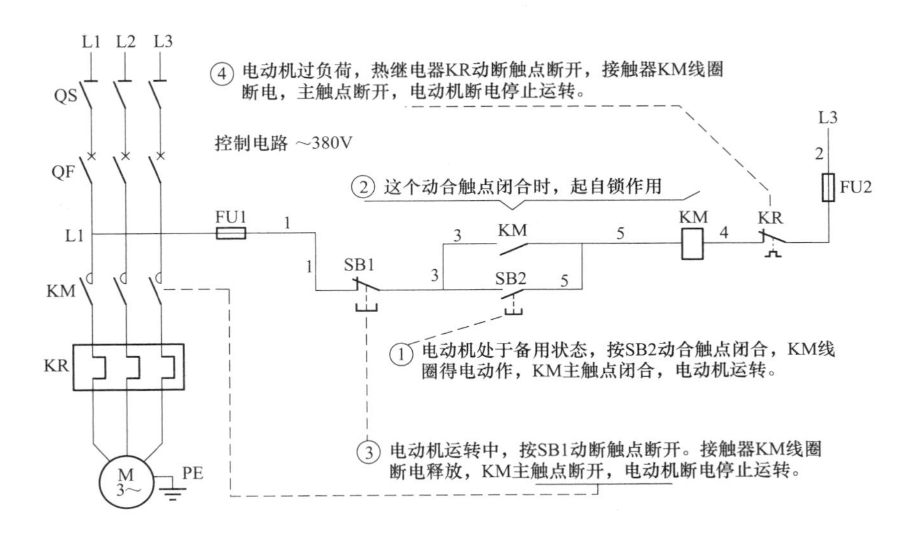


图 16 有过负荷保护、按钮操作启停的电动机 380V 控制电路

注：实物接线图如图 18 所示。

## 例 17 过负荷保护、有状态信号灯、按钮启停的电动机 220V 控制电路

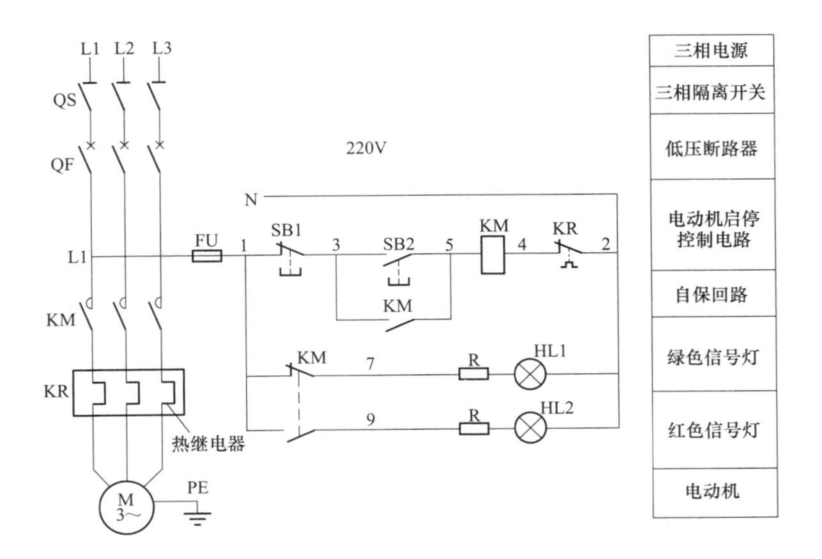


图 17 过负荷保护、有状态信号灯、按钮启停的电动机 220V 控制电路

注：实物接线图如图 19 所示。

## 例 18 有过负荷保护、按钮操作启停的电动机 380V 控制电路实物接线图

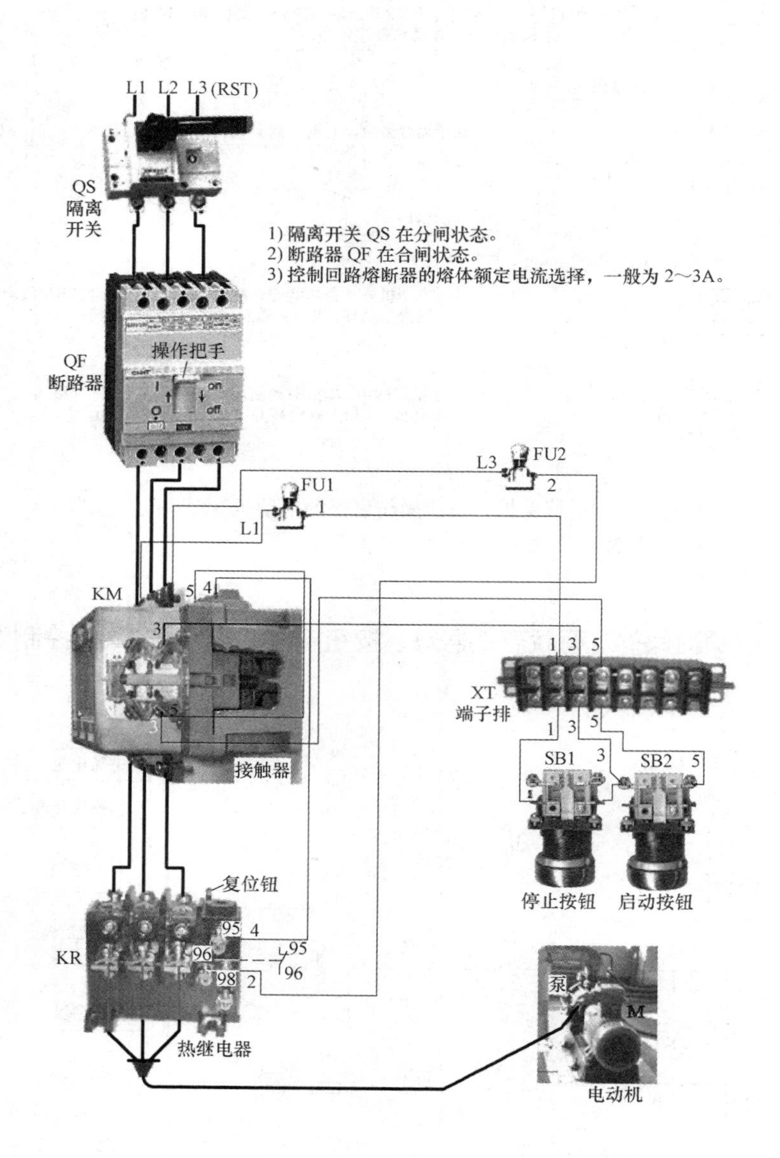


图 18 有过负荷保护、按钮操作启停的电动机 380V 控制电路实物接线图

## 例 19 过负荷保护、有状态信号灯、按钮启停的电动机 220V 控制电路实物接线图

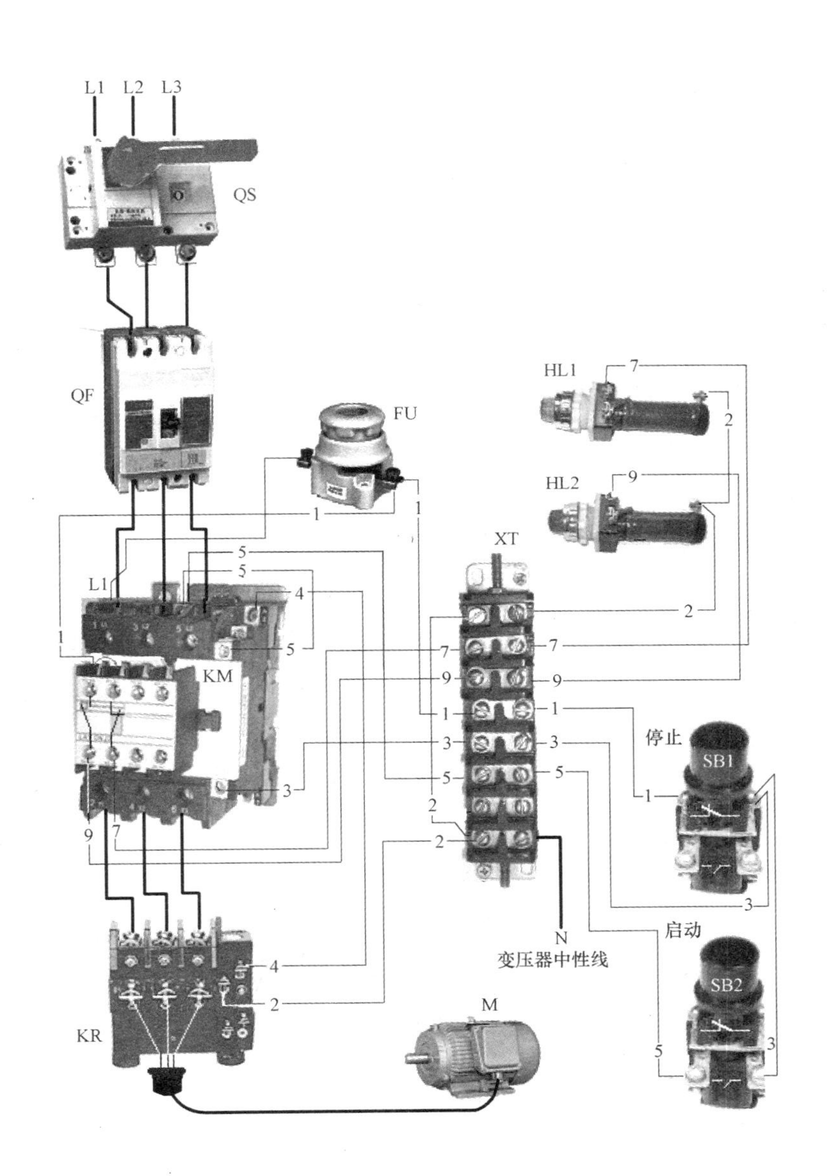


图 19 过负荷保护、有状态信号灯、按钮启停的电动机 220V 控制电路实物接线图

## 例 20 过负荷保护、有状态信号灯、按钮启停的电动机 380V 控制电路

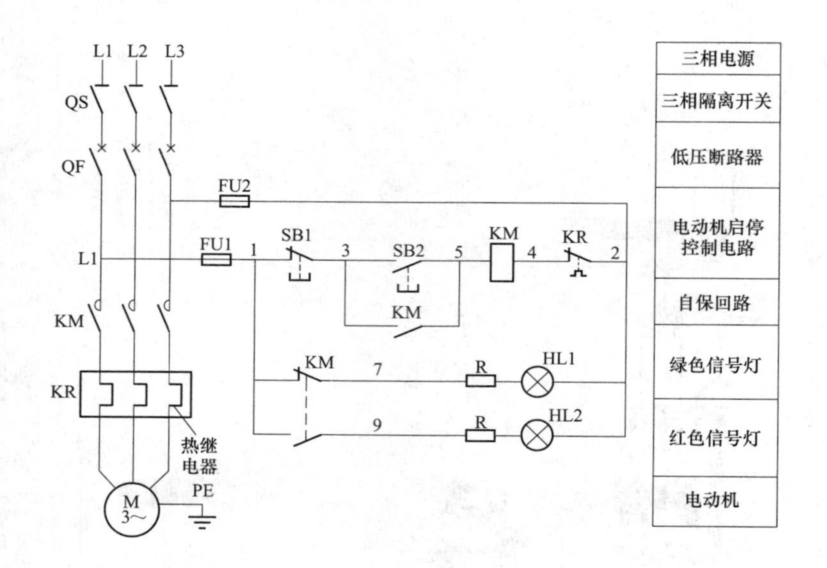


图 20　过负荷保护、有状态信号灯、按钮启停的电动机 380V 控制电路

注：实物接线图如图 22 所示。

## 例 21 过负荷保护、有电源信号灯、按钮启停的电动机 220V 控制电路

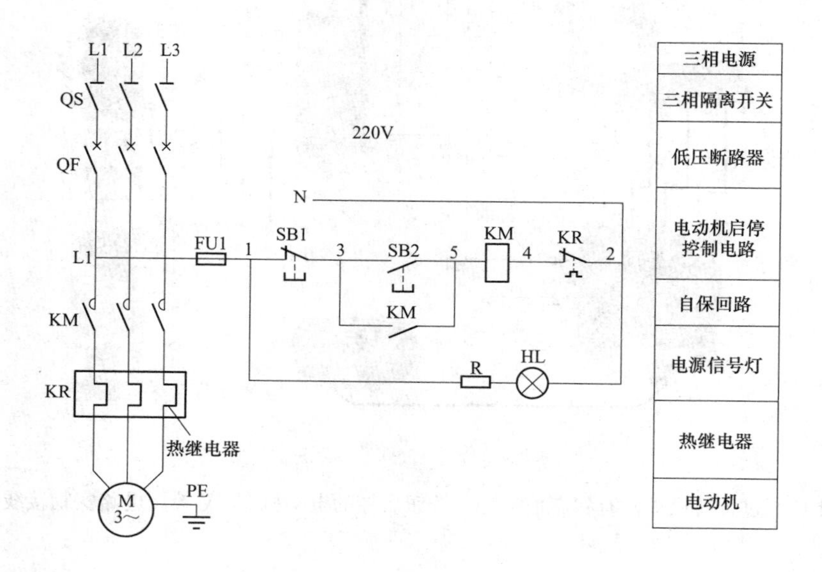


图 21　过负荷保护、有电源信号灯、按钮启停的电动机 220V 控制电路

注：实物接线图如图 23 所示。

## 例 22 过负荷保护、有状态信号灯、按钮启停的电动机 380V 控制电路实物接线图

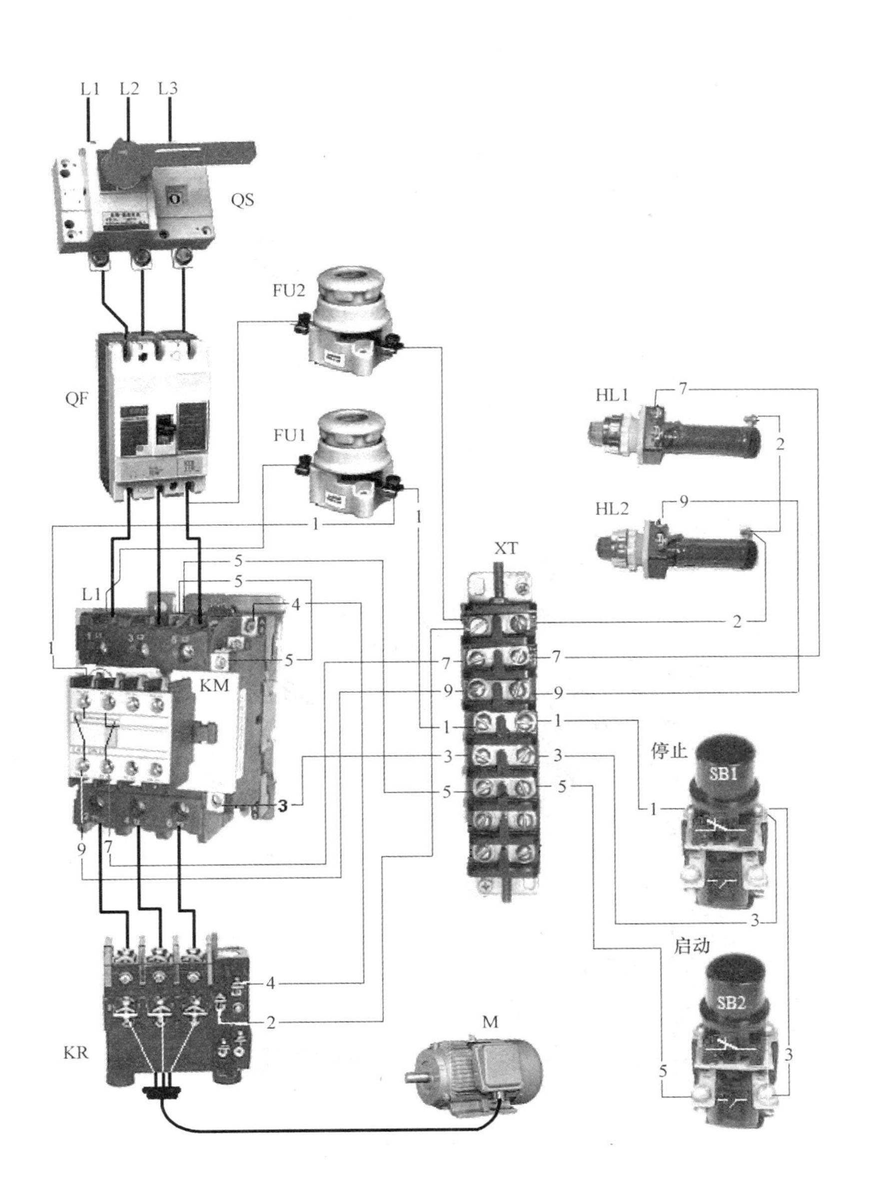


图 22 过负荷保护、有状态信号灯、按钮启停的电动机 380V 控制电路实物接线图

## 例 23 过负荷保护、有电源信号灯、按钮启停的电动机 220V 控制电路实物接线图

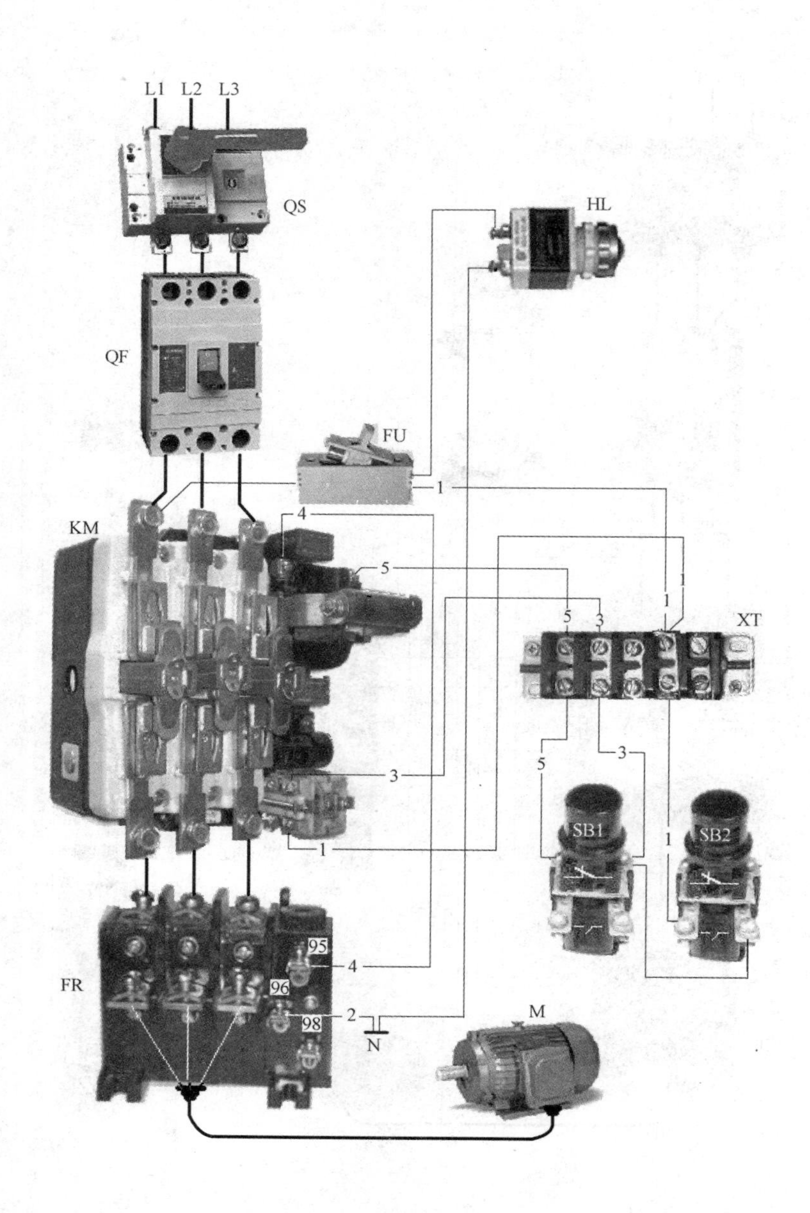


图 23 过负荷保护、有电源信号灯、按钮启停的电动机 220V 控制电路实物接线图

## 例 24 双电流表、过负荷保护、按钮启停的电动机 220V 控制电路

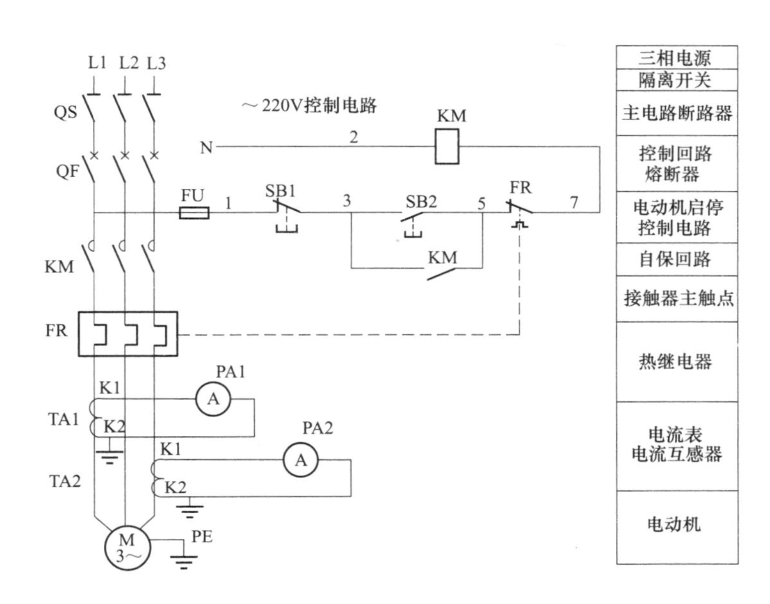


图 24 双电流表、过负荷保护、按钮启停的电动机 220V 控制电路

## 例 25 两只中间继电器构成的断相保护的电动机 380/36V 控制电路

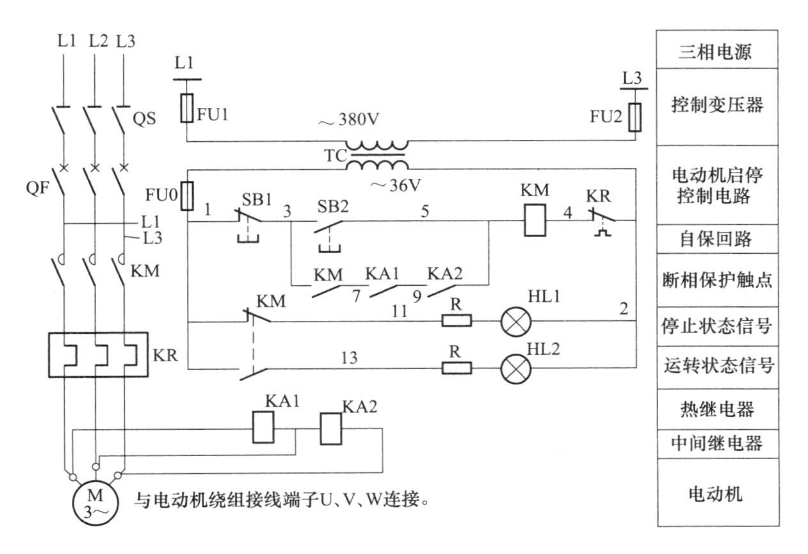


图 25 两只中间继电器构成的断相保护的电动机 380/36V 控制电路

## 例 26 一次保护有电压表、过负荷报警按时间终止、按钮启停的电动机 220V 控制电路

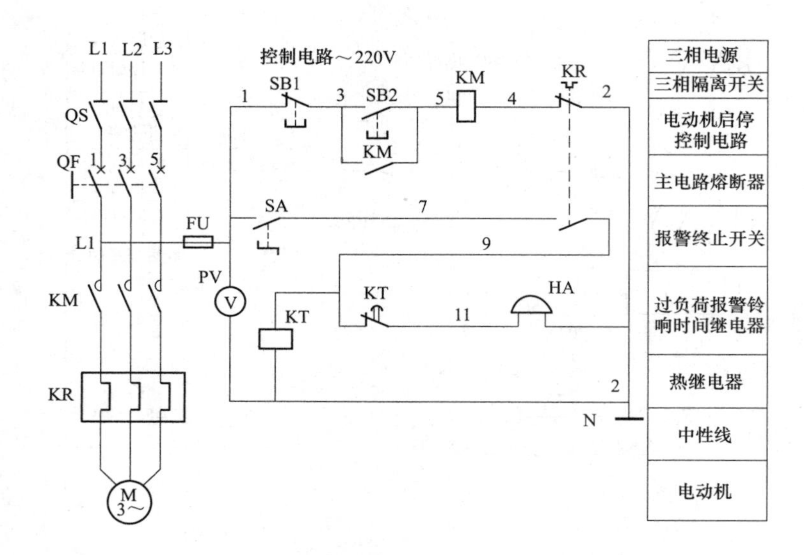


图 26 一次保护有电压表、过负荷报警按时间终止、按钮启停的电动机 220V 控制电路

## 例 27 一次保护有电压表、有启动前预告信号、按钮启停的电动机 380V 控制电路

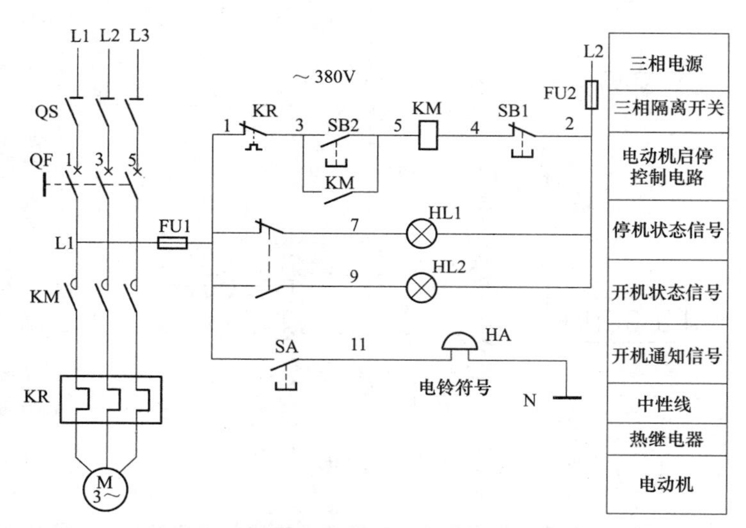


图 27 一次保护有电压表、有启动前预告信号、按钮启停的电动机 380V 控制电路

## 例 28 二次保护、有电源信号、按钮启停的电动机 380V 控制电路

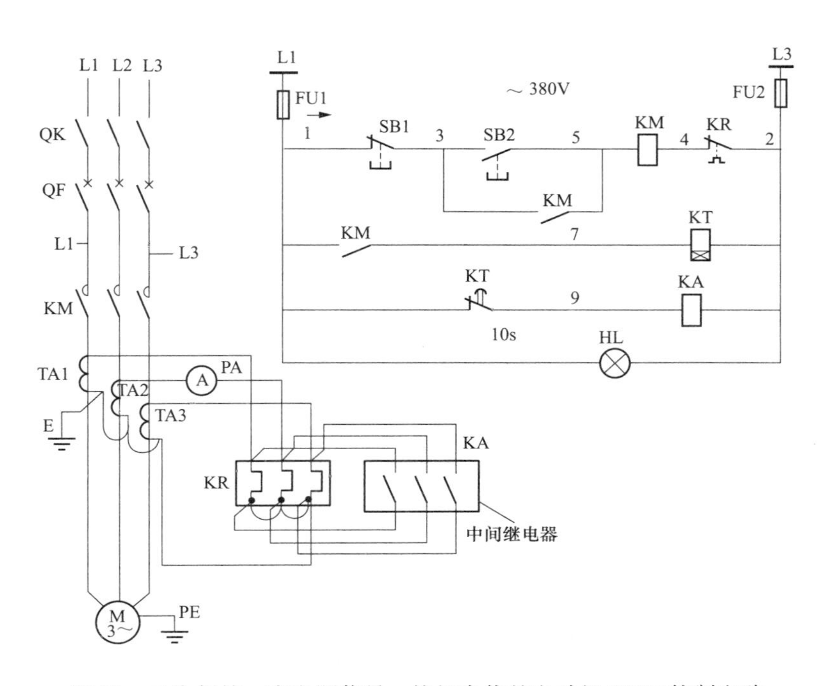


图 28 二次保护、有电源信号、按钮启停的电动机 380V 控制电路

## 例 29 有电压表、按钮操作启停的电动机 220V 控制电路

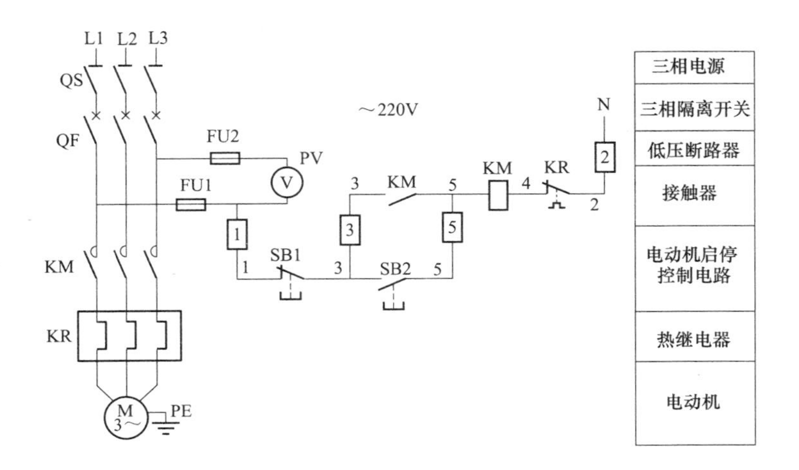


图 29 有电压表、按钮操作启停的电动机 220V 控制电路

注：实物接线图如图 30 所示。

## 例 30 有电压表、按钮操作启停的电动机 220V 控制电路实物接线图

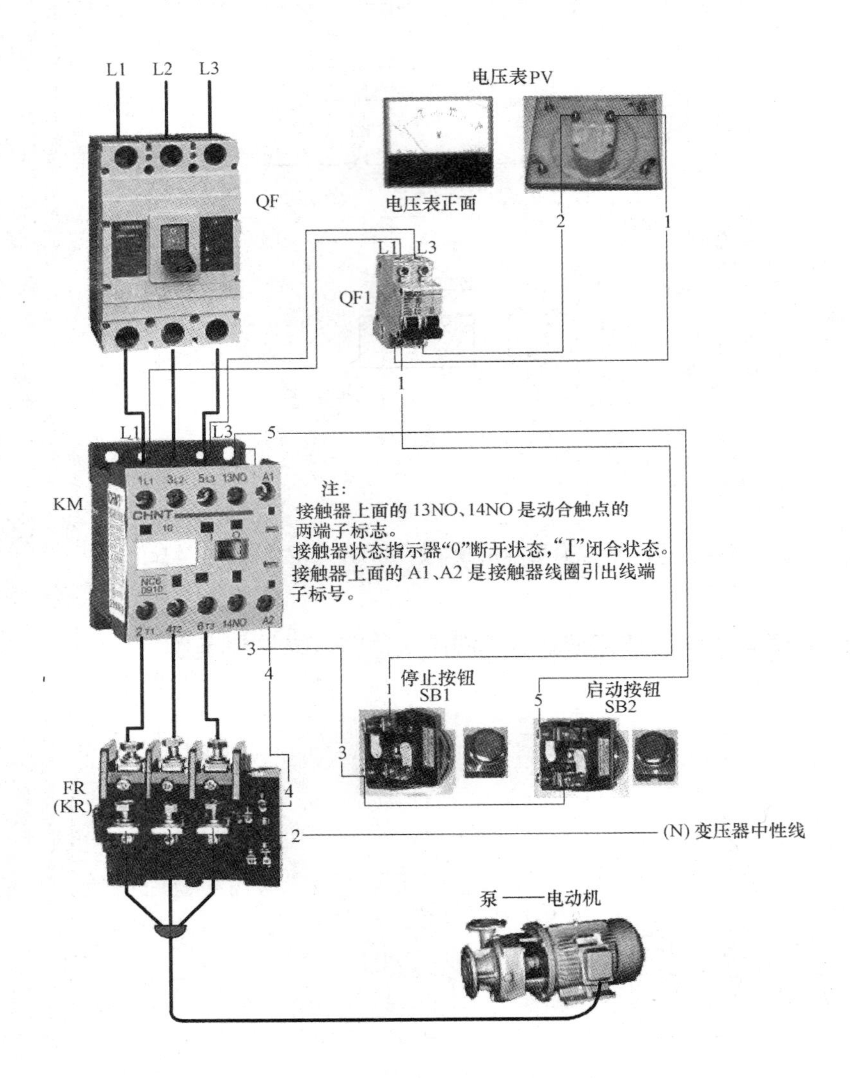


图 30 有电压表、按钮操作启停的电动机 220V 控制电路实物接线图

## 例 31 星三角启动的电动机、采用手动转换 380V 控制电路

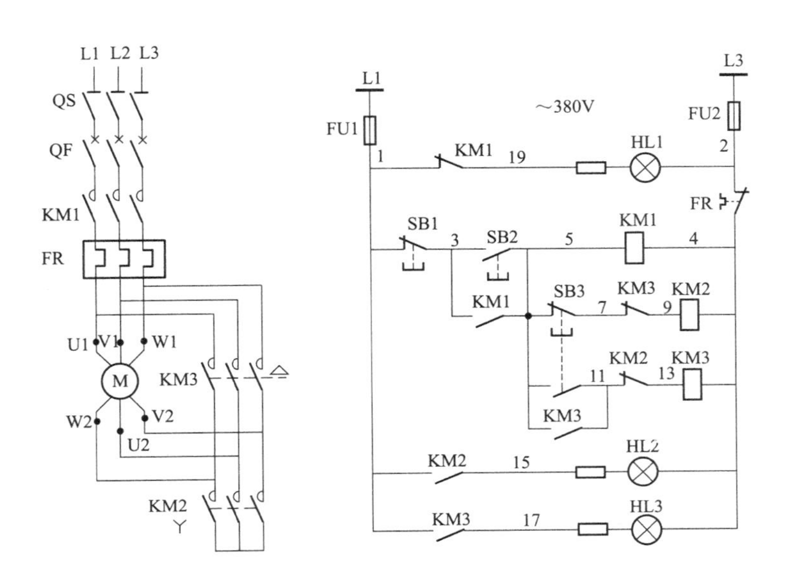


图 31 星三角启动的电动机、采用手动转换 380V 控制电路

## 例 32 无运转状态信号，双重联锁的电动机正反转 220V 控制电路

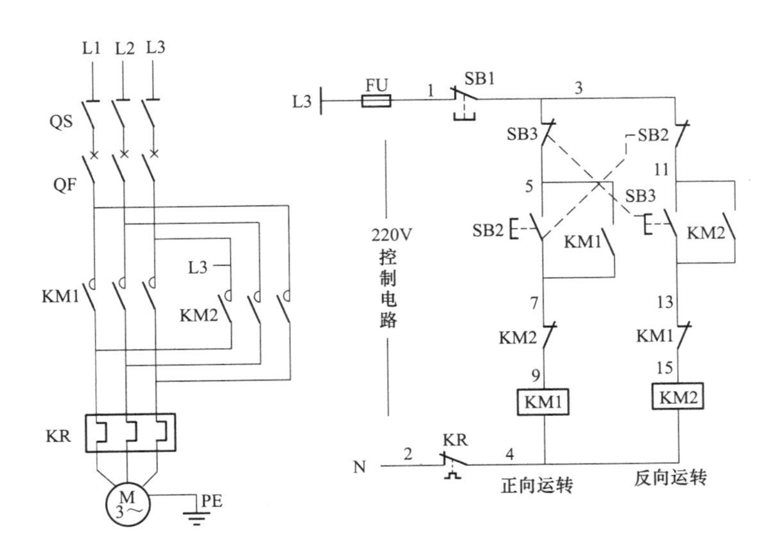


图 32 无运转状态信号，双重联锁的电动机正反转 220V 控制电路

## 例 33 有电源信号灯与运行方向信号灯、双重联锁的电动机 220V 控制电路

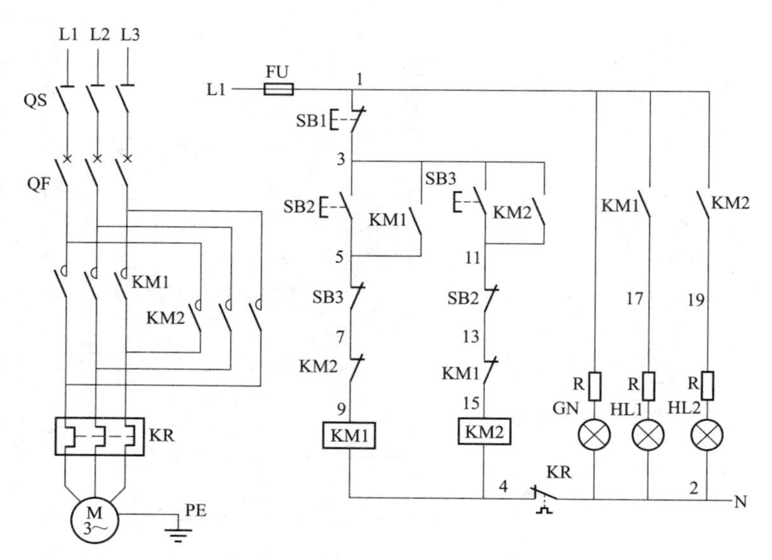


图 33 有电源信号灯与运行方向信号灯、双重联锁的电动机 220V 控制电路

## 例 34 停止按钮放在中间、按钮触点联锁的电动机正反转控制电路

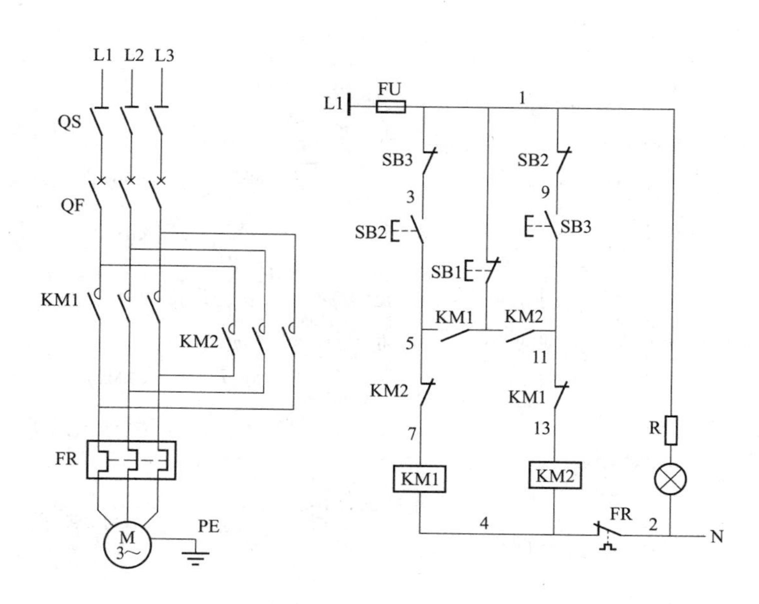


图 34 停止按钮放在中间、按钮触点联锁的电动机正反转控制电路

## 例 35 过负荷报警延时自复、双重联锁的电动机正反转 220V 控制电路

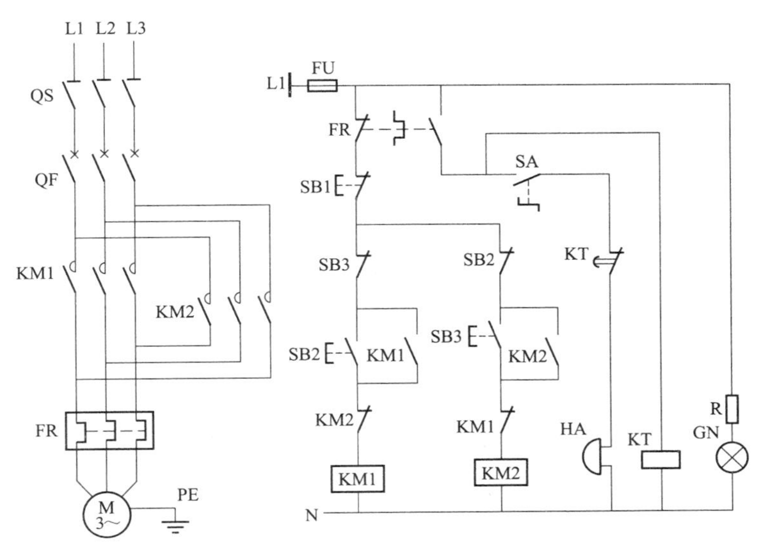


图 35 过负荷报警延时自复、双重联锁的电动机正反转 220V 控制电路

## 例 36 二次保护、万能转换开关操作的星三角启动的电动机 380V 控制电路

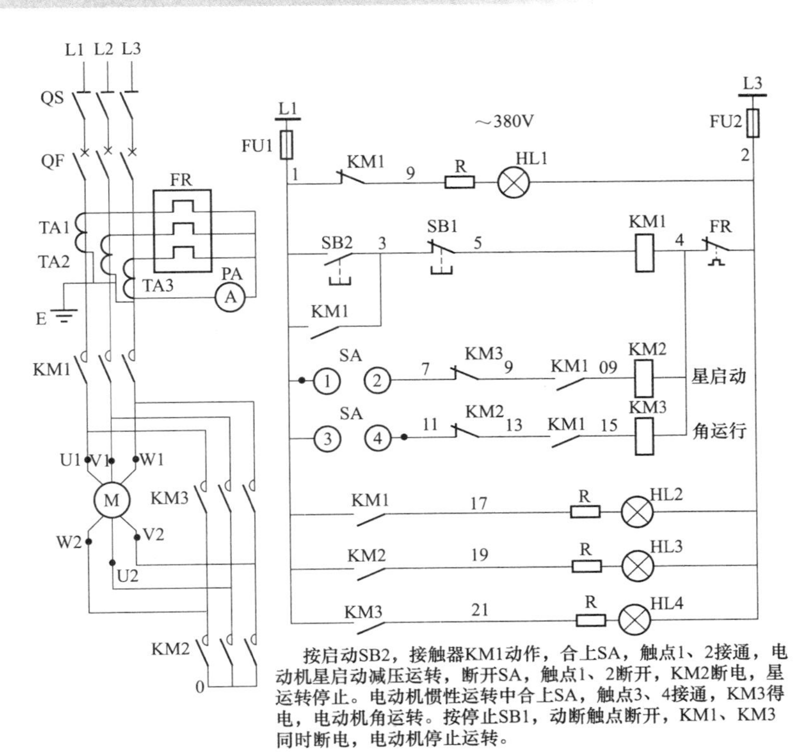


图 36 二次保护、万能转换开关操作的星三角启动的电动机 380V 控制电路

## 例 37 有启停信号灯，不能立即停机、延时自启动的电动机 220V 控制电路

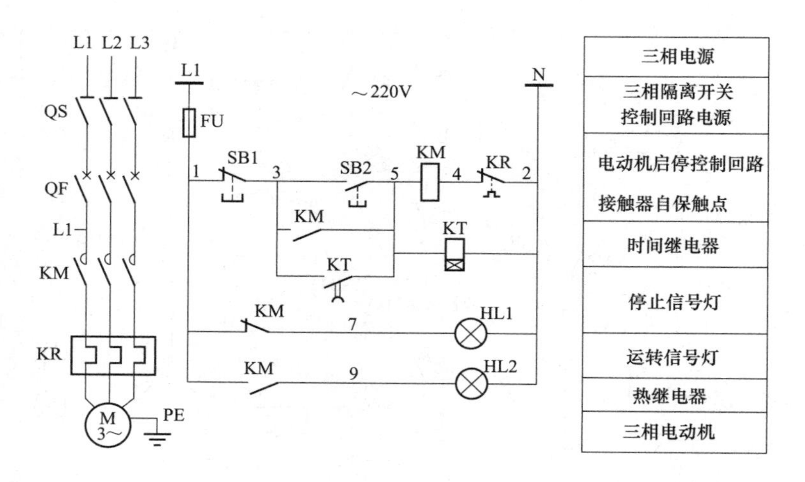


图 37 有启停信号灯，不能立即停机、延时自启动的电动机 220V 控制电路

## 例 38 二次保护、转换开关控制 KT 线圈的延时自启动电动机 127V 控制电路

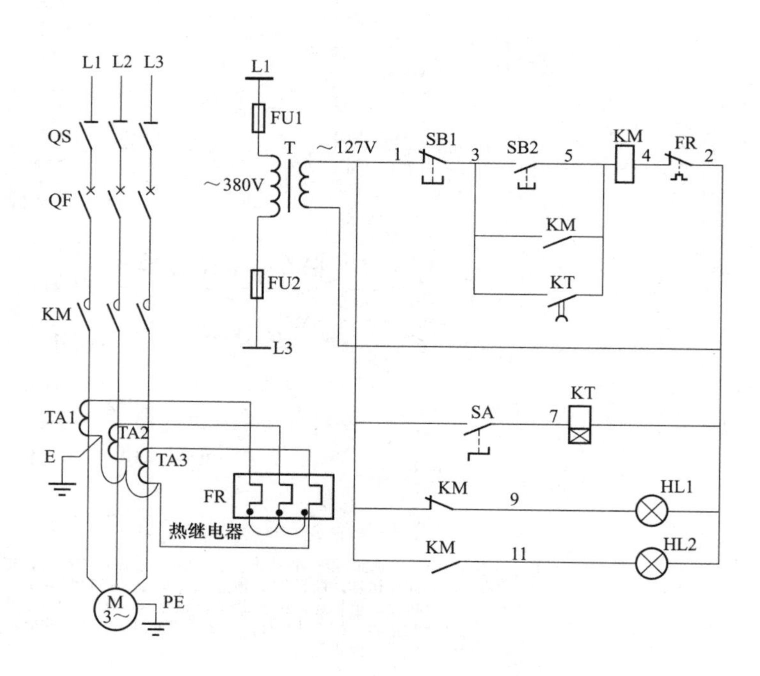


图 38 二次保护、转换开关控制 KT 线圈的延时自启动电动机 127V 控制电路

## 例 39 二次保护、报警信号延时消除、可达到即时停机的延时自启动 380V 控制电路

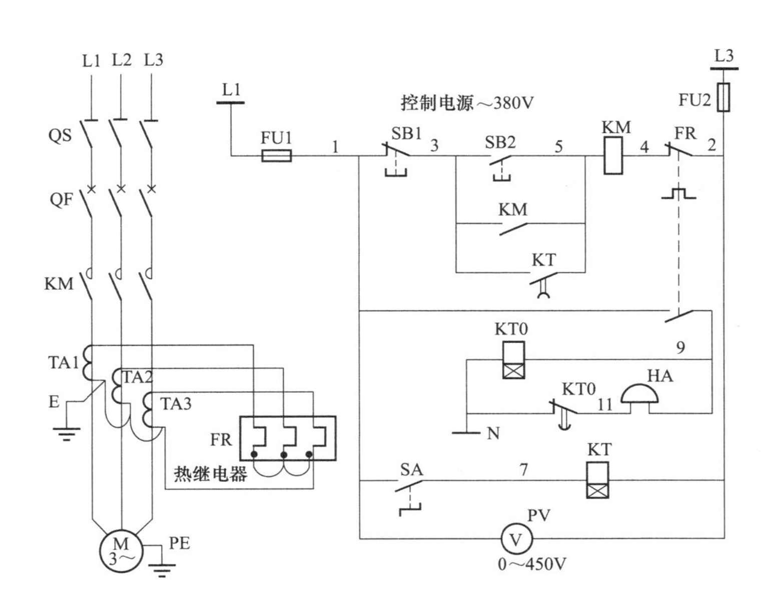


图 39 二次保护、报警信号延时消除、可达到即时停机的延时自启动 380V 控制电路

## 例 40 星三角减压启动电动机、只能自动转换的 380V 控制电路

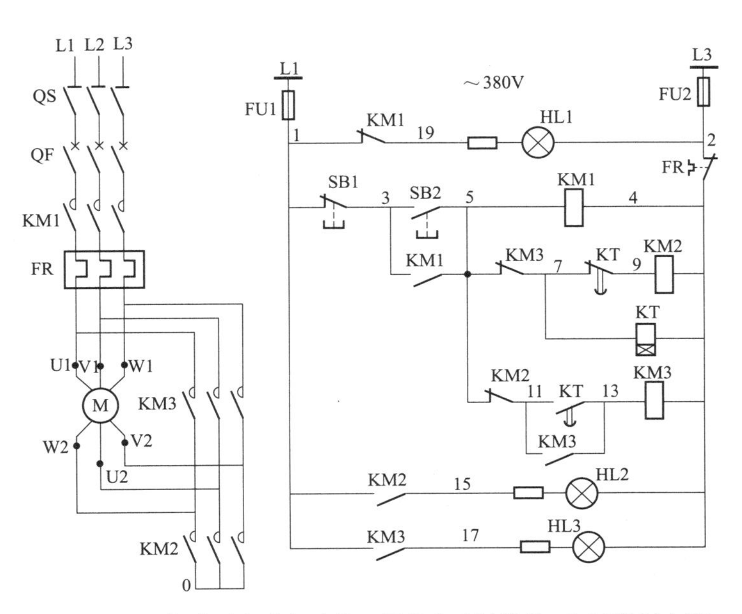


图 40 星三角减压启动电动机、只能自动转换的 380V 控制电路

## 例 41 可达到即时停机的延时自启动 380V 控制电路

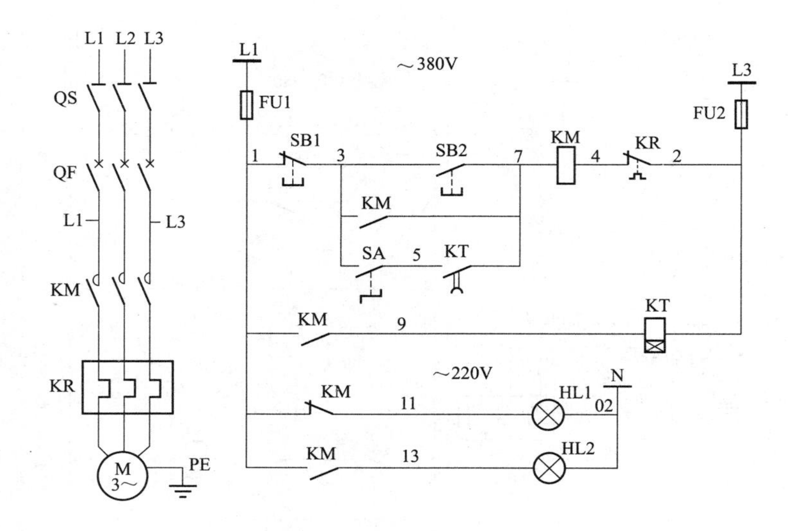


图 41 可达到即时停机的延时自启动 380V 控制电路

## 例 42 万能转换开关操作、星三角启动的电动机 36V 控制电路

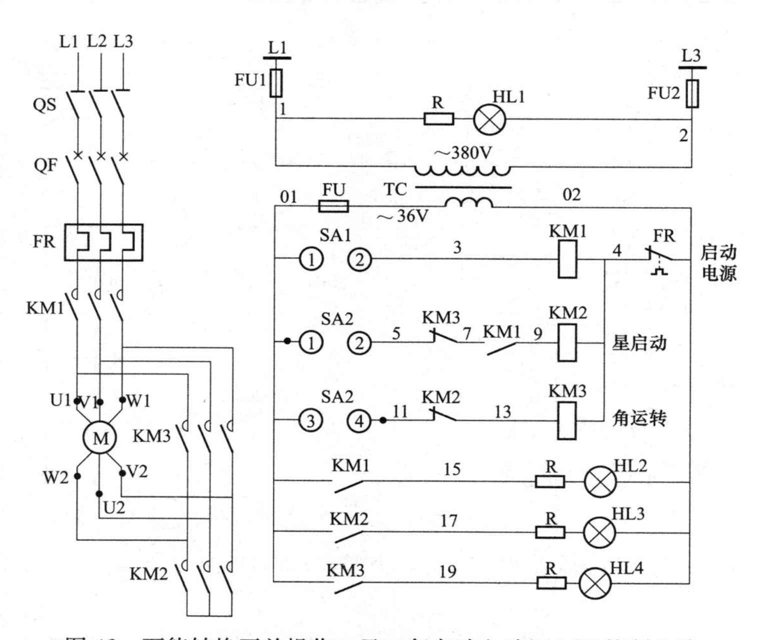


图 42 万能转换开关操作、星三角启动电动机 36V 控制电路

## 例 43 二次保护、单电流表、有过负荷指示灯、一启两停的电动机 380V 控制电路

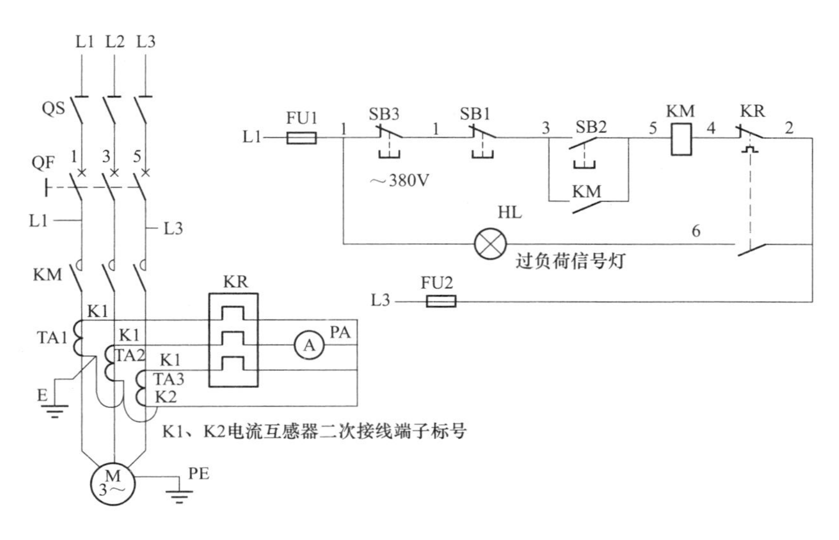


图 43 二次保护、单电流表、有过负荷指示灯、一启两停的电动机 380V 控制电路

## 例 44 过负荷报警、有状态信号、水位控制器直接启停电动机的控制电路

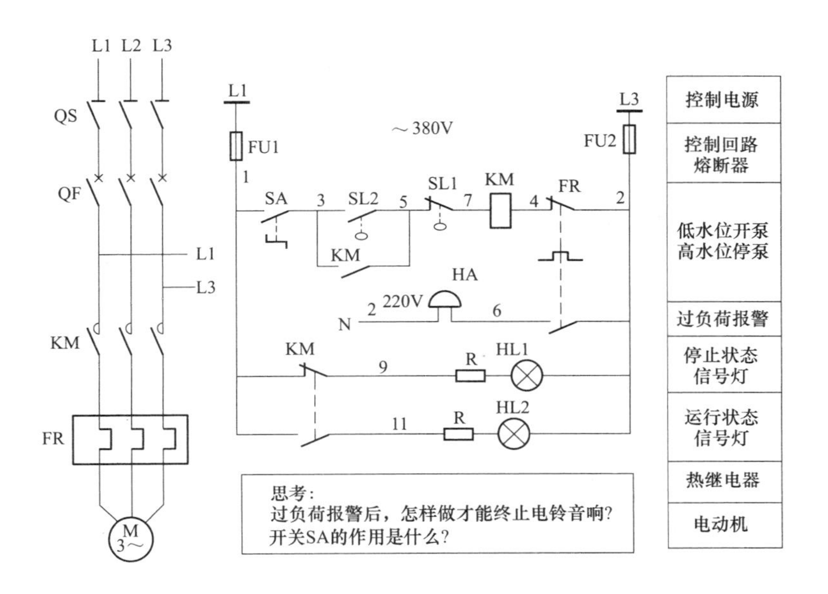


图 44 过负荷报警、有状态信号、水位控制器直接启停电动机的控制电路

## 例 45 过负荷信号灯、二次保护、液位控制的 380V 电动机回路

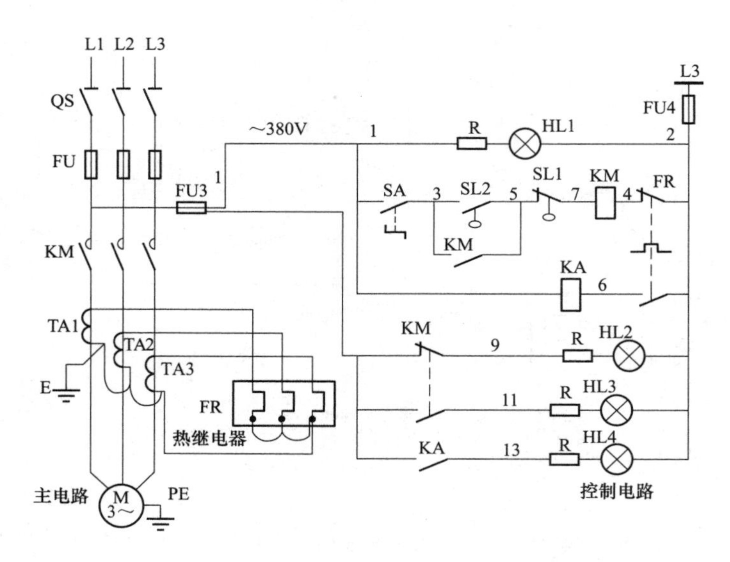


图 45 过负荷信号灯、二次保护、液位控制的 380V 电动机回路

## 例 46 一次保护、有信号灯、水位直接启停的上水泵电动机 36V 控制电路

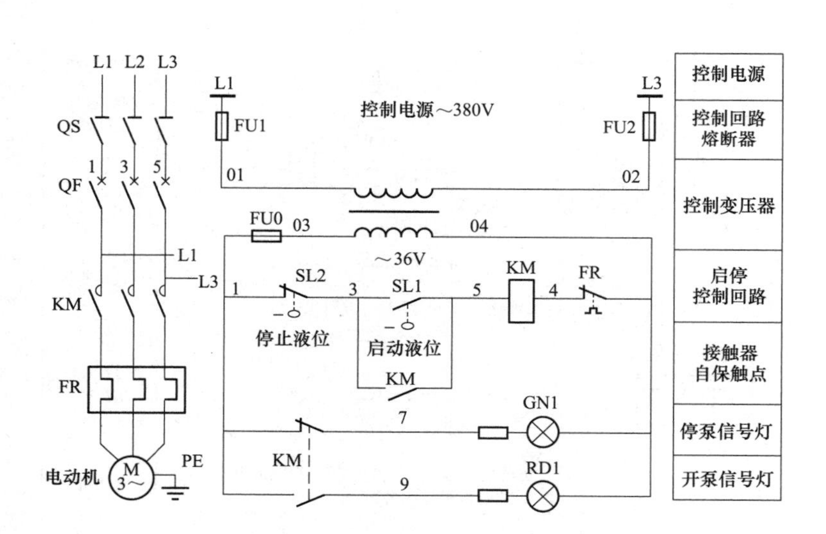


图 46 一次保护、有信号灯、水位直接启停的上水泵电动机 36V 控制电路

## 例 47 二次保护、有电源信号灯、行程开关直接启停电动机的 220V 控制电路

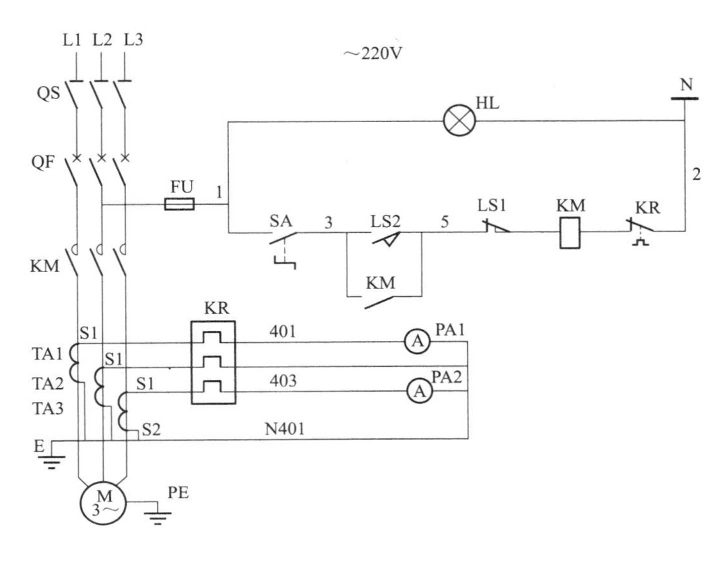


图 47 二次保护、有电源信号灯、行程开关直接启停电动机的 220V 控制电路

## 例 48 按钮操作与行程开关启停电动机 380V 控制电路

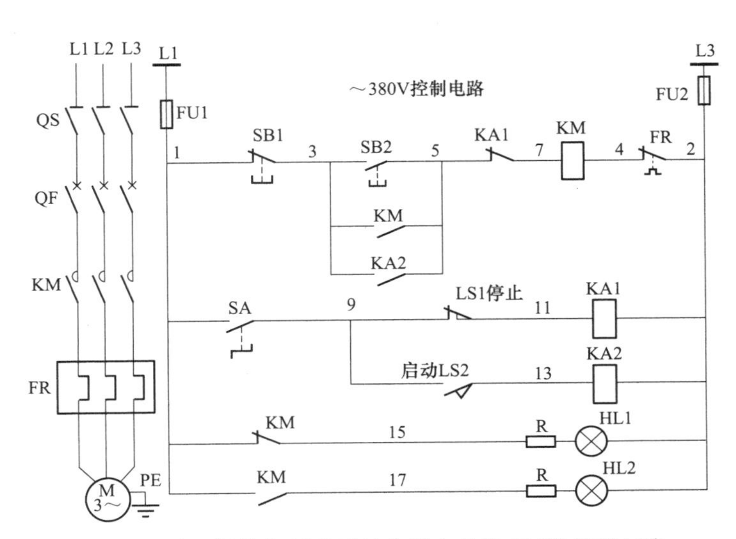


图 48 按钮操作与行程开关启停电动机 380V 控制电路

## 例 49 按钮操作与行程开关启停电动机的 127V 电路

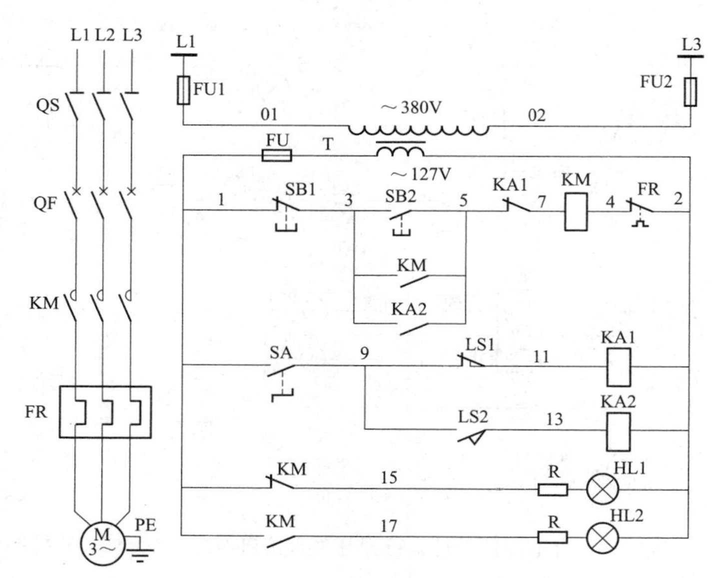


图 49 按钮操作与行程开关启停电动机的 127V 电路

## 例 50 单电流表、可选择行程开关或按钮启停电动机 220V 控制电路

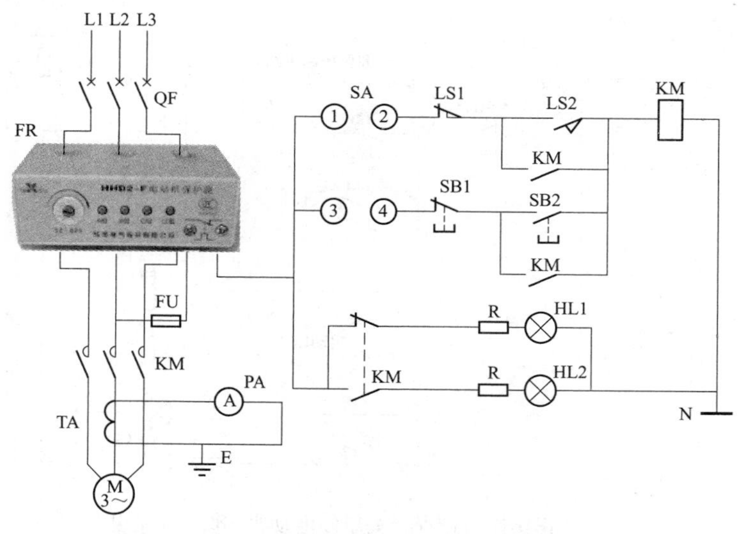


图 50 单电流表、可选择行程开关或按钮启停电动机 220V 控制电路

## 例 51 二次保护、行程开关与万能转换开关启停的 380V 控制电路

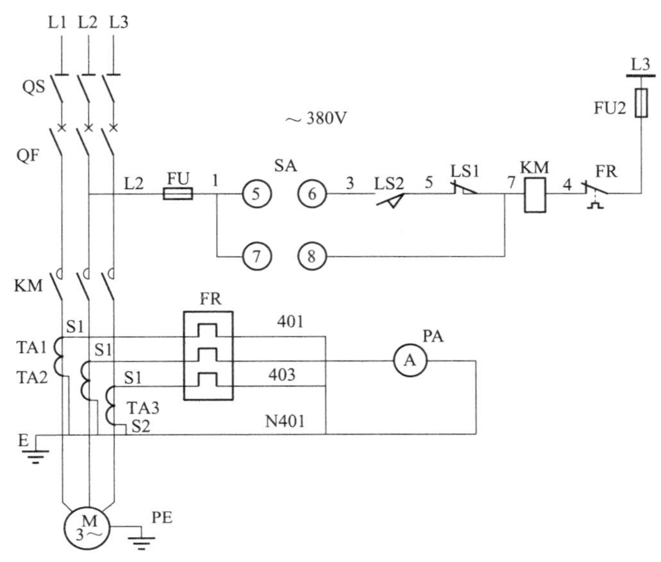


图 51 二次保护、行程开关与万能转换开关启停的 380V 控制电路

## 例 52 有状态信号、可选择行程开关或按钮启停、定时停机的 220V 控制电路

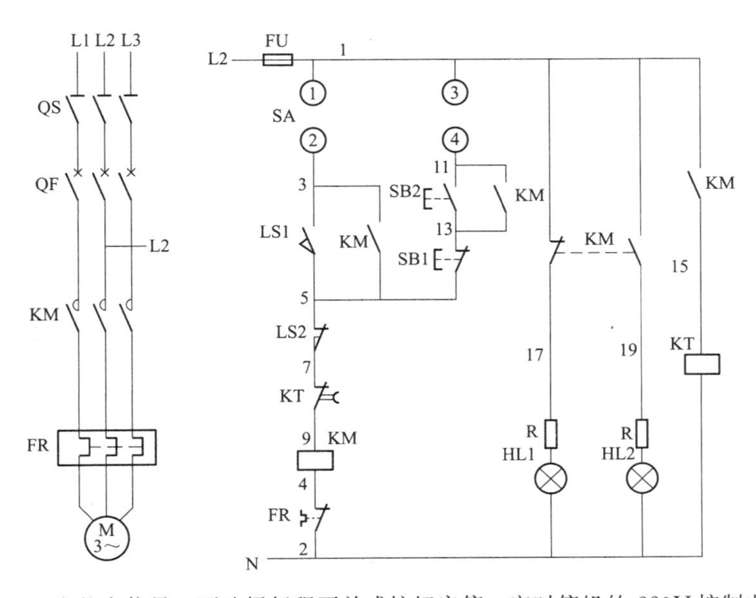


图 52 有状态信号、可选择行程开关或按钮启停、定时停机的 220V 控制电路

## 例 53 按顺序自动短接电阻加速的电动机正反转 220V 控制电路

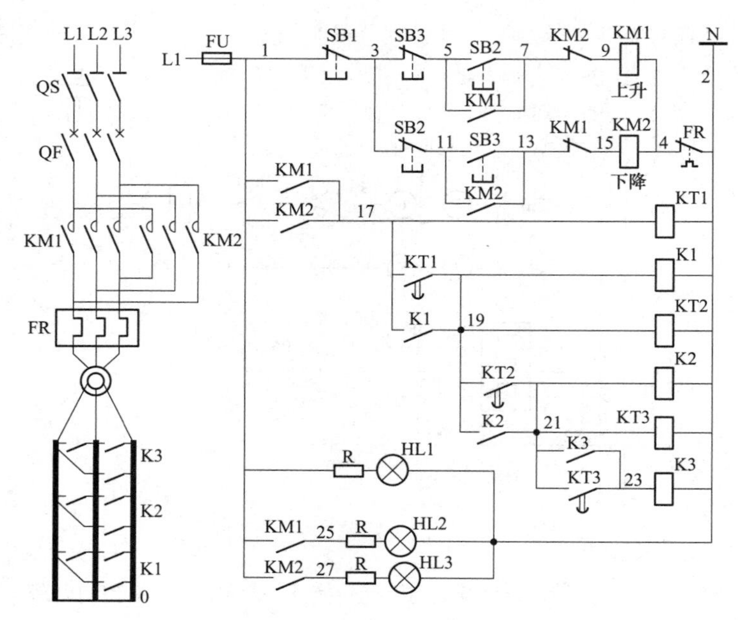


图 53 按顺序自动短接电阻加速的电动机正反转 220V 控制电路

## 例 54 一次保护、手动自动可选择的滑环电动机 380V 控制电路

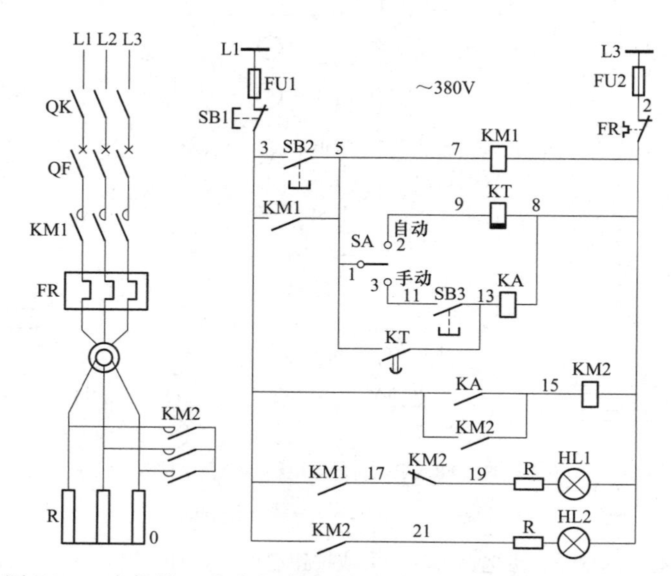


图 54 一次保护、手动自动可选择的滑环电动机 380V 控制电路

## 例 55 过负荷铃响报警、有启停信号灯、远方遥控启停的电动机 220V 控制电路

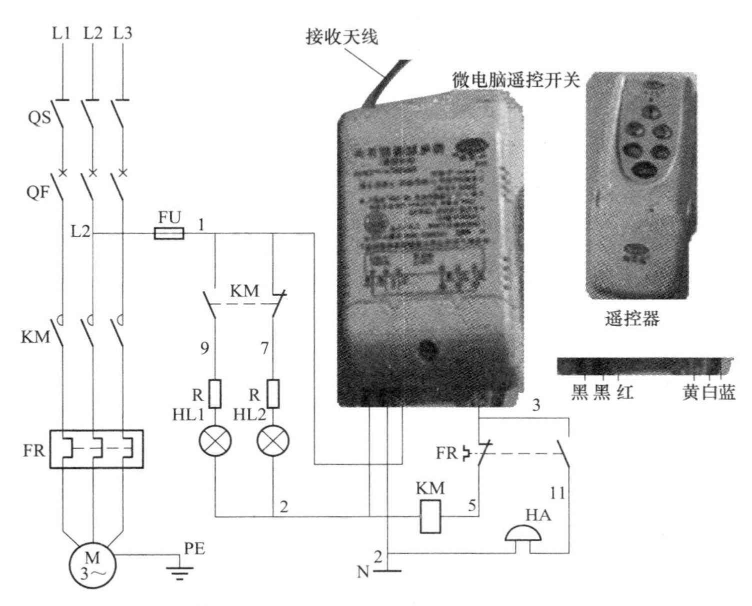


图 55 过负荷铃响报警、有启停信号灯、远方遥控启停的电动机 220V 控制电路

## 例 56 过负荷报警、人工终止铃响、远方遥控启停电动机的控制电路

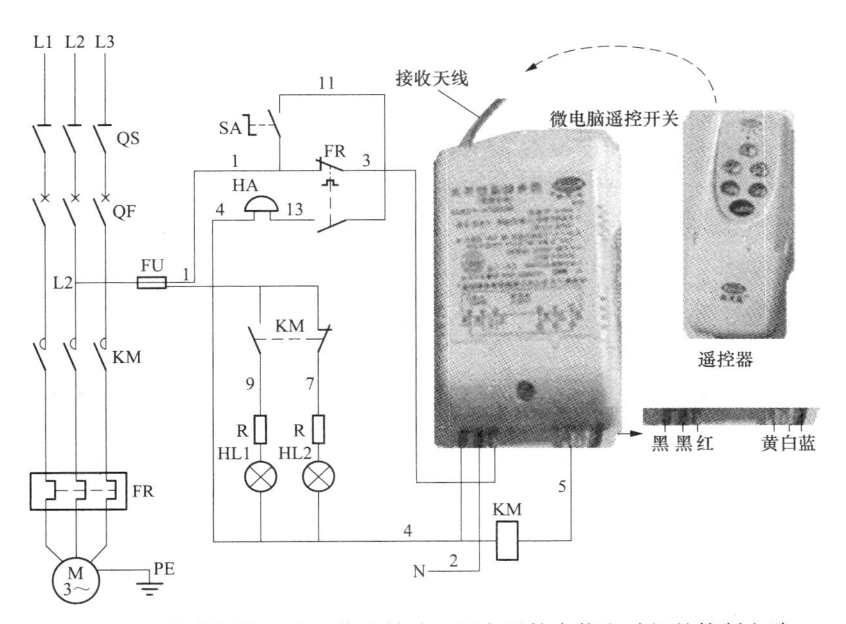


图 56 过负荷报警、人工终止铃响、远方遥控启停电动机的控制电路

## 例 57 二次保护、一台泵双电源供电的电动机 220V 控制电路

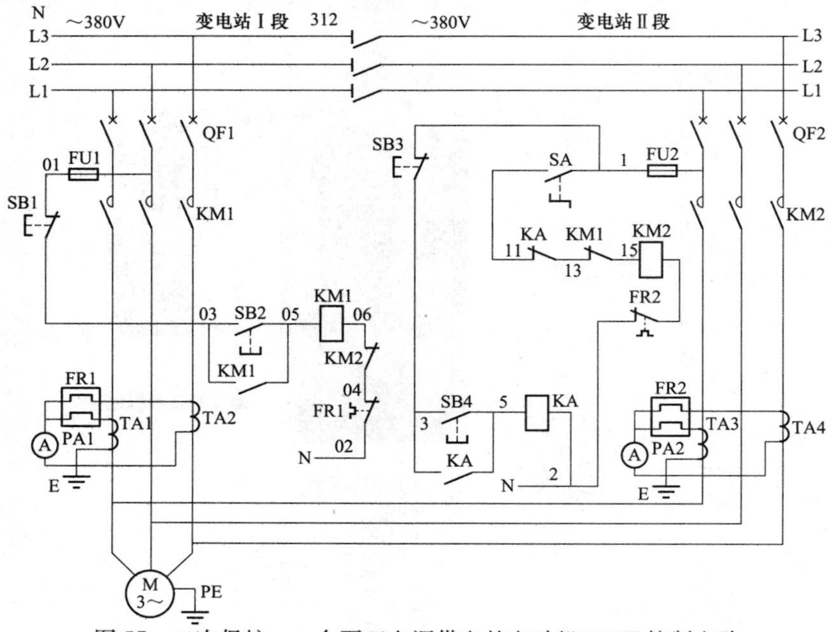


图 57 二次保护、一台泵双电源供电的电动机 220V 控制电路

注：两台接触器不可以同时吸合。

## 例 58 泵常用电源回路故障报警禁止备用电源投入 380V 控制电路

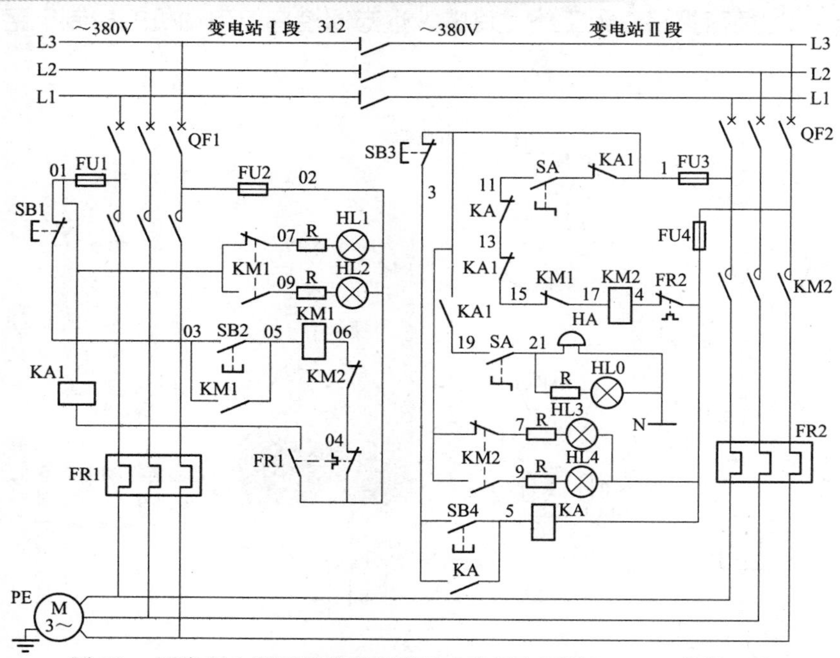


图 58 泵常用电源回路故障报警禁止备用电源投入 380V 控制电路

注：电路工作原理如例 156 所述。

## 例 59 原料泵一用一备电动机 220V 控制电路

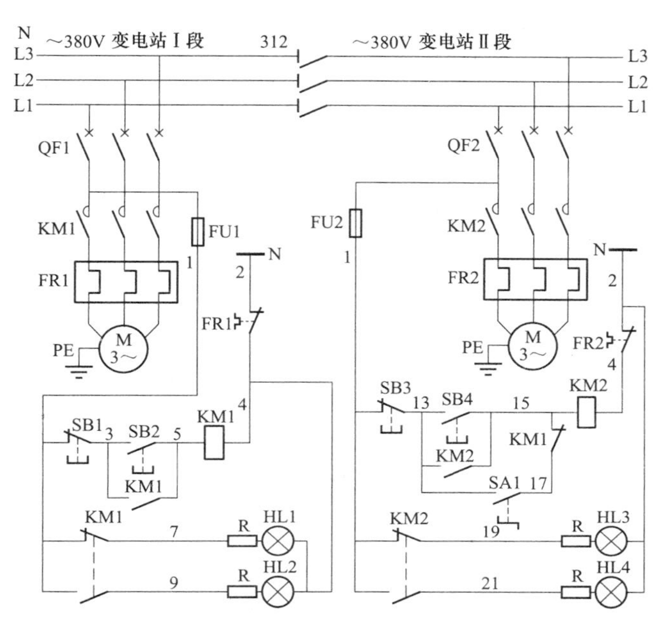


图 59 原料泵一用一备电动机 220V 控制电路

注：电路工作原理如例 153 中所述。

## 例 60 双二极管的接触器直流启动直流保持运行 380V 控制电路

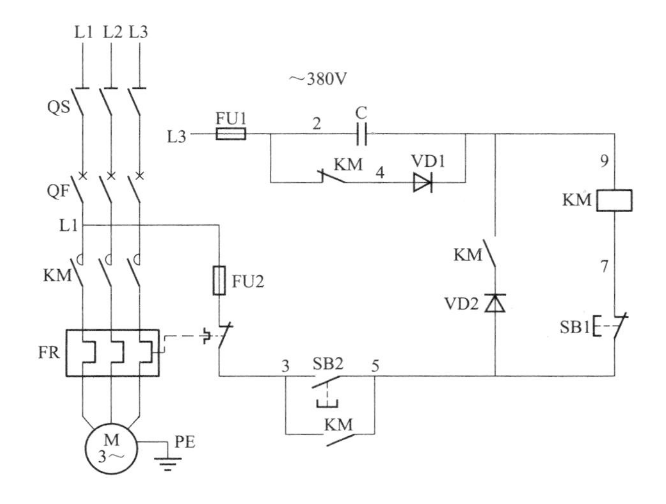


图 60 双二极管的接触器直流启动直流保持运行 380V 控制电路

## 例 61 单二极管的接触器交流启动、直流保持运行 380V 控制电路

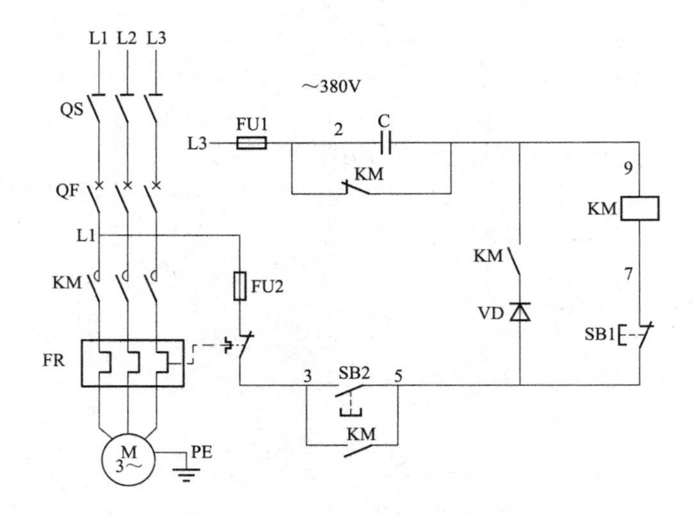


图 61 单二极管的接触器交流启动、直流保持运行 380V 控制电路

## 例 62 有电源信号灯、双二极管、接触器无声运行 380V 控制电路

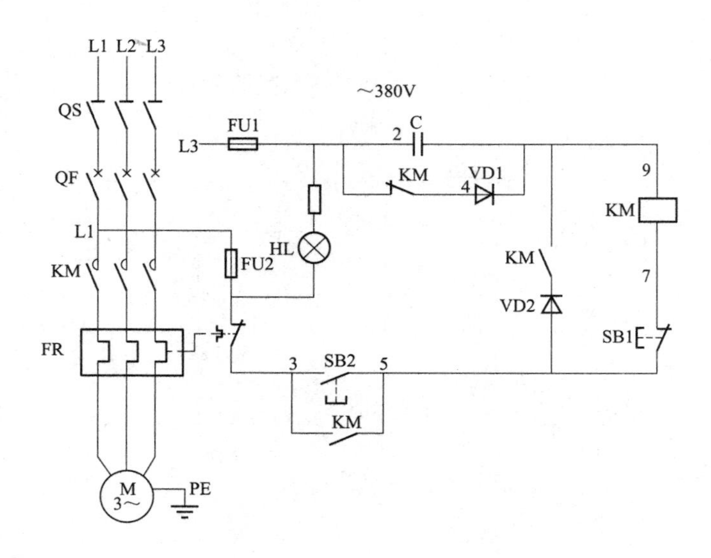


图 62 有电源信号灯、双二极管、接触器无声运行 380V 控制电路

## 例63 有状态信号灯、双二极管、接触器无声音运行380V控制电路

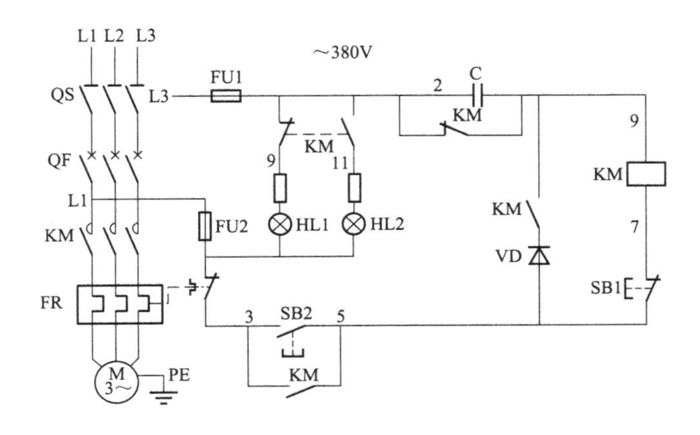


图63 有状态信号灯、双二极管、接触器无声音运行380V控制电路

## 例64 有电流表、状态信号灯、双二极管、接触器无声音运行380V控制电路

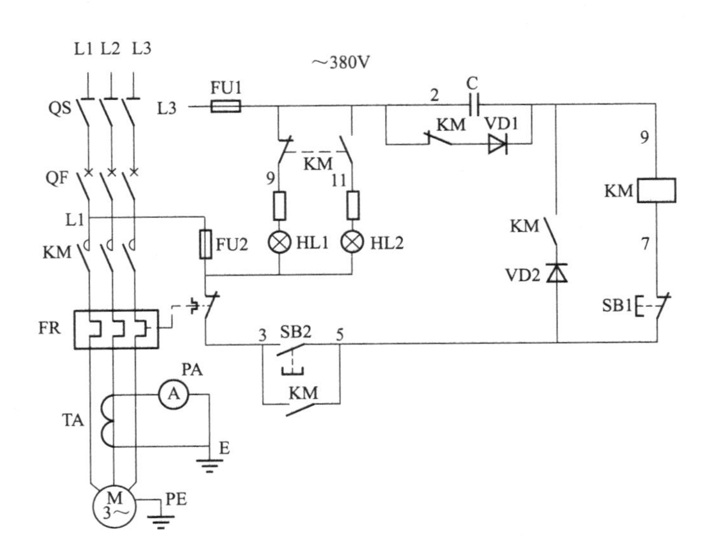


图64 有电流表、状态信号灯、双二极管、接触器无声音运行380V控制电路

## 例 65 转换开关操作的自耦减压启动电动机 380V 控制电路

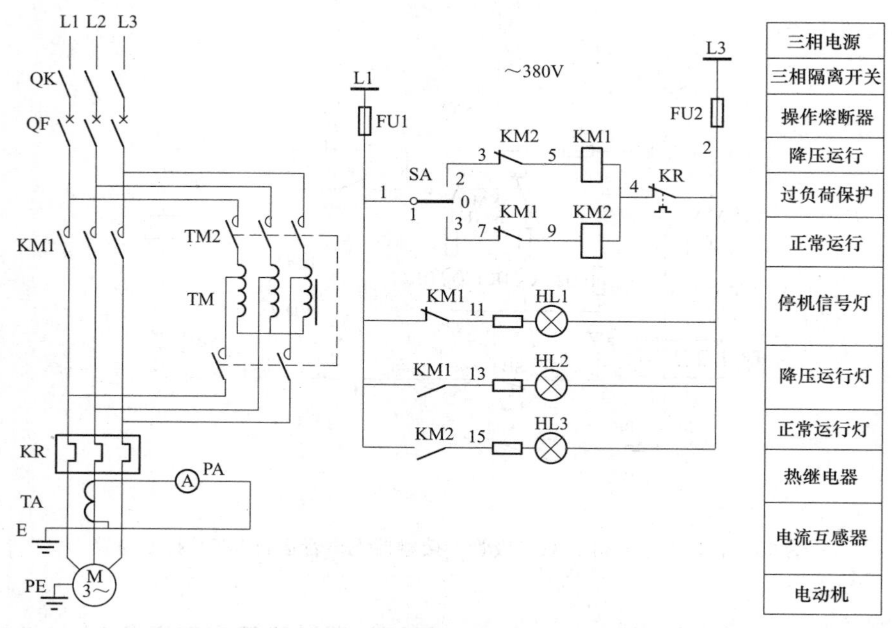


图 65 转换开关操作的自耦减压启动电动机 380V 控制电路

注：KM1—五极交流接触器；KM2—三极交流接触器。

## 例 66 万能转换开关操作自动转换自耦减压启动电动机 380V 控制电路

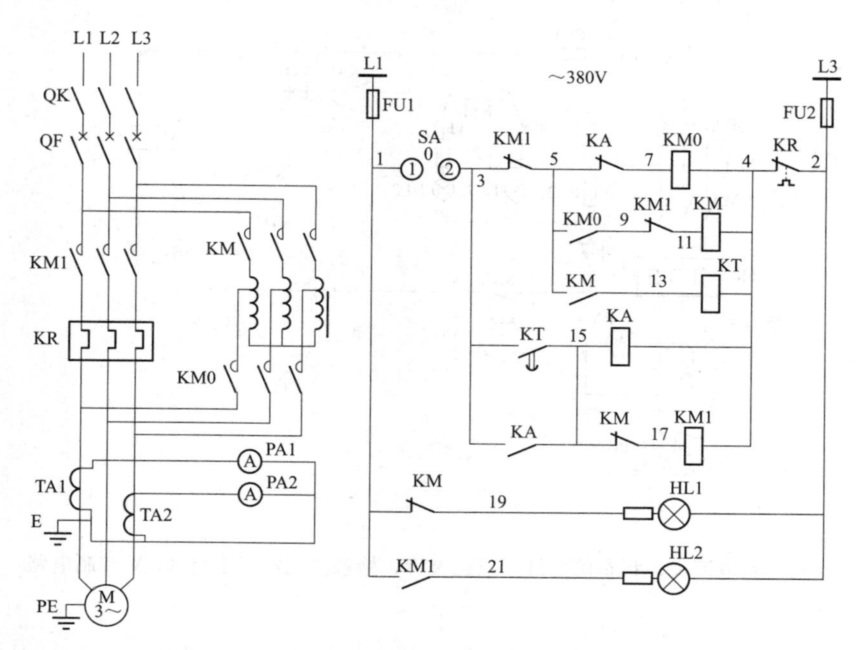


图 66 万能转换开关操作自动转换自耦减压启动电动机 380V 控制电路

## 例 67 自动切除频敏变阻器降压启动电动机 380V 控制电路

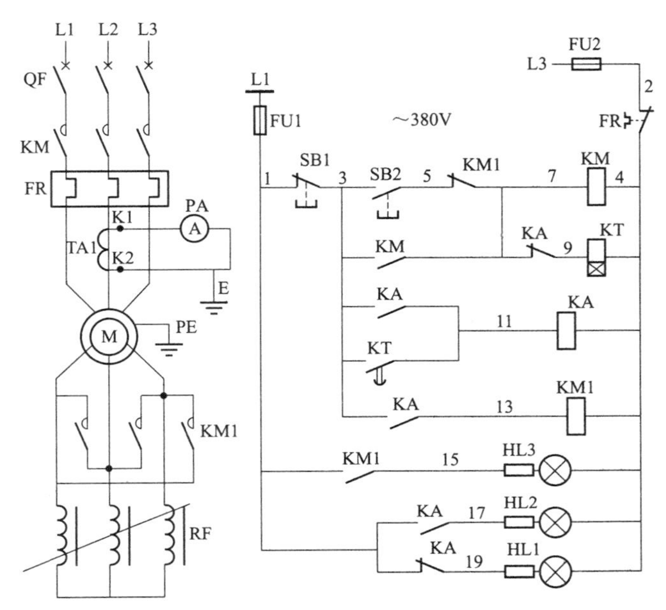


图 67 自动切除频敏变阻器降压启动电动机 380V 控制电路

## 例 68 二次保护自动切除频敏变阻器降压启动电动机 220V 控制电路

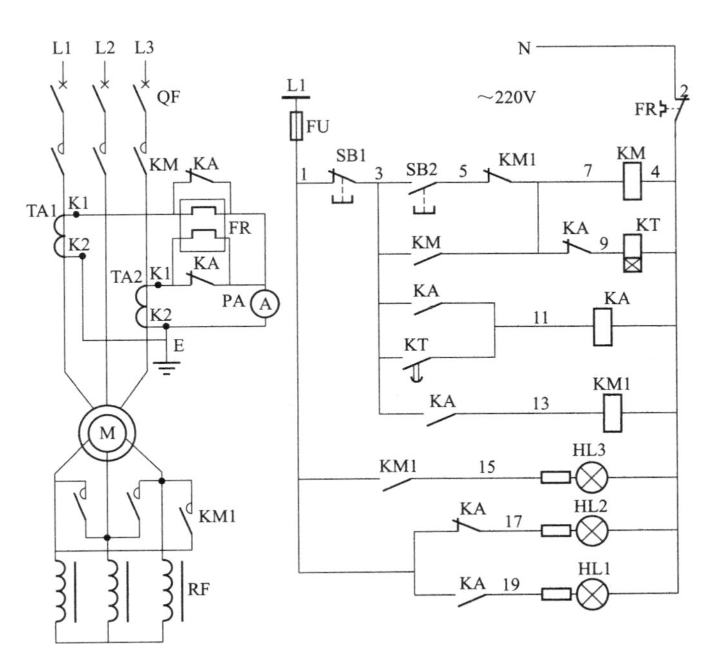


图 68 二次保护自动切除频敏变阻器降压启动电动机 220V 控制电路

## 例 69 手动与自动的频敏变阻器降压启动电动机 380V 控制电路

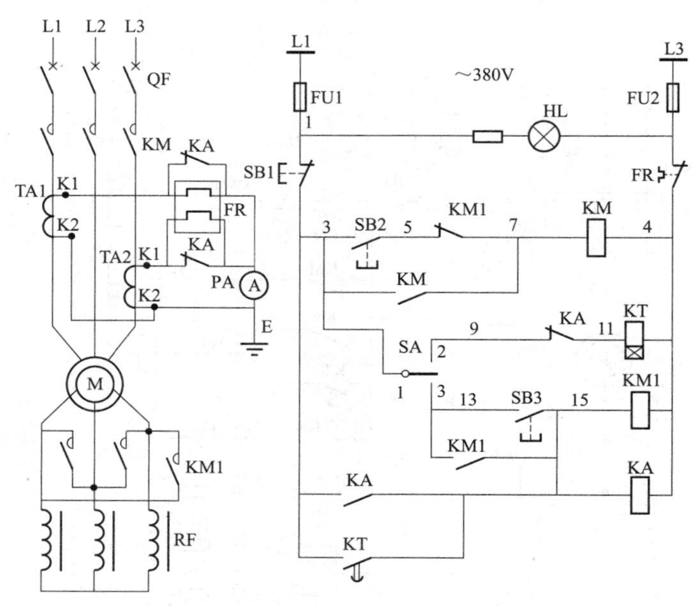


图 69 手动与自动的频敏变阻器降压启动电动机 380V 控制电路

## 例 70 二次保护、手动切除频敏变阻器的电动机 220V 控制电路

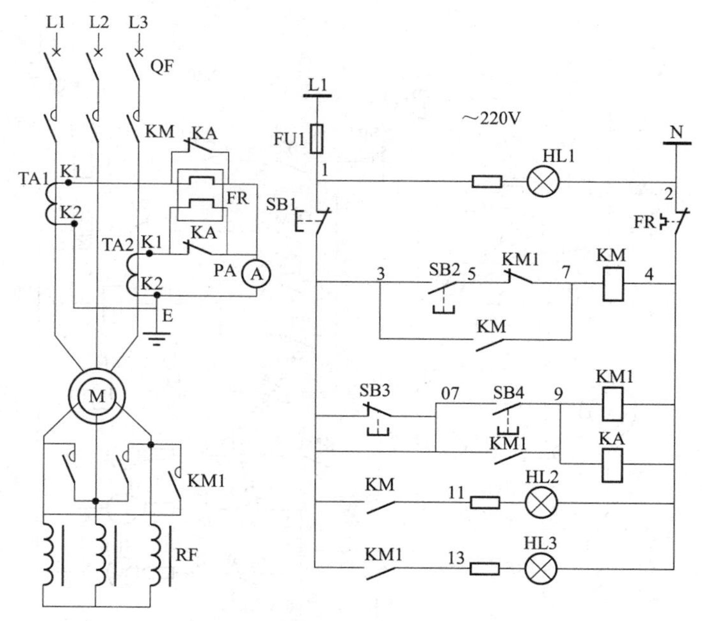


图 70 二次保护、手动切除频敏变阻器的电动机 220V 控制电路

## 例 71 KA 动合触点并联 FR 发热元件、手动切除频敏变阻器电动机 220V 控制电路

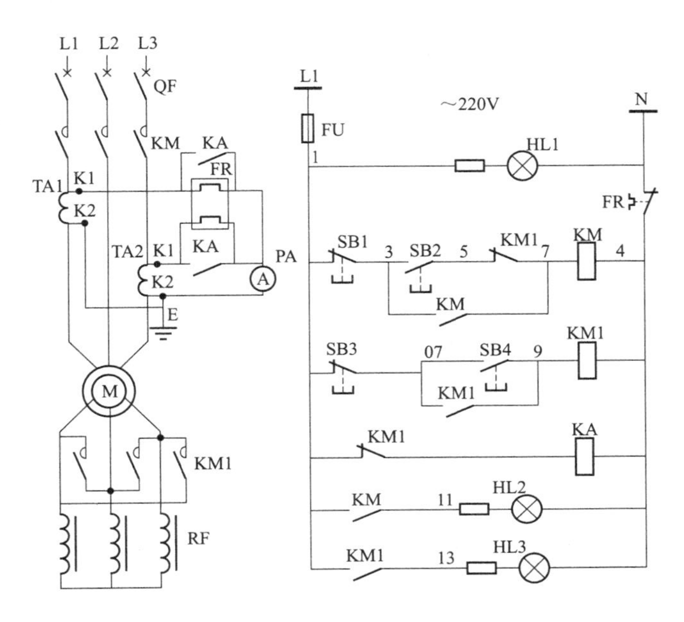


图 71 KA 动合触点并联 FR 发热元件、手动切除频敏变阻器电动机 220V 控制电路

## 例 72 无过负荷保护的开关联锁的搅拌机 380V 控制电路

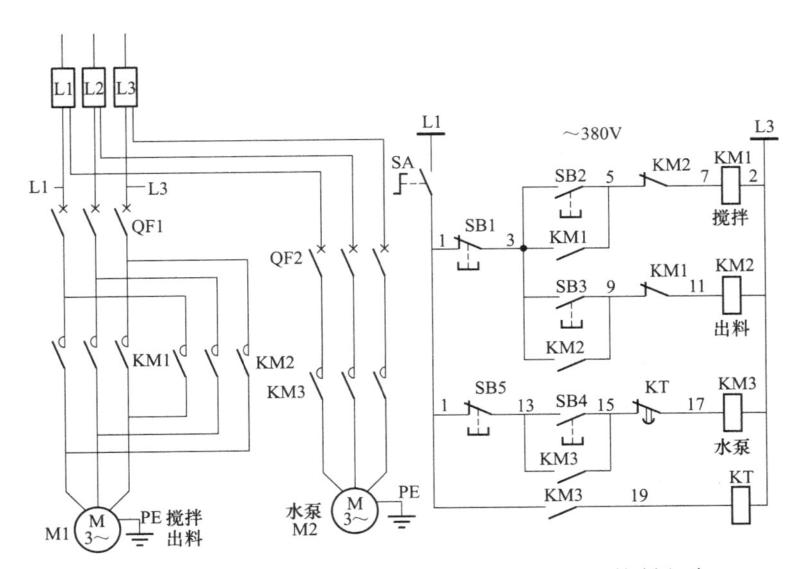


图 72 无过负荷保护的开关联锁的搅拌机 380V 控制电路

## 例 73 无过负荷保护的开关联锁的搅拌机 220V 控制电路

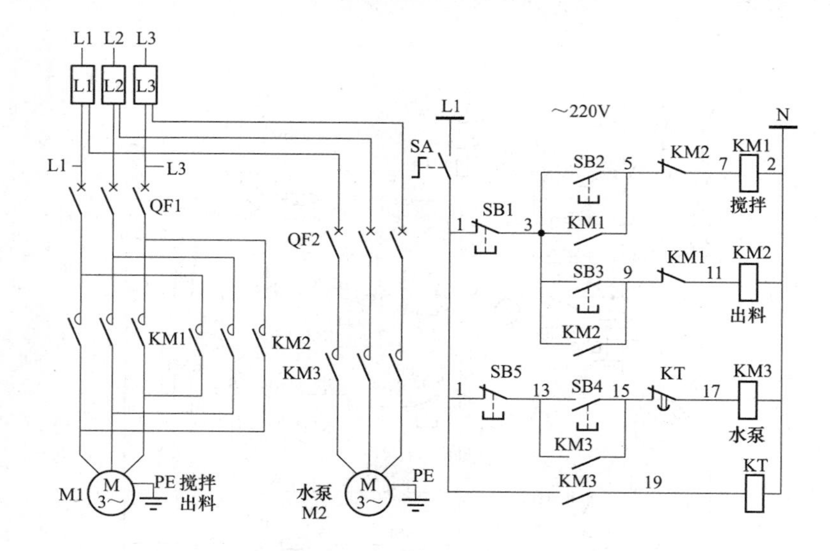


图 73 无过负荷保护的开关联锁的搅拌机 220V 控制电路

## 例 74 倒顺开关与接触器相结合的正反转 220V 控制电路

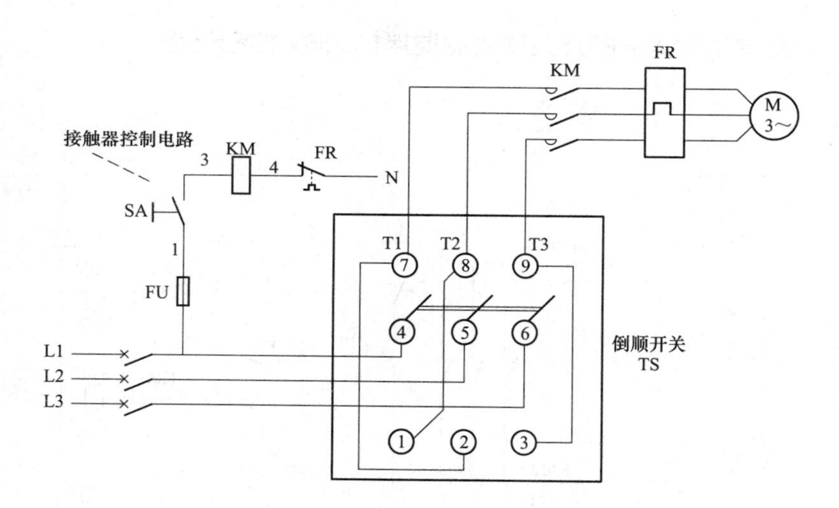


图 74 倒顺开关与接触器相结合的正反转 220V 控制电路

## 例 75 脚踏开关控制、倒顺开关与接触器结合的搅拌机控制电路

用两只脚踏开关，一只选择用动合触点，一只选择用动断触点。动断触点作为停止开关。动合触点作为启动开关。合上倒顺开关 TS 后，接触器的控制回路才会有电。

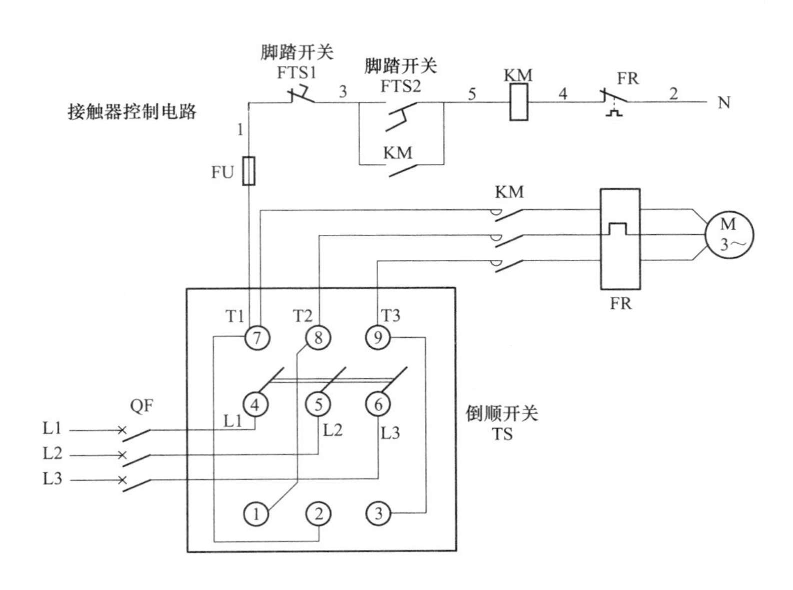


图 75 脚踏开关控制、倒顺开关与接触器结合的搅拌机控制电路

## 例 76 无后备电源的电动阀门电动机 380V 控制电路

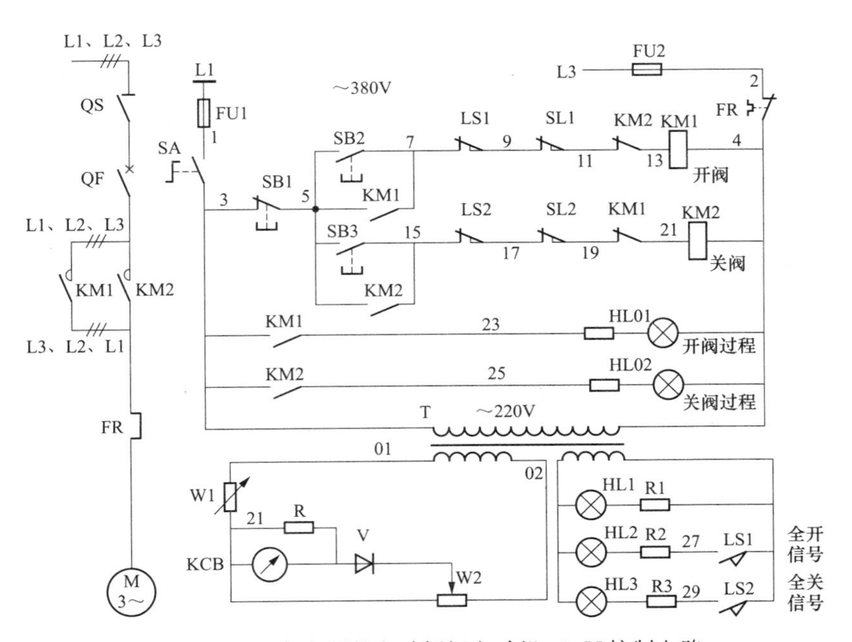


图 76 无后备电源的电动阀门电动机 380V 控制电路

## 例 77 开阀与关阀按钮不互锁的电动阀门 380V 控制电路

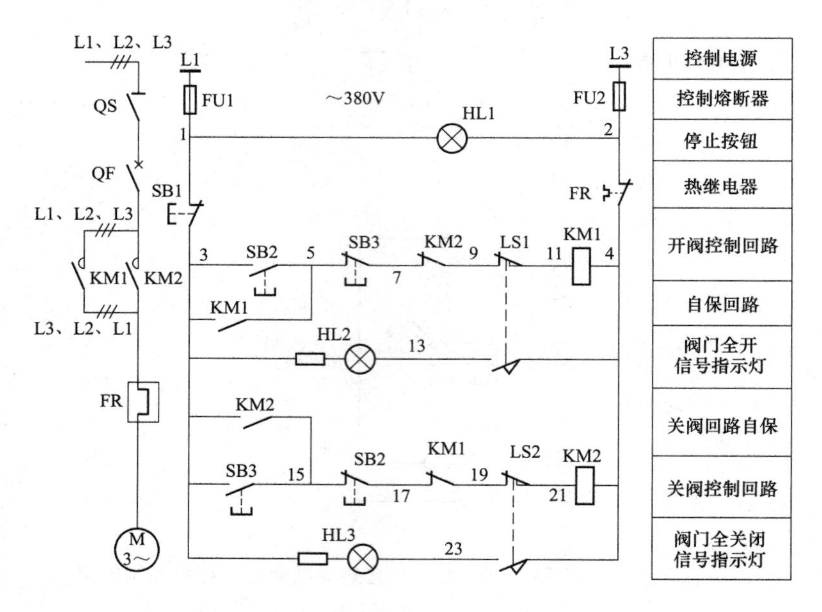


图 77 开阀与关阀按钮不互锁的电动阀门 380V 控制电路

## 例 78 鼓风机电动机控制回路一

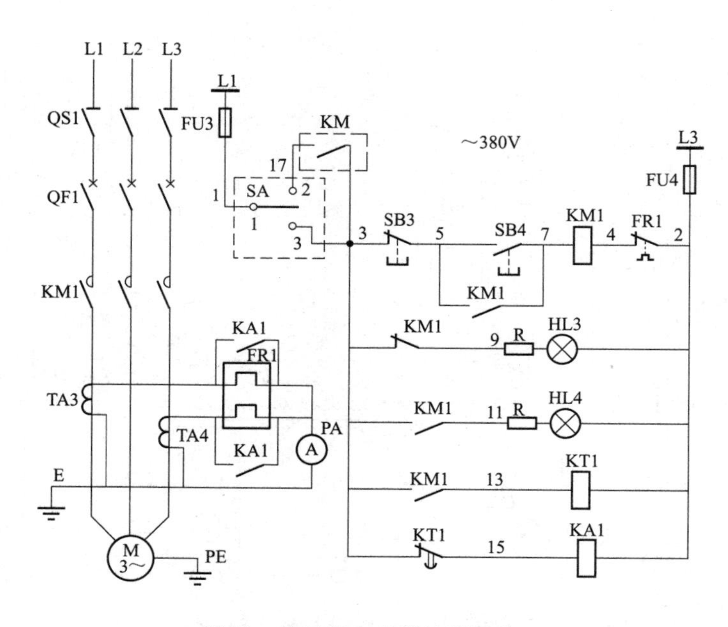


图 78 鼓风机电动机控制回路一

## 例 79 鼓风机电动机控制回路二

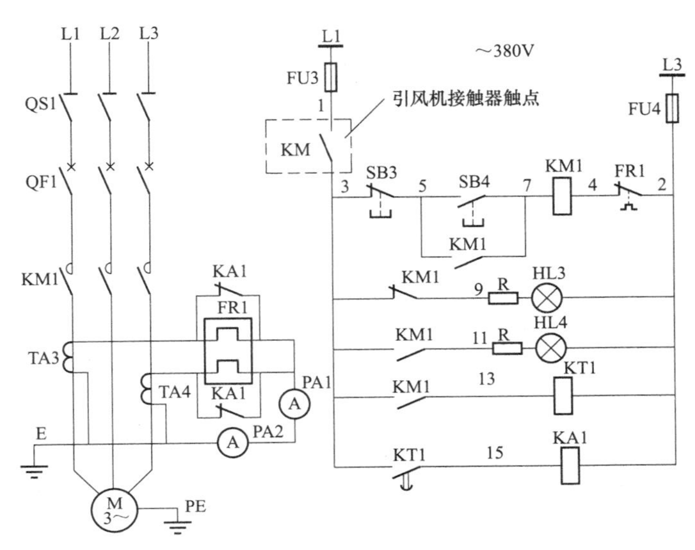


图 79 鼓风机电动机控制回路二

## 例 80 鼓风机电动机控制回路三

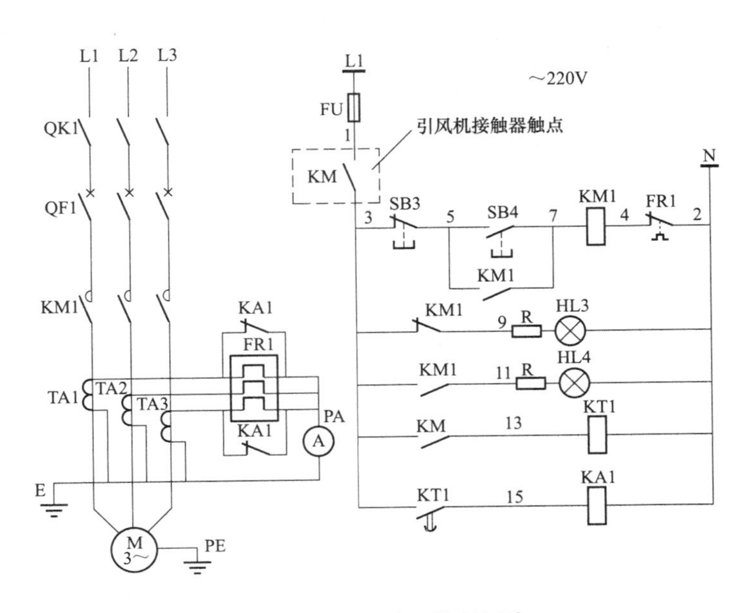


图 80 鼓风机电动机控制回路三

## 例 81 二次保护、单电流表的引风机电动机 380V 控制回路

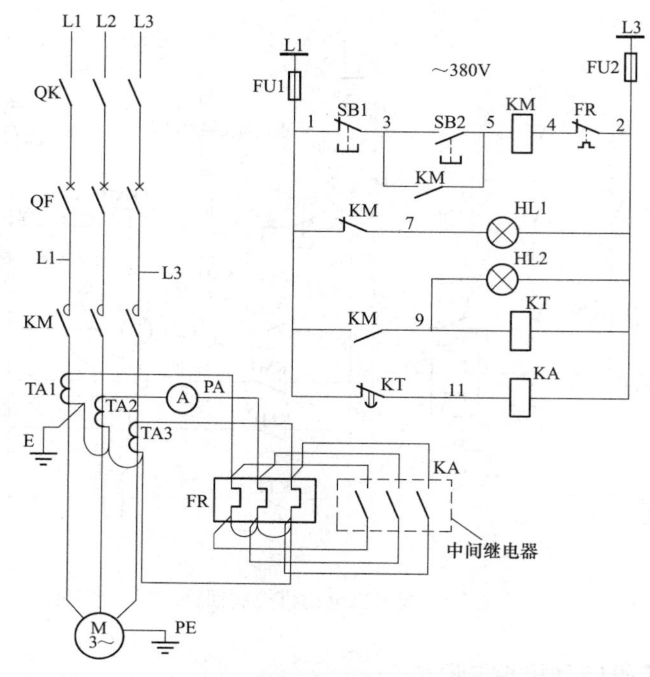


图 81 二次保护、单电流表的引风机电动机 380V 控制回路

## 例 82 二次保护、双电流表、过负荷报警、引风机电动机 380V 控制回路

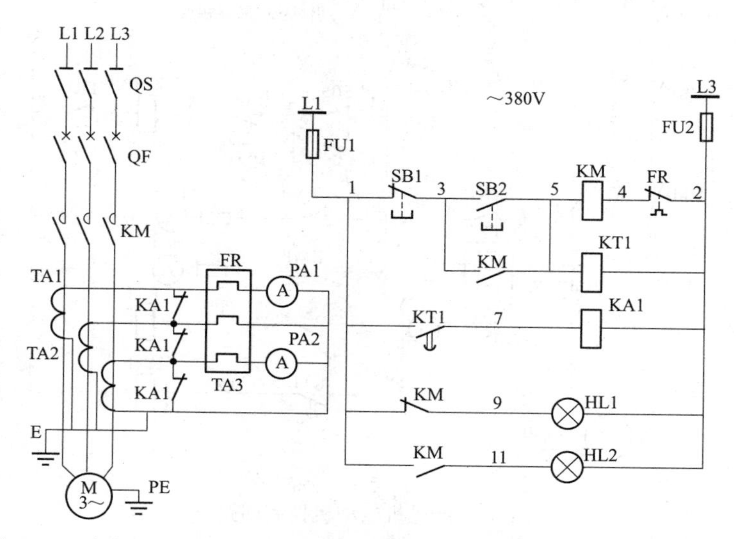


图 82 二次保护、双电流表、过负荷报警、引风机电动机 380V 控制回路

## 例 83 皮带运输机常用的 220V 控制电路

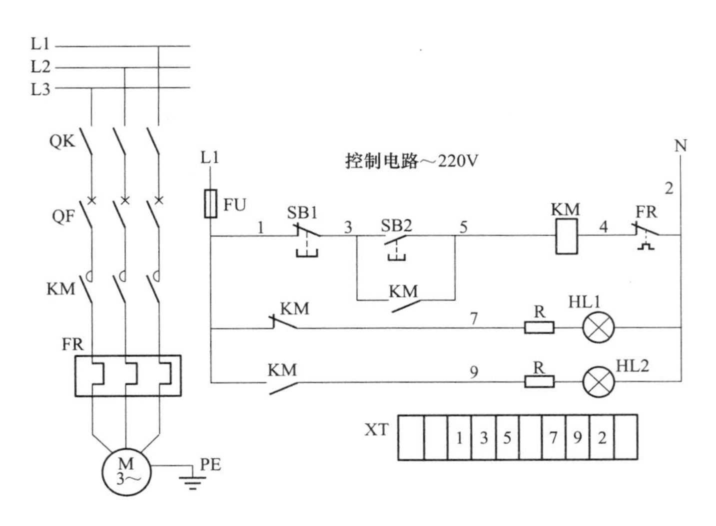


图 83 皮带运输机常用的 220V 控制电路

## 例 84 两台皮带运输机按顺序启停的电动机 220V 控制电路

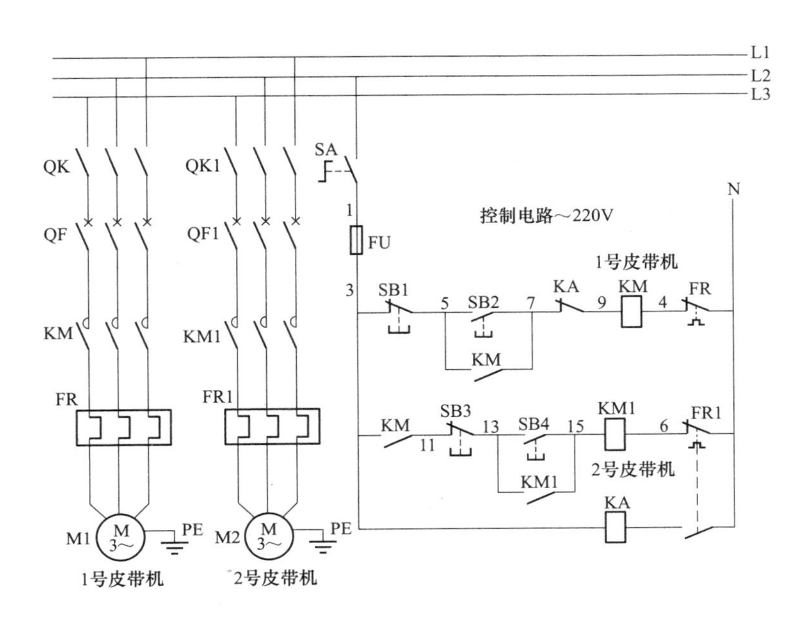


图 84 两台皮带运输机按顺序启停的电动机 220V 控制电路

## 例 85 水位与按钮操作的水坑排液式水泵自控回路接线

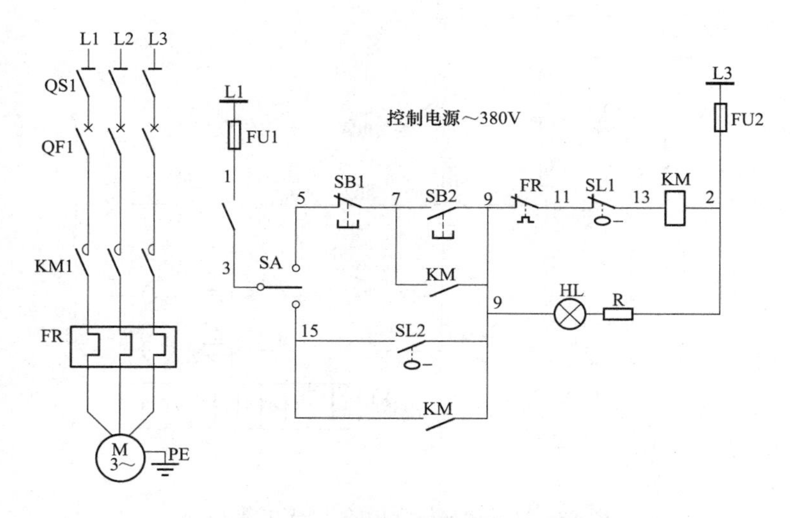


图 85 水位与按钮操作的水坑排液式水泵自控回路接线

## 例 86 按钮操作的升降平台电动机 220V 控制电路

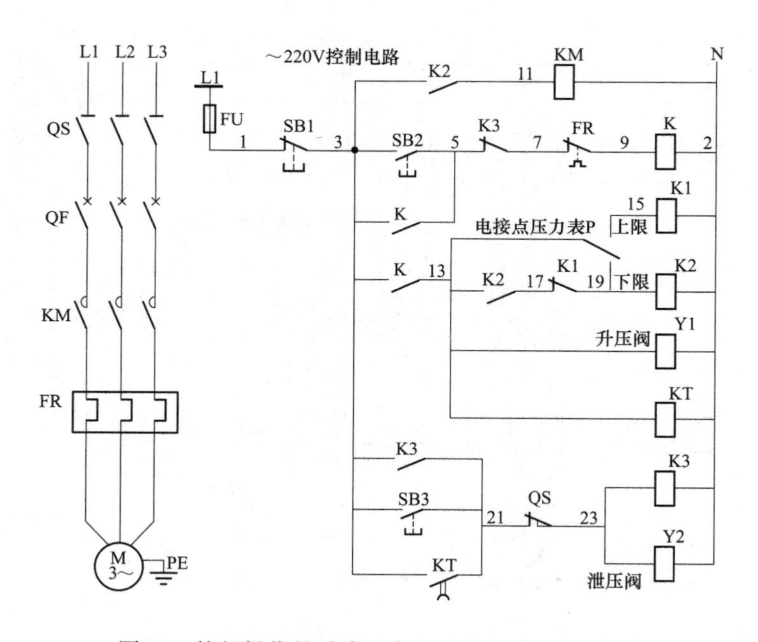


图 86 按钮操作的升降平台电动机 220V 控制电路

## 例 87 单台皮带运输机电动机常用的控制电路

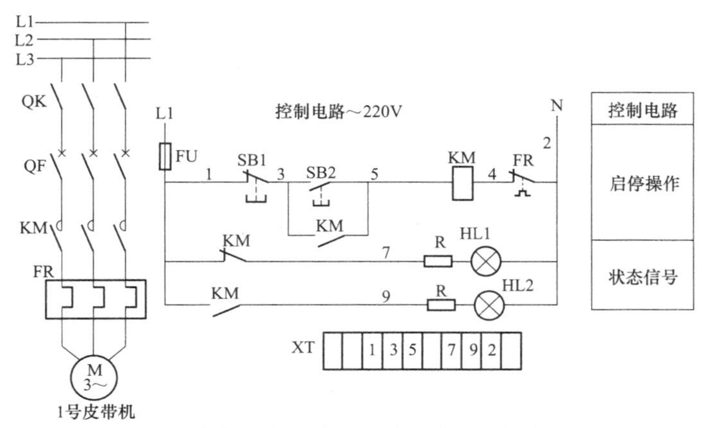


图 87 单台皮带运输机电动机常用的控制电路

## 例 88 有启停联锁控制的三台皮带运输机电动机 220V 控制电路

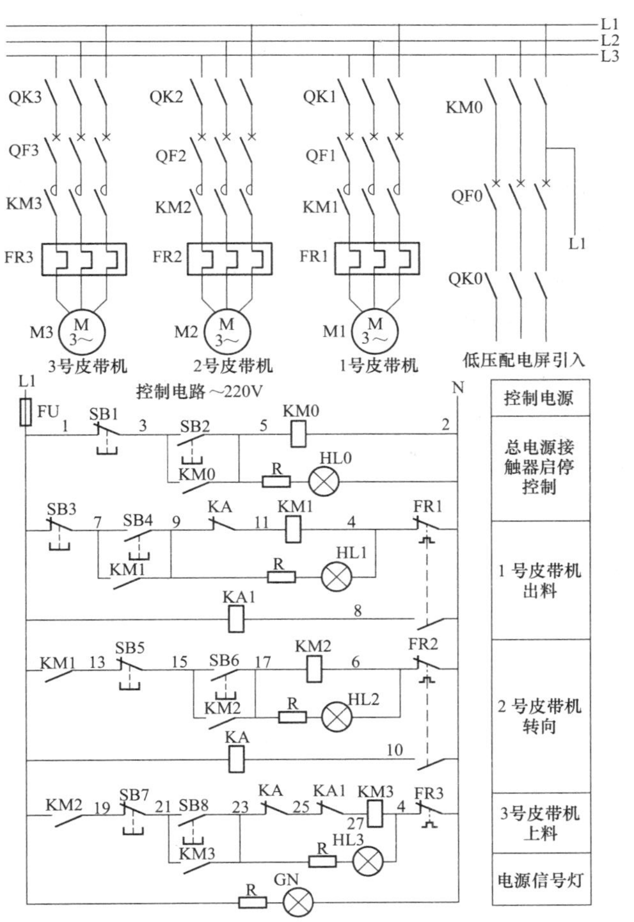


图 88 有启停联锁控制的三台皮带运输机电动机 220V 控制电路

## 例 89 单动与联动的三台皮带运输机电动机的 220V 控制电路

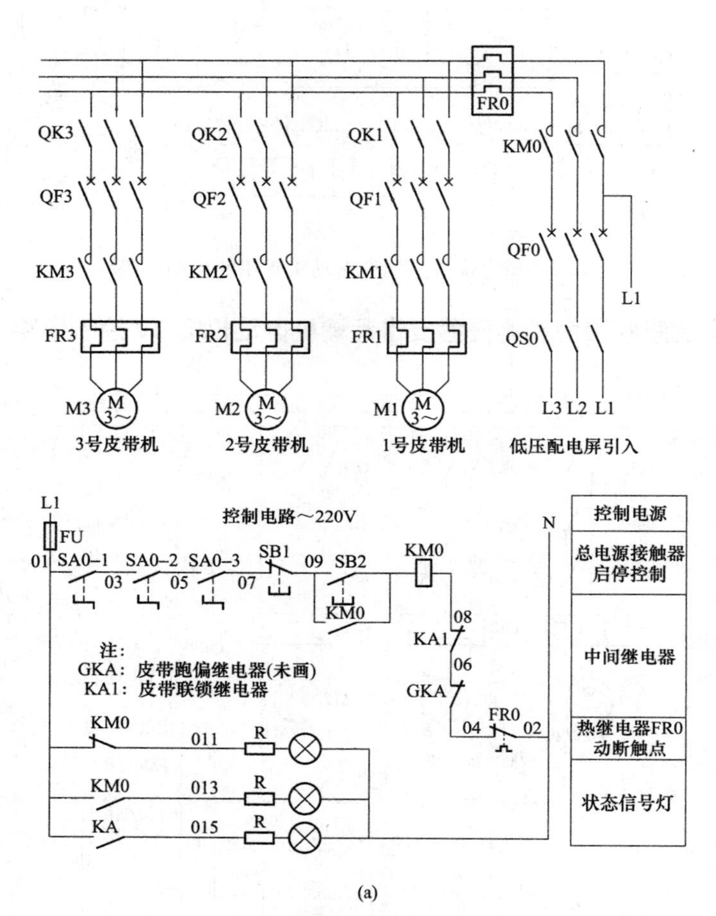


(a)

图 89 单动与联动的三台皮带运输机电动机的 220V 控制电路

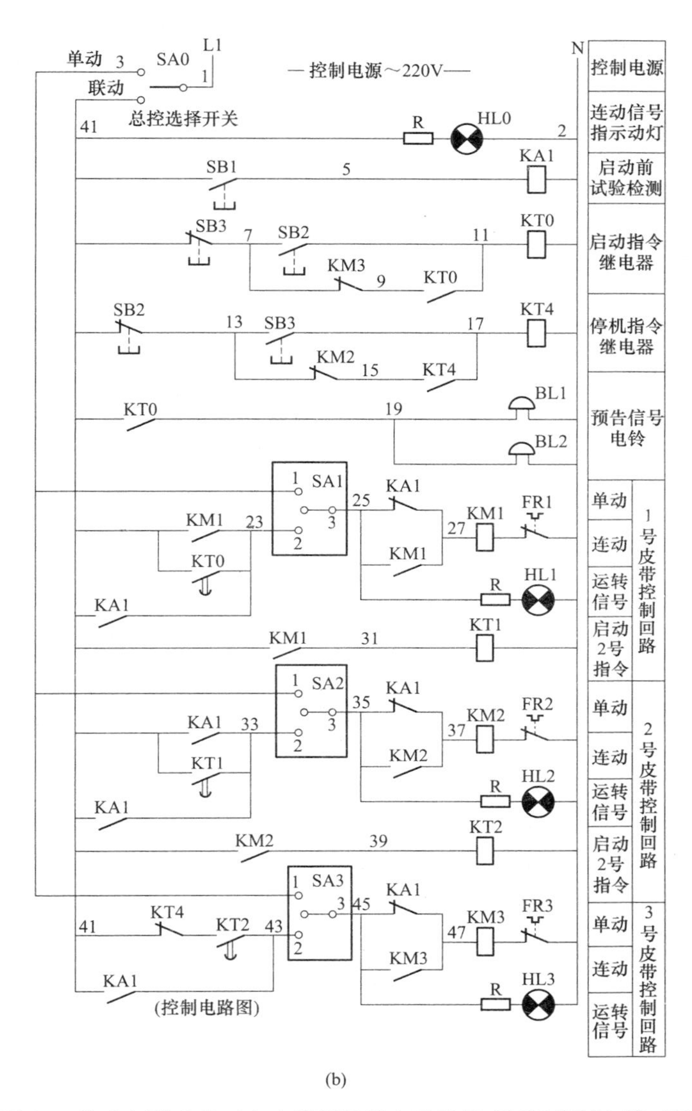


(b)

图 89 单动与联动的三台皮带运输机电动机的 220V 控制电路（续）

（a）总电源接触器 KM0 控制电路；（b）皮带运输机控制电路

## 例 90 启动 1 号皮带、电动机驱动 2 号传输带、电磁离合器驱动的电动机 220V 控制电路

### 1. 回路送电操作

合上电源开关 QK、QF，2 号皮带运输机（电磁离合器）电源回路有电，为 2 号皮带运输机（电磁离合器）启动做电路准备。

### 2. 工作原理

启动时，按下 1 号皮带启动按钮 SB2，接触器 KM 得电动作，辅助的 KM 动合触点闭合自保，接触器 KM 三个主触点同时闭合，1 号皮带运输机电动机得电运转。串入 2 号皮带运输机（电磁离合器）电路中的辅助的动合触点 KM 闭合，等待行程开关 LS 的动合触点闭合，启动 2 号皮带运输机。

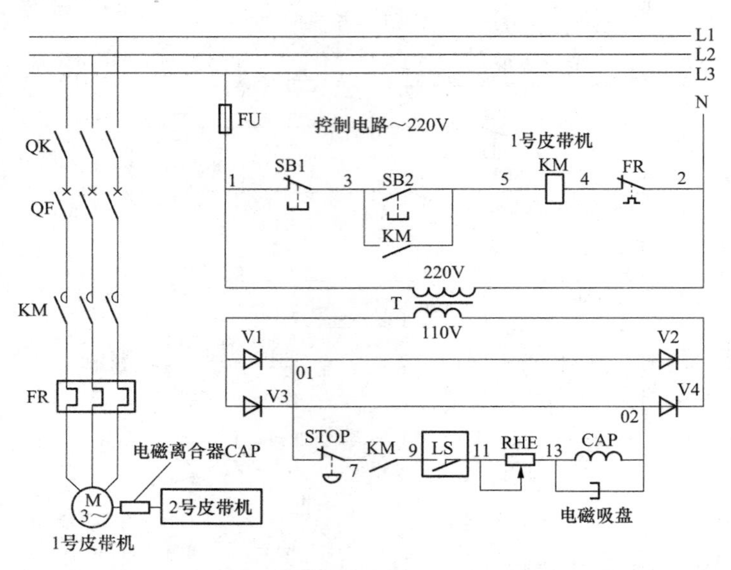


图 90　启动 1 号皮带、电动机驱动 2 号传输带、电磁离合器驱动的电动机 220V 控制电路

## 例 91　主轴上凸轮与限位开关 1LS 示意图

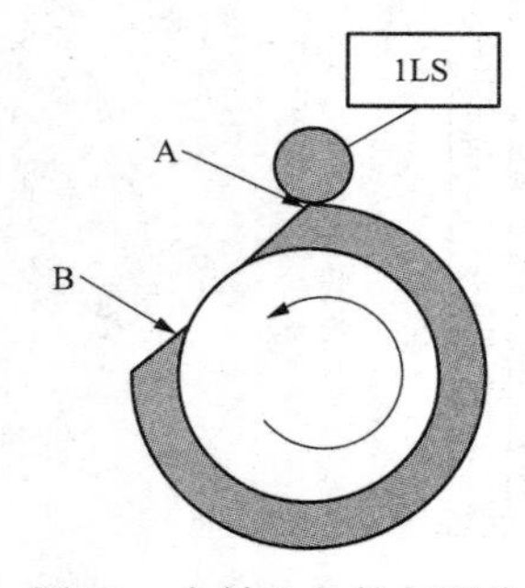


图 91　主轴上凸轮与限位开关 1LS 示意图

2 号皮带运输机控制电路图如图 90 所示，与 1 号皮带共用一台电动机，在成型机的主轴上带有一个直流电磁吸盘（也称电磁离合器）离合器端有传送齿轮与链条，当离合器 CAP 线圈得电吸合后，离合器与 2 号皮带主轴紧密结合，这样离合器齿轮链条与 2 号皮带主轴同时转动带动 2 号皮带运转。

2 号皮带运输机运转主要通过限位开关 1LS 控制，在生产中 1 号皮带总是运转的，主驱动装置所带的附链条，主轴成凸形，当主轴转到 A 的一端碰上限位 1LS 拐臂时，动合触点 1LS 闭合（SA、KM 触点闭合中）从而使离合器 CAP 线圈得电，离合器 CAP 吸合，链条传送带运转，当凸点过后到 B 的位置时，限位开关 1LS 拐臂脱离，而使动合触点 1LS 由闭合状态断开，使离合器 CAP 线圈断电释放，2 号皮带运输机停运（箭头表示旋转方向）。

# 第三章

# 典型的电动机控制电路

## 例 92　两个按钮操作的三相电动机驱动的卷帘门 220V 控制电路

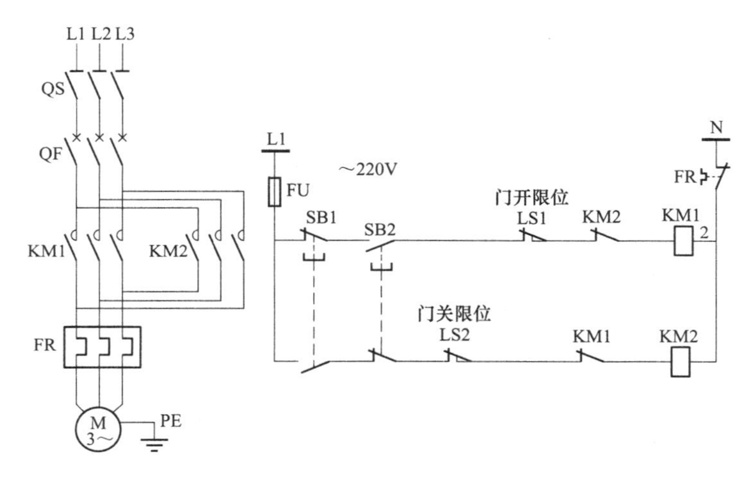


图 92　两个按钮操作的三相电动机驱动的卷帘门 220V 控制电路

## 例 93　两个按钮操作的三相电动机驱动的卷帘门 380V 控制电路

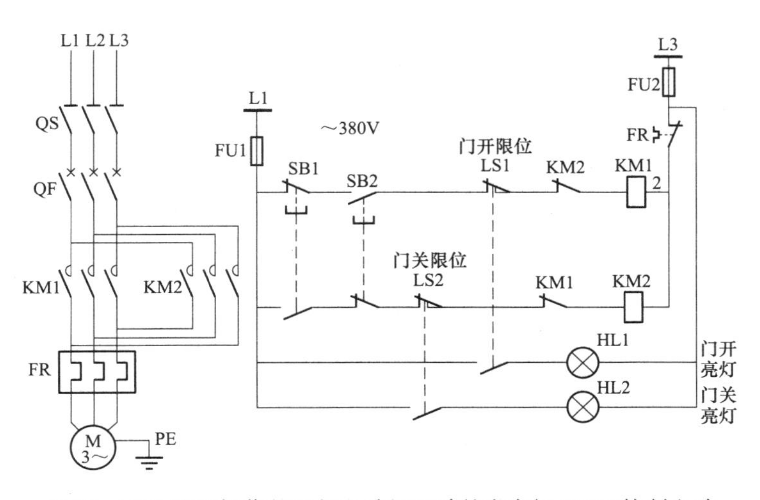


图 93　两个按钮操作的三相电动机驱动的卷帘门 380V 控制电路

## 例 94 三相电动机驱动的卷帘门控制电路

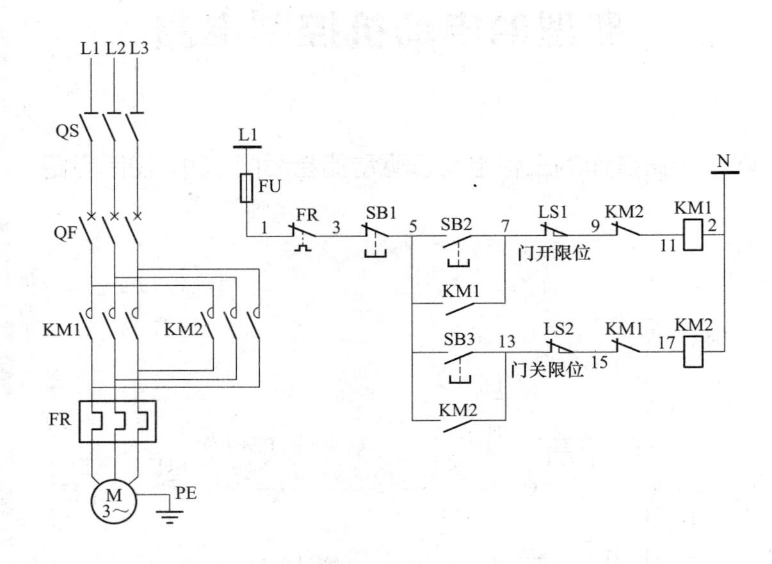


图 94 三相电动机驱动的卷帘门控制电路

## 例 95 手动与自动启停可选的水泵电动机控制电路

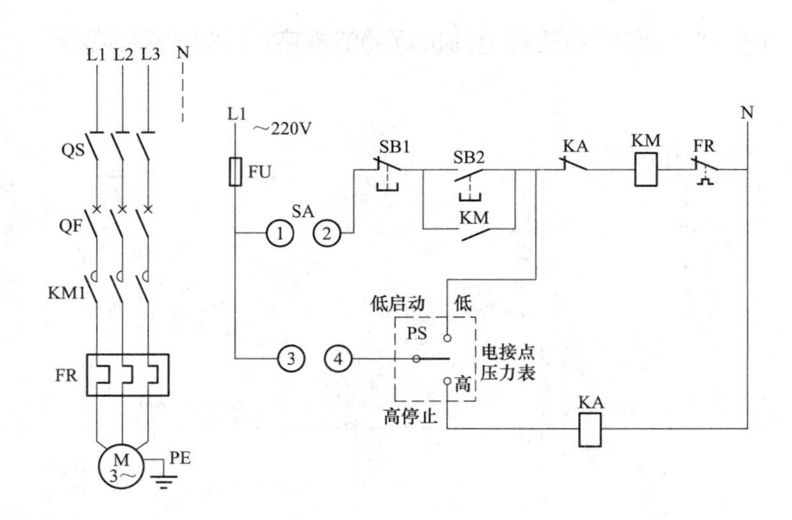


图 95 手动与自动启停可选的水泵电动机控制电路

## 例 96 手动与自动启停的水泵电动机控制电路

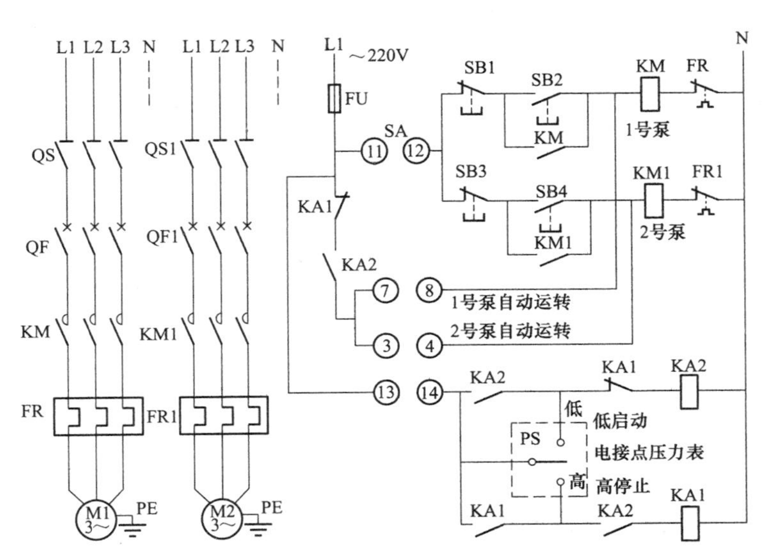


图 96 手动与自动启停的水泵电动机控制电路

## 例 97 手动与自动启停的水泵电动机控制电路

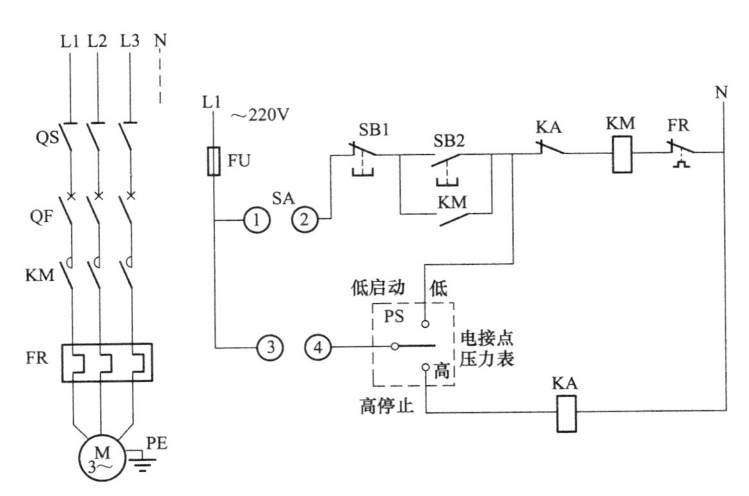


图 97 手动与自动启停的水泵电动机控制电路

## 例 98 建筑工地提升吊笼电动机控制电路

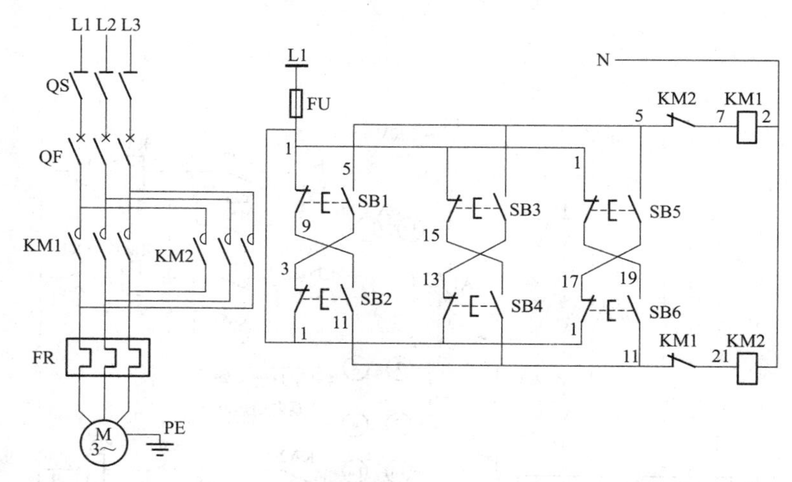


图 98 建筑工地提升吊笼电动机控制电路

## 例 99 采用倒顺开关启停单相电动机控制电路

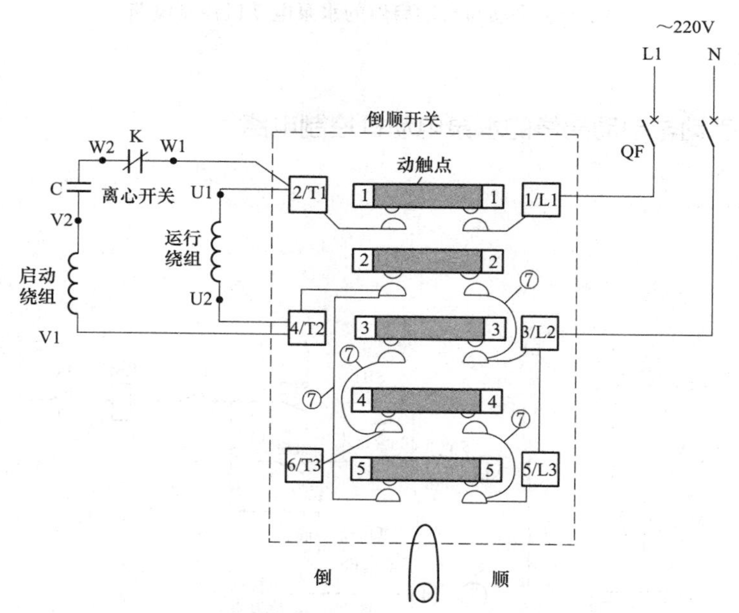


图 99 采用倒顺开关启停单相电动机控制电路

注：

(1) 电容 C 安装在电动机外壳上，离心开关安装在电动机内。

(2) 不论操作把手在“顺或倒”位置，电动机都是正方向运转。把手在中间位置电动机停止。

(3) ⑦——倒顺开关 TS 触点之间的连接线。

## 例 100 采用倒顺开关启停单相电动机正反转控制电路

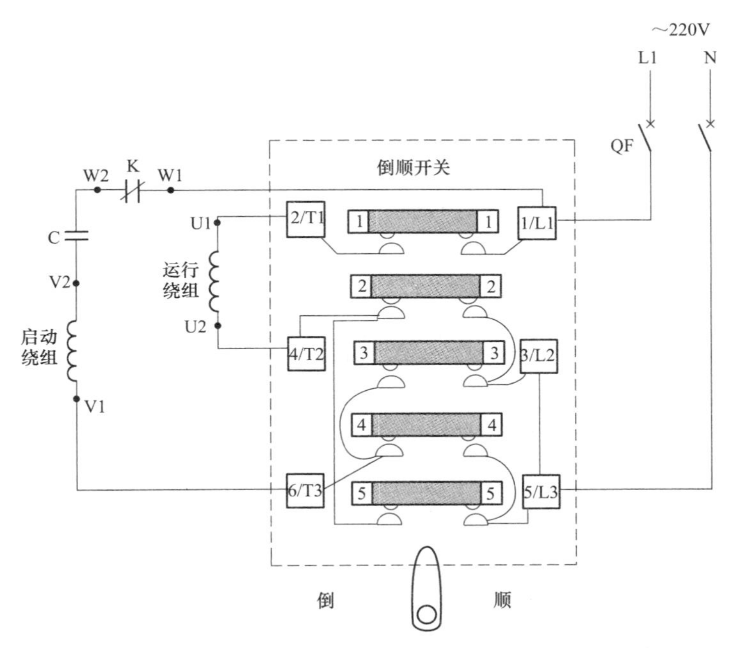


图 100　采用倒顺开关启停单相电动机正反转控制电路

## 例 101 定子绕组串电抗器的电动机手动控制线路

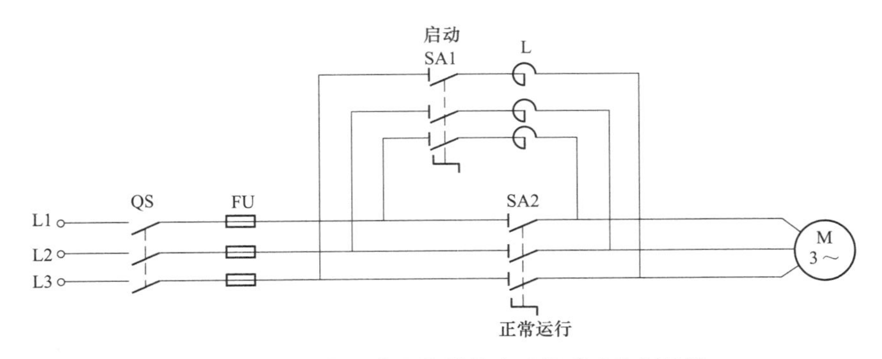


图 101　定子绕组串电抗器的电动机手动控制线路

## 例 102 倒顺开关直接启停正反转 380V 的电动机

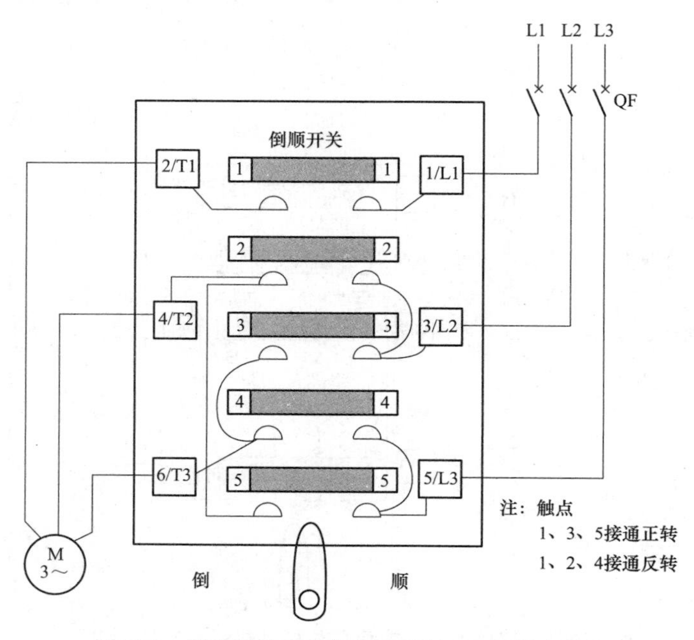


图 102　倒顺开关直接启停正反转 380V 的电动机

## 例 103 万能转换开关控制的定子回路串入电阻降压启动线路

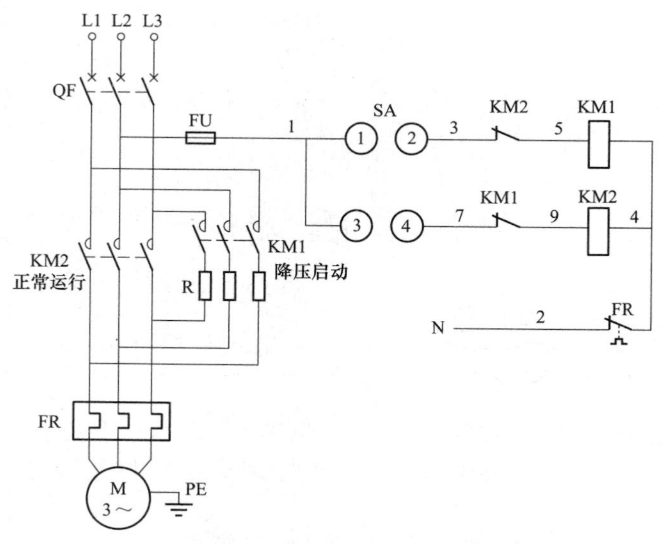


图 103　万能转换开关控制的定子回路串入电阻降压启动线路

## 例 104 两处操作的备用泵自启的两台润滑油泵 220V 控制电路

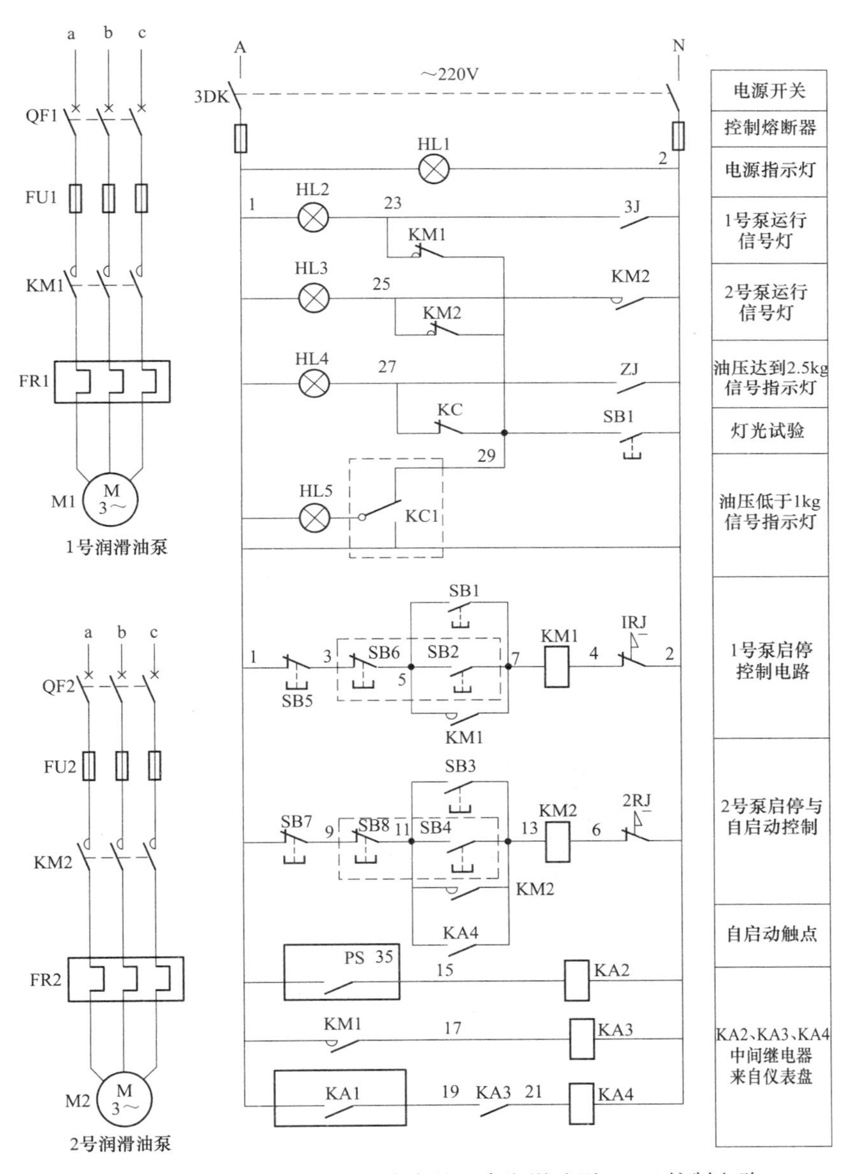


图 104 两处操作的备用泵自启的两台润滑油泵 220V 控制电路

# 例 105 电动阀控制电路

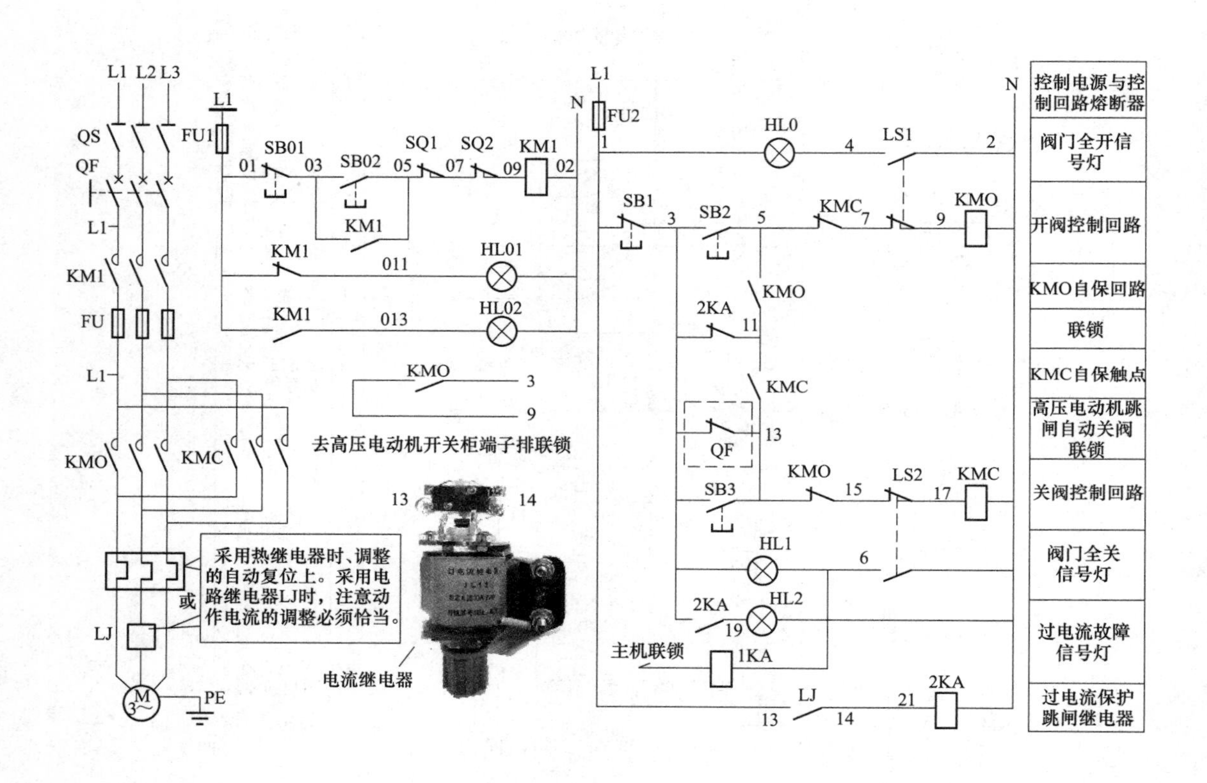


图 105 电动阀控制电路

## 例 106　采用万能断路器启停的 250kW 电动机 380V 控制电路

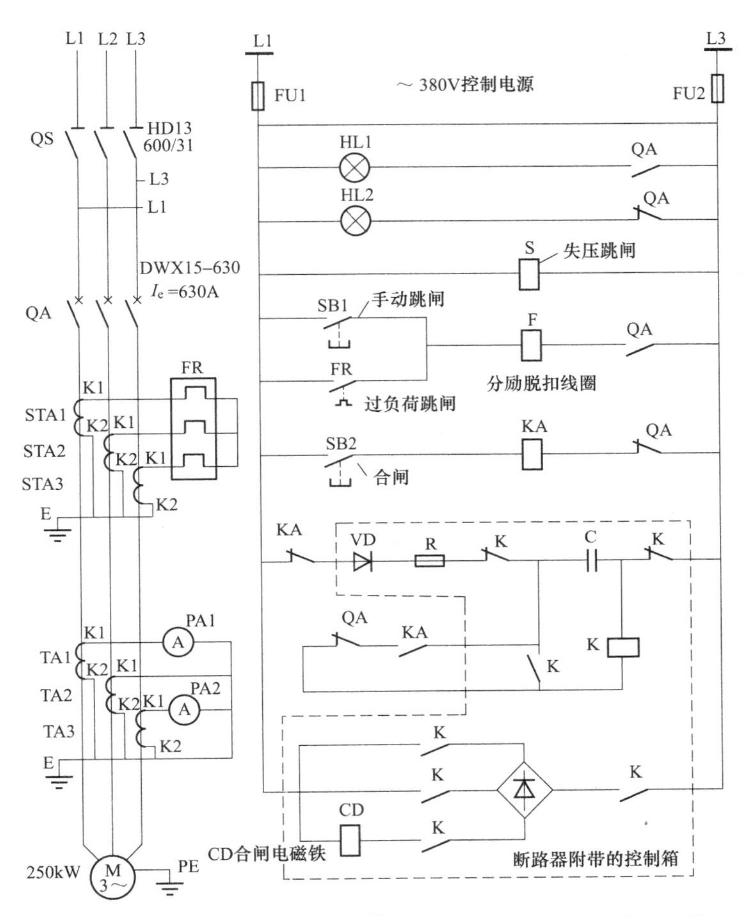


图 106　采用万能断路器启停的 250kW 电动机 380V 控制电路

注：(1) STA1～STA3—电动机用快速脱扣速饱和电流互感器 600/5A；

(2) TA1～TA3—电流互感器 LMZ1-0.5　600/5A。

## 例 107　定子回路串入电阻降压启动线路

**1. 送电**

送电步骤：①合上三相隔离开关 QS。②合上低压断路器 QF。③合上控制回路熔断器 FU1、HL2。

**2. 启动运转**

按下启动按钮 SB2，电源 L1 相→控制回路熔断器 FU1→停止按钮 SB2 动断触点→启动按钮 SB1 动合触点（按下时闭合）分两路：

(1) KT 延时动断的触点→接触器 KM1 线圈→4 号线→热继电器 FR 的动断触点→2 号线→控制回路熔断器 FU2→电源 L3 相，构成 380V 电路。接触器 KM1 线圈获电动作，接触器 KM1 动合触点闭合自保，KM1 三个主触点同时闭合，电动机绕组获电，电动机 M 启

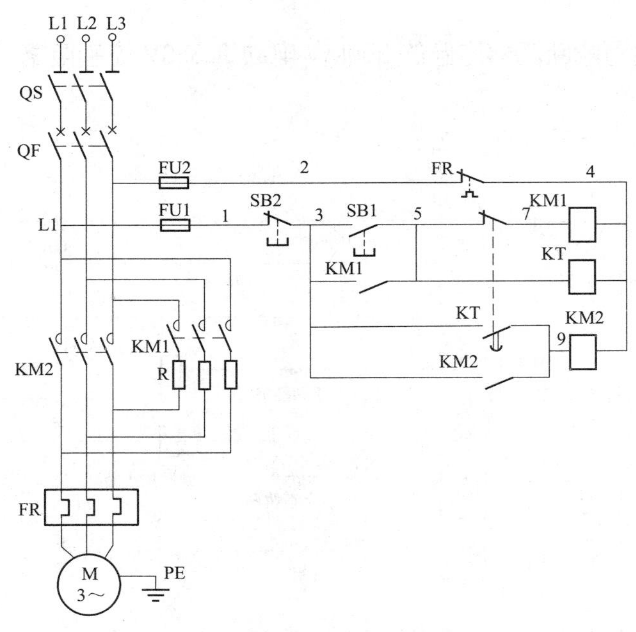


图 107　定子回路串入电阻降压启动线路

动运转。

（2）时间继电器 KT 线圈→4 号线→热继电器 FR 的动断触点→2 号线→控制回路熔断器 FU2→电源 L3 相，构成 380V 电路。KT 得电动作，开始计时。计时时间到 KM1 电路中的动断触点 KT 断开 KM1 线圈断电释放，主触点断开，电动机停止。

KT 动合触点闭合，相当于启动按钮的作用，这时，电源 L1 相→控制回路熔断器 FU1→1 号线→停止按钮 SB1 动断触点→闭合的时间继电器 KT 动合触点→9 号线→接触器 KM2 线圈→4 号线→热继电器 FR 的动断触点→2 号线→控制回路熔断器 FU2→电源 L3 相。构成 380V 电路。接触器 KM2 线圈获电动作，接触器 KM2 动合触点闭合自保，维持 KM2 的工作状态，接触器 KM2 三个主触点同时闭合，电动机绕组获得三相 380V 交流电源，电动机正常运转。

串联在 KM1 电路中的动断触点 KM2 断开，切断接触器 KM1 电路，接触器 KM1 断电释放，KM 的三个主触点同时断开，将接触器 KM1 电路隔离。

**3. 正常停机**

按下停止按钮 SB1 动断触点断开，接触器 KM2 断电释放，KM2 的三个主触点同时断开，电动机 M 绕组脱离三相 380V 交流电源，停止转动，所驱动的机械设备停止运行。

## 例 108　定子绕组串电阻降压启动手动、自动控制线路

**1. 送电**

送电步骤：①合上三相隔离开关 QS。②合上低压断路器 QF。③合上控制回路熔断器 FU1、FU2。

**2. 启动运转（手动）**

将控制开关 SA 置于手动位置（5、11 线接通）。

按下启动按钮 SB2，电源 L1 相→控制回路熔断器 FU1→停止按钮 SB1 动断触点→启动按钮 SB2 动合触点（按下时闭合）分两路：

（1）→接触器 KM2 动断触点→接触器 KM1 线圈→4 号线→热继电器 FR 的动断触点→2 号线→控制回路熔断器 FU2→电源 L3 相，构成 380V 电路。接触器 KM1 线圈获电动作，接触器 KM1 动合触点闭合自保，KM1 三个主触点同时闭合，电动机绕组获电，电动机 M 启动运转。

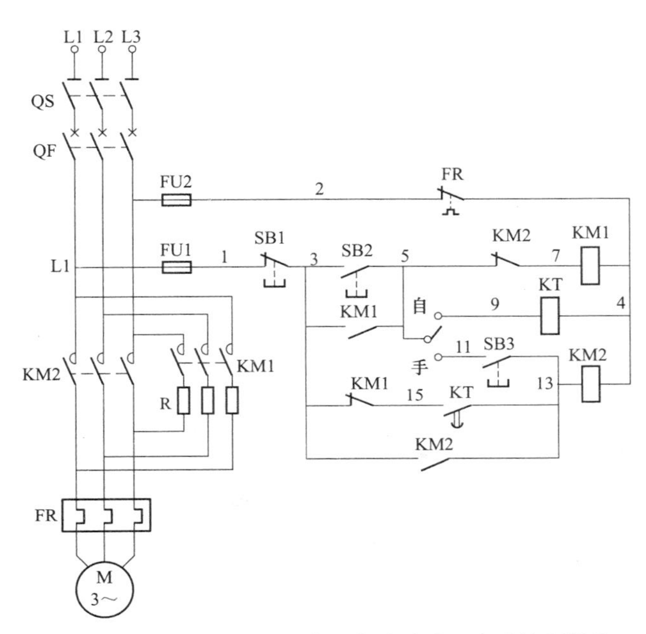


图 108 定子绕组串电阻降压启动手动、自动控制线路

（2）SA 手动位置（5、11 线接通）。按下正常运行按钮 SB3 动合触点→接触器 KM2 线圈→4 号线→热继电器 FR 的动断触点→2 号线→控制回路熔断器 FU2→电源 L3 相，构成 380V 电路。接触器 KM2 线圈获电动作，接触器 KM2 动合触点闭合自保，维持 KM2 的工作状态，接触器 KM2 三个主触点同时闭合，电动机绕组获得三相 380V 交流电源，电动机正常运转。

串联在 KM1 电路中的动断触点 KM2 断开，切断接触器 KM1 电路，接触器 KM1 断电释放 KM 的三个主触点同时断开，将接触器 KM1 电路隔离。

**3. 自动运转**

将控制开关 SA 置于自动位置（5、9 线接通）。

按下启动按钮 SB2，电源 L1 相→控制回路熔断器 FU1→停止按钮 SB1 动断触点→启动按钮 SB2 动合触点（按下时闭合）分两路：

（1）→接触器 KM2 动断触点→接触器 KM1 线圈→4 号线→热继电器 FR 的动断触点→2 号线→控制回路熔断器 FU2→电源 L3 相，构成 380V 电路。接触器 KM1 线圈获电动作，接触器 KM1 动合触点闭合自保，KM1 三个主触点同时闭合，电动机绕组获电，电动机 M 启动运转。

（2）→SA 自动位置（5、9 线接通）→时间继电器 KT 得电动作，开始计时。计时时间到。

KT 动合触点闭合，相当于启动按钮的作用，这时电源 L1 相→控制回路熔断器 FU1→1 号线→停止按钮 SB1 动断触点→接触器 KM 动断触点→15 号线→闭合的时间继电器 KT 动合触点→13 号线→接触器 KM2 线圈→4 号线→热继电器 FR 的动断触点→2 号线→控制回路熔断器 FU2→电源 L3 相。构成 380V 电路。接触器 KM2 线圈获电动作，接触器 KM2 动合触点闭合自保，维持 KM2 的工作状态，接触器 KM2 三个主触点同时闭合，电动机绕组获得三相 380V 交流电源，电动机正常运转。

串联在 KM1 电路中的动断触点 KM2 断开，切断接触器 KM1 电路，将接触器 KM1 电路隔离，接触器 KM1 断电释放，KM1 的三个主触点同时断开，切除了电阻器 R。

**4. 正常停机**

按下停止按钮 SB1 动断触点断开，接触器 KM2 断电释放，KM 的三个主触点同时断开，电动机 M 绕组脱离三相 380V 交流电源，停止转动，所驱动的机械设备停止运行。

## 例 109 JS 系列时间继电器外形

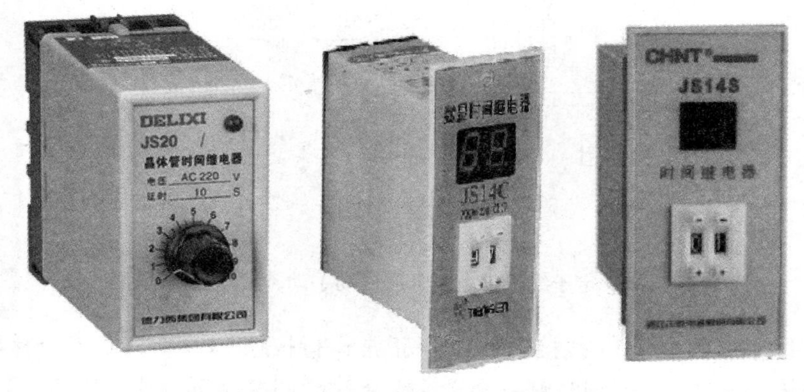


图 109 JS 系列时间继电器外形

## 例 110 按钮控制定子绕组串电抗降压启动控制线路

**1. 送电**

送电步骤：①合上三相隔离开关 QS。②合上低压断路器 QF。③合上控制回路熔断器 FU1、FU2。

**2. 启动运转（手动）**

按下启动按钮 SB1，电源 L2 相→控制回路熔断器 FU1→停止按钮 SB3 动断触点→启动按钮 SB1 动合触点（按下时闭合）→按钮 SB2 动断触点→接触器 KM2 动断触点→接触器 KM1 线圈→热继电器 FR 的动断触点→控制回路熔断器 FU2→电源 L3 相，构成 380V 电路。接触器 KM1 线圈获电动作，接触器 KM1 动合触点闭合自保，KM1 三个主触点同时闭合，电动机绕组获电，电动机 M 降压启动运转。当电动机速度上升，接近正常时，按下正常按钮 SB2，这时，其动断触点 SB2 先断开，切断 KM1 电路，KM1 断电释放，电动机断电仍在惯性运转中，按到正常按钮 SB2 动合触点闭合，电源 L2 相→控制回路熔断

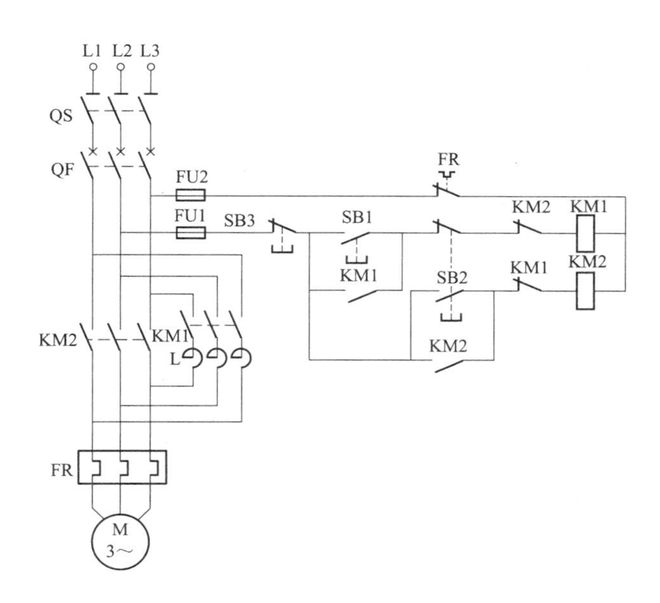


图 110 按钮控制定子绕组串电抗降压启动控制线路

器 FU1→停止按钮 SB3 动断触点→闭合的正常按钮 SB2 动合触点→接触器 KM1 动断触点→接触器 KM2 线圈→热继电器 FR 的动断触点→控制回路熔断器 FU2→电源 L3 相。构成 380V 电路。接触器 KM2 线圈获电动作，接触器 KM2 动合触点闭合自保，维持 KM2 的工作状态，接触器 KM2 三个主触点同时闭合，电动机绕组获得三相 380V 交流电源，电动机正常运转。

串联在 KM1 电路中的动断触点 KM2 断开，切断接触器 KM1 电路，将接触器 KM1 电路隔离。

**3. 正常停机**

按下停止按钮 SB3 动断触点断开，接触器 KM2 断电释放，KM2 的三个主触点同时断开，电动机 M 绕组脱离三相 380V 交流电源，停止转动，所驱动的机械设备停止运行。

## 例 111 脚踏开关控制的钢筋弯曲机 220V 控制电路

脚踏开关控制的钢筋弯曲机，如图 111（a）所示。脚踏开关控制的钢筋弯曲机 220V 控制电路如图 111（b）所示。实物接线图如图 111（c）所示。这是通过脚踏开关进行操作的钢筋弯曲机，通过调节位置，可以把钢筋弯曲成两个角度，即 90°、135°。脚踏 90°的脚踏开关 FTS1，弯曲机把钢筋弯曲到 90°。脚踏 135°的脚踏开关 FTS2，弯曲机把钢筋弯曲到 135°时，依靠行程开关的动合触点，启动电动机的反方向运转，弯曲机复位。

**1. 脚踏开关控制的钢筋弯曲机回路送电**

检查电动机及弯曲机具备启动条件，方可进行电动机的主电路与控制回路送电。

操作顺序如下：①合上主回路隔离开关 QS。②合上主回路空气断路器 QF。③合上控制回路熔断器 FU。

(a)

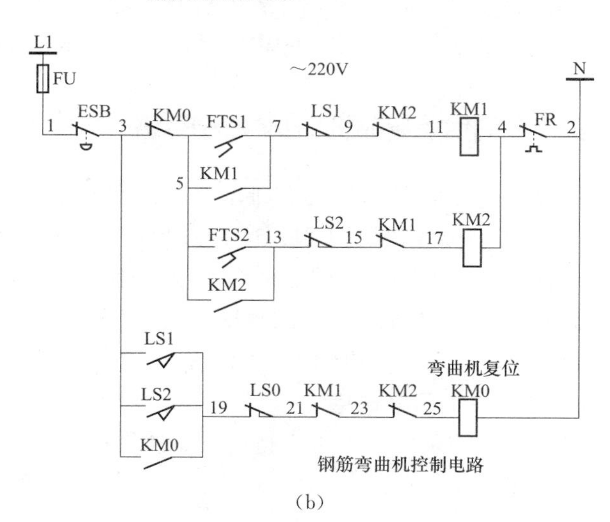


(b)

图 111　脚踏开关控制的钢筋弯曲机 220V 控制电路

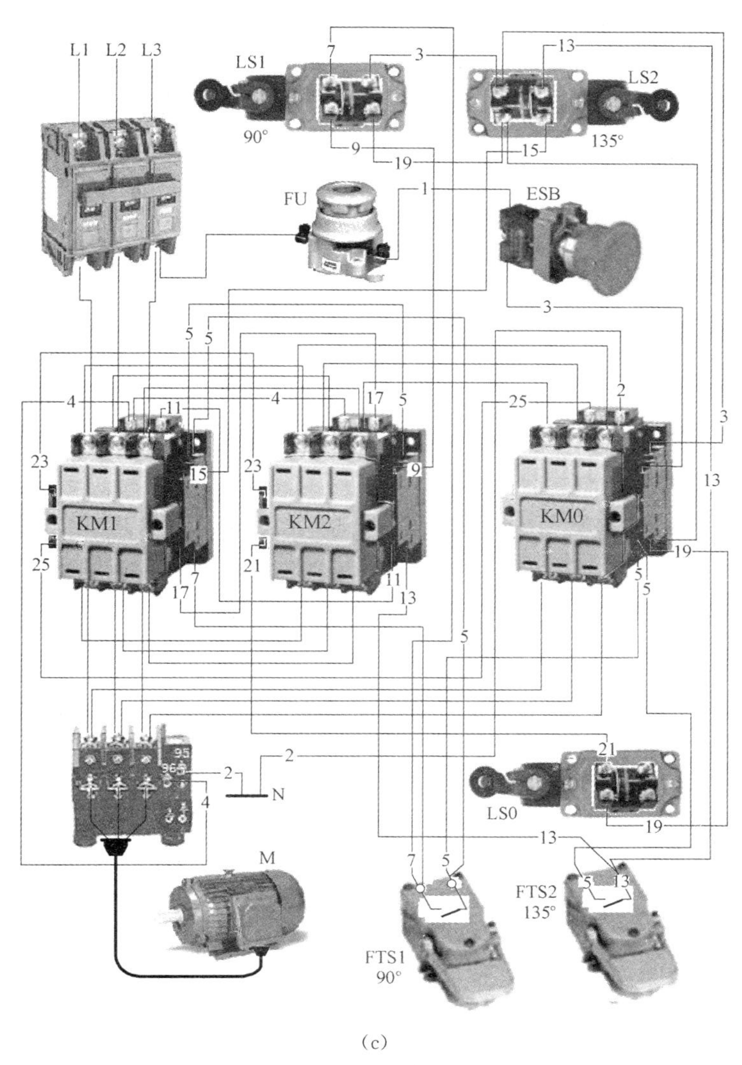


(c)

图 111 脚踏开关控制的钢筋弯曲机 220V 控制电路（续）

(a) 脚踏开关控制的钢筋弯曲机；(b) 控制电路图；(c) 实物接线图

**2. 钢筋弯曲 90°电路工作原理**

(1) 弯曲钢筋（电动机正方向运转）。脚踩脚踏开关 FTS1 动合触点闭合，电源 L1 相→控制回路熔断器 FU→1 号线→紧急停止按钮 ESB 动断触点→3 号线→接触器 KM0 动断触点→5 号线→闭合的脚踏开关 FTS1 动合触点→7 号线→90°行程开关 LS1 动断触点→9 号线→接触器 KM2 动断触点→11 号线→接触器 KM1 线圈→4 号线→热继电器 FR 动断触点→2 号线→电源 N 极。

接触器 KM1 线圈得电动作，KM1 动合触点闭合自保。接触器 KM1 三个主触点同时闭合，提供电源，电动机启动运转。弯曲机带着钢筋向 90°方向旋转，旋转到 90°，行程开关 LS1 动作，动断触点 LS1 断开，接触器 KM1 线圈断电释放，接触器 KM1 的三个主触点断开，电动机脱离电源，钢筋弯曲动作停止。

(2) 完成钢筋弯曲 90°后，（电动机自动反方向运转返回）复位。行程开关 LS1 动作时，动合触点 LS1 闭合。

电源 L1 相→控制回路熔断器 FU→1 号线→紧急停止按钮 ESB 动断触点→3 号线→行程开关 LS1 动合触点→19 号线→行程开关 LS0 动断触点→21 号线→接触器 KM1 动断触点→23 号线→接触器 KM2 动断触点→25 号线→弯曲机复位接触器 KM0 线圈→2 号线→电源 N 极。

接触器 KM0 线圈得电动作，KM0 动合触点闭合自保。接触器 KM0 三个主触点同时闭合，提供电源，电动机启动运转，驱动弯曲机复位。

当弯曲机返回原始位置，行程开关 LS0 动作，动断触点 LS0 断开，接触器 KM0 线圈断电释放，接触器 KM0 的三个主触点断开，电动机脱离电源停止，钢筋弯曲机回归原始位置。弯曲机完成一次，把钢筋弯曲 90°的工作。

（3）紧急停机。遇到紧急情况，应该立即按下紧急停止按钮 ESB（这种紧急停止按钮，按下时自锁）动断触点断开，切断控制电路。运行的接触器就会断电释放，弯曲机停止弯曲工作。

**3. 钢筋弯曲 135°电路工作原理**

（1）钢筋弯曲 135°（电动机正方向运转）。放入钢筋后，脚踩脚踏开关 FTS2 动合触点闭合。

电源 L1 相→控制回路熔断器 FU→1 号线→紧急停止按钮 ESB 动断触点→3 号线→接触器 KM0 动断触点→5 号线→闭合的脚踏开关 FTS2 动合触点→13 号线→135°行程开关 LS2 动断触点→15 号线→接触器 KM2 动断触点→17 号线→接触器 KM2 线圈→4 号线→热继电器 FR 动断触点→2 号线→电源 N 极。

接触器 KM2 线圈得电动作，KM2 动合触点闭合自保。接触器 KM2 三个主触点同时闭合，提供电源，电动机启动运转。弯曲机带着钢筋向 135°方向旋转，旋转到 135°，行程开关 LS2 动作，动断触点 LS2 断开，接触器 KM2 线圈断电释放，接触器 KM2 的三个主触点断开，电动机脱离电源，钢筋弯曲动作停止。

（2）完成钢筋弯曲 135°后，（电动机自动反方向运转返回）复位。行程开关 LS2 动作时，动合触点 LS2 闭合。

电源 L1 相→控制回路熔断器 FU→1 号线→紧急停止按钮 ESB 动断触点→3 号线→行程开关 LS2 动合触点→19 号线→行程开关 LS0 动断触点→21 号线→接触器 KM1 动断触点→23 号线→接触器 KM2 动断触点→25 号线→弯曲机复位接触器 KM0 线圈→2 号线→电源 N 极。

接触器 KM0 线圈得电动作，KM0 动合触点闭合自保。接触器 KM0 三个主触点同时闭合，提供电源，电动机启动运转，驱动弯曲机复位。

当弯曲机返回原始位置，行程开关 LS0 动作，动断触点 LS0 断开，接触器 KM0 线圈断电释放，接触器 KM0 的三个主触点断开，电动机脱离电源停止，钢筋弯曲机回归原始位置。弯曲机完成一次，把钢筋弯曲 135°的工作。

（3）紧急停机。遇到紧急情况，应该立即按下紧急停止按钮 ESB（这种紧急停止按钮，按下时自锁）动断触点断开，切断控制电路。运行的接触器就会断电释放，弯曲机停止弯曲工作。

（4）过负荷停机。电动机发生过负荷运行时，主电路中的热继电器 FR 动作，串接于接触器线圈控制回路中的热继电器 FR 动断触点断开，切断运行的接触器线圈电路，接触器断电释放，接触器的三个主触点同时断开，电动机断电停转，弯曲机停止工作。

## 例 112 倒顺开关直接启停的机械设备电路

许多建筑工地的机械设备，如搅拌机、切割机、钢筋切断机、钢筋弯曲机等、采用倒顺开关直接启停的，倒顺开关一般用于2.8kW以下的电动机。常用的倒顺开关控制电路图如图112（a）所示，实物接线图如图112（b）所示。倒顺开关外形如图112（c）所示。

图中，L1、L2、L3与T1、T2、T3为倒顺开关内触点端子标号。把电源L1、L2、L3与倒顺开关上的L1、L2、L3端子连接。T1、T2、T3与电动机绕组连接。将倒顺开关切换到“顺”的位置，电动机正方向运转，切换到“停”的位置，电动机停止运转；切换到“倒”的位置，电动机反方向运转。

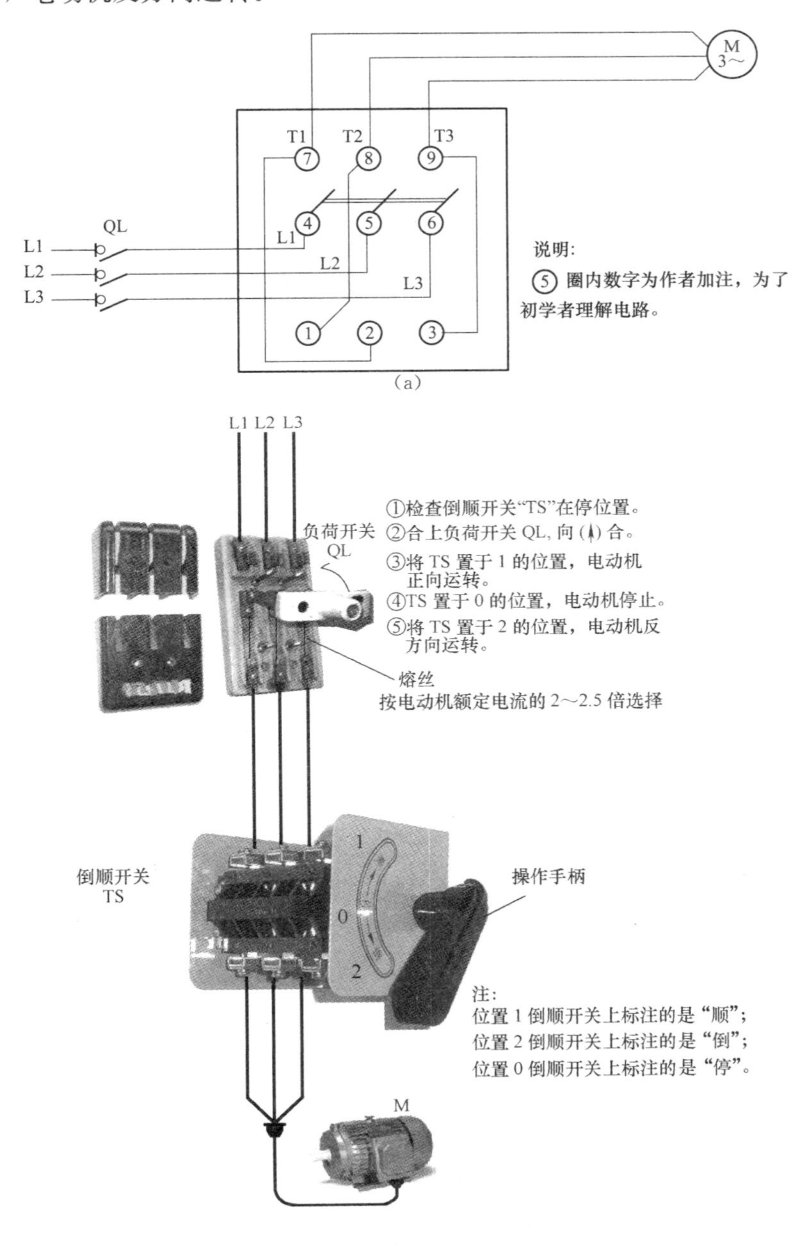


图112 倒顺开关直接启停的机械设备电路

隔爆型防爆倒顺开关 BZD–60A/3P 防爆可逆倒顺开关

德力西 HY2 系列倒顺开关万能转换开关

（c）

图 112　倒顺开关直接启停的机械设备电路（续）

（a）电路图；（b）实物接线图；（c）倒顺开关外形

## 例 113　LW5D 系列万能转换开关基本接线图

LW5D 系列万能转换开关主要适用于交流 50～60Hz、电压为 380V，直流电压至 440V 的电路中转换电气控制线路（电磁线圈、电气测量仪表和伺服电动机等），也可直接控制 55kW 三相笼型感应电动机（启动、可逆转换、变速）。

**1. 开关分类**

（1）按用途分有主令控制和直接控制 55kW 电动机两种；

（2）按操作方式分有定位型和自复型两种；

（3）按接触系统节数分有 1～16 节，共 16 种；

（4）按操作系统外形分有旋钮式和球形捏手式两种。

**2. LW5D-16 系列转换开关常用接线图**

（1）LW5D-16/YH1 万能转换开关用于测量相电压时的接线如图 113 所示。

| LW5D –16/YH1/2 | 0 | $U_A$ | $U_B$ | $U_C$ |
|---|---|---|---|---|
| LW1 12–16/YH1/2 | 0° | 90° | 180° | 270° |
| 1–2 | | × | | |
| 3–4 | | | × | |
| 5–6 | | | | × |
| 7–8 | | × | × | × |



图 113　LW5D-16/YH1 万能转换开关用于测量相电压时的接线

（2）用 LW5D-16/YH1 万能转换开关直接启停三相交流电动机的接线如图 114 所示。

（3）LW5D-16/YH1 万能转换开关用于测量线电压时的接线如图 115 所示。

（4）采用 LW5D-16/5.5N/3 万能转换开关启停电动机正反转的接线如图 116 所示。

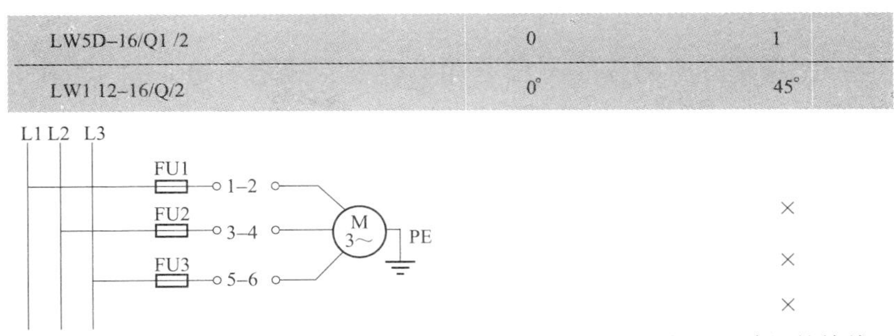

| LW5D-16/Q1/2 | 0 | 1 |
|---|---|---|
| LW1 12-16/Q/2 | 0° | 45° |
| 1-2 | | × |
| 3-4 | | × |
| 5-6 | | × |



图 114　用 LW5D-16/YH1 万能转换开关直接启停三相交流电动机的接线

| LW5D-16/YH3/3 | 0 | $U_{AB}$ | $U_{BC}$ | $U_{CA}$ |
|---|---|---|---|---|
| LW1 12-16/YH3/3 | 0° | 90° | 180° | 270° |
| 1-2 | | × | | |
| 3-4 | | | | × |
| 5-6 | | | × | |
| 7-8 | | × | | |
| 9-10 | | | | × |
| 11-12 | | | × | |

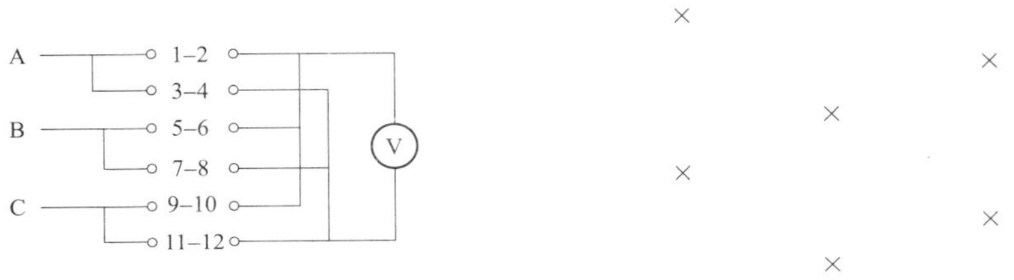

图 115　LW5D-16/YH1 万能转换开关用于测量线电压时的接线

| LW5D-16/5.5N/3 | 1 | 0 | 2 |
|---|---|---|---|
| LW1 12-16/5.5N/3 | -45° | 0° | 45° |
| 1-2 | × | | × |
| 3-4 | × | | × |
| 5-6 | × | | |
| 7-8 | | | × |
| 9-10 | | | × |
| 11-12 | × | | |

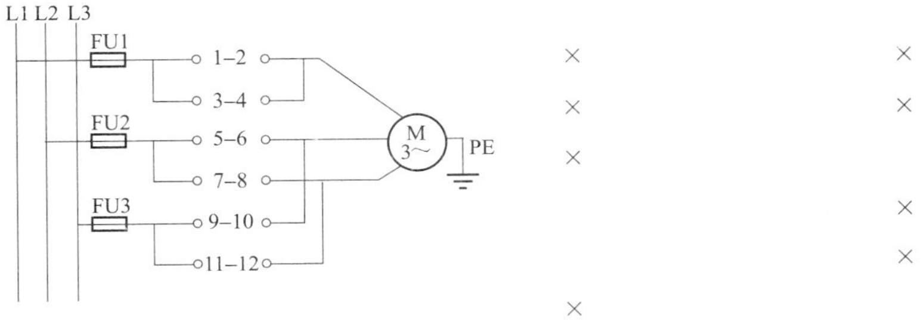

图 116　LW5D-16/5.5N/3 万能转换开关启停电动机正反转的接线

（5）LW5D-16/YH1 万能转换开关用于测量线电压时的接线，如图 117 所示。

| LW5D-16/YH2/2 | 0 | $U_{AB}$ | $U_{BC}$ | $U_{CA}$ |
|---|---|---|---|---|
| LW112-16/YH2/2 | 0° | 90° | 180° | 270° |
| 1-2 | | | | × |
| 3-4 | | × | | |
| 5-6 | | × | × | |
| 7-8 | | | × | × |

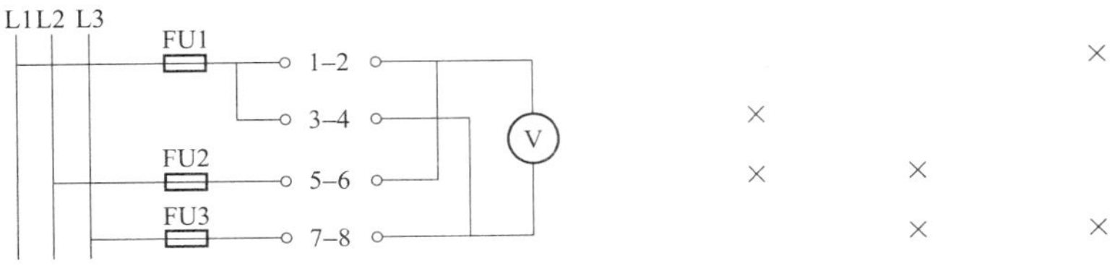

图 117　LW5D-16/YH1 万能转换开关用于测量线电压时的接线

## 例 114 一台自耦变压器控制两台电动机启动的线路（1）

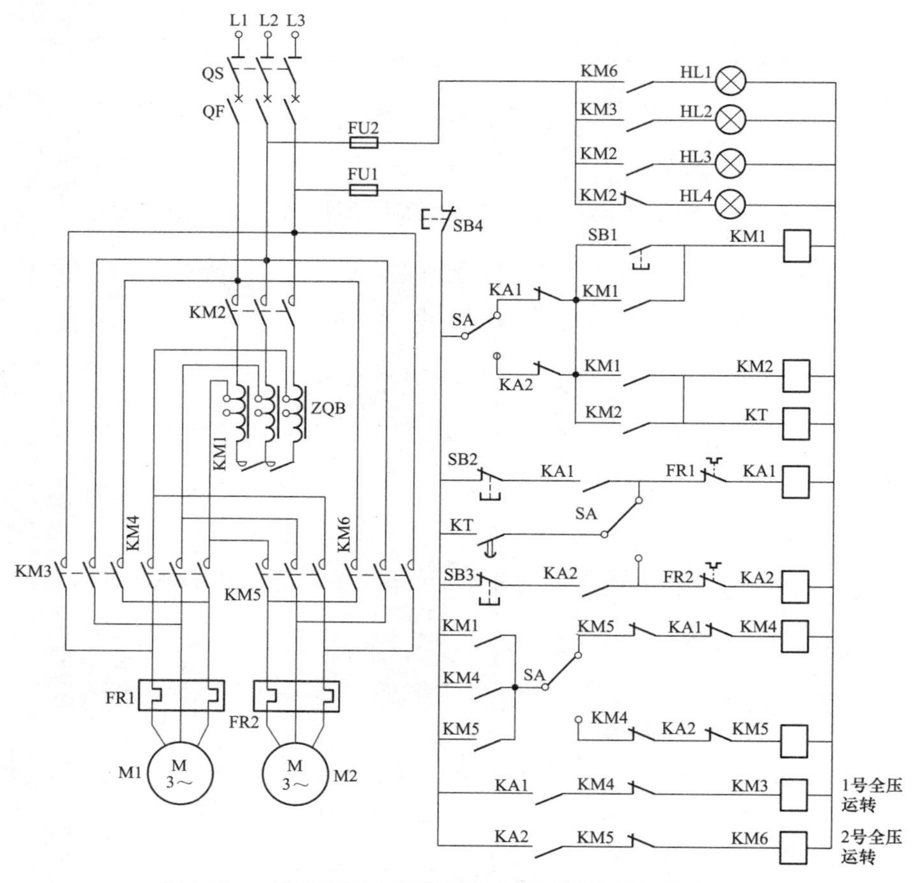


图 118　一台自耦变压器控制两台电动机启动的线路（1）

通过万能转换开关 SA 位置选择启动 1、2 号电动机。图中的 KM1 主触点闭合，将自耦变压器绕组末端短接。接触器 KM2 作为降压启动的电源。KM1、KM2 是两台电动机的公用的。两台电动机主电路中断路器 QF 是公用的，断路器的额定电流是两台电动机额定电流和的 2.5 倍。

（1）1 号电动机启停。

SA 置于 1 号电动机位置→按启动 SB1→KM1 吸合→KM1 吸合→KM2 吸合→电动机降压启动
└→KT 得电吸合→开始计时 3s
时间到→延时动合触点 KT 闭合→KA1 得电吸合→KA1 动断触点断开→KM1 断电释放、KM4 断电释放、KM2 断电释放，1 号电动机断电停止（电动机仍在惯性运转）。

KA1 动合触点闭合→断电复归的接解器 KM4 动断触点→接触器 KM3 得电动作，主触点闭合，电动机获得额定的工作电压。进入正常运行状态。按下停止 SB2 动断触点断开、KA1 线圈断电、KA1 释放，动合触点 KA1 断开，切断接触器 KM3 电路，接触器 KM3 释放，主触点断开、电动机停止运转

（2）2号电动机启停。

SA置于2号电动机位置→按启动SB1→KM1吸合→KM5吸合→KM2吸合→电动机降压启动
└→KT得电吸合→开始计时3s

时间到→延时动合触点KT闭合→KA2得电吸合→KA2动断触点断开→KM1断电释放、KM5断电释放、KM2断电释放，2号电动机断电停止（电动机仍在惯性运转）。

KA2动合触点闭合→断电复归的接触器KM5动断触点→接触器KM6得电动作，主触点闭合，电动机获得额定的工作电压，进入正常运行状态。按下停止SB2动断触点断开、KA2线圈断电、KA2释放，动合触点KA2断开，切断接触器KM6电路，接触器KM6释放，主触点断开、电动机停止运动

两台电动机都在运行中，只要按下停止按钮SB4动断触点断开，控制电路断电，运行中的接触器KM3、KM6断电释放，主触点断开，两台电动机同时断电，停止运转。

## 例115 一台自耦变压器控制两台电动机启动的线路（2）

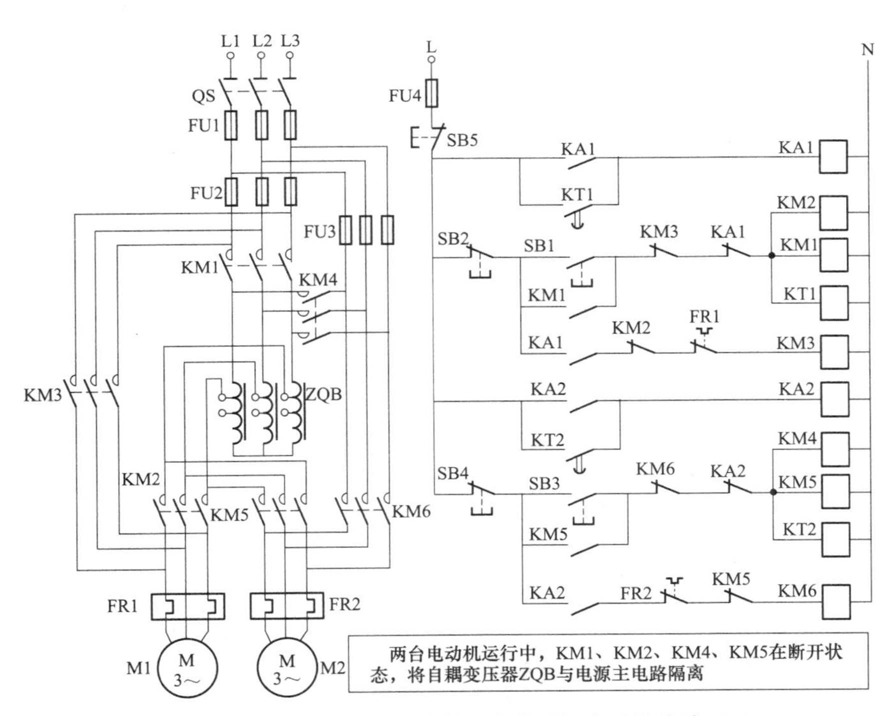


图119 一台自耦变压器控制两台电动机启动的线路（2）

这台电动机有总电源熔断器，和分支回路熔断器主电路接线相似。FU1、FU3分别按电动机额定电流的2.5倍确定。FU1按两台电动机额定电流和的2.5倍确定。

（1）1号电动机的启停。按下启动按钮SB1动合触点闭合：接触器KM1、接触器KM2、时间继电器KT1同时得电动作，电动机处于降压启动工作状态。延时3s闭合的时间触点KT1闭合，继电器KAI得电动作，动断触点KA1断开，接触器KM1、接触器KM2、

时间继电器 KT1 同时断电，电动机惯性运转。KA1 动合触点闭合自保。KA1 动合触点闭合，接触器 KM3 得电动作，主触点 KM3 闭合。电动机处于正常运转工作状态。接触器 KM3 动断触点断开，隔离自耦变压器 ZQB 降压启动电路。

按下停止按钮 SB2 动断触点断开，接触器 KM3 断电释放，KM3 的三个主触点同时断开，电动机 M1 绕组脱离三相 380V 交流电源，停止转动，所驱动的机械设备停止运行。

（2）2 号电动机的启停。按下启动按钮 SB3 动合触点闭合：接触器 KM4、接触器 KM5、时间继电器 KT2 同时得电动作，电动机处于降压启动工作状态。延时 3s 闭合的时间触点 KT2 闭合，继电器 KA2 得电动作，动断触点 KA2 断开，接触器 KM4、接触器 KM5、时间继电器 KT2 同时断电，电动机惯性运转。KA2 动合触点闭合自保。KA2 动合触点闭合，接触器 KM6 得电动作，主触点 KM6 闭合。电动机处于正常运转工作状态。接触器 KM6 动断触点断开，切断接触器 KM4、接触器 KM5、时间继电器 KT2 电路，隔离自耦变压器 ZQB 降压启动电路。

按下停止按钮 SB4 动断触点断开，接触器 KM6 断电释放，KM6 的三个主触点同时断开，电动机 M2 绕组脱离三相 380V 交流电源，停止转动，所驱动的机械设备停止运行。

（3）两台电动机都在运行中，只要按下停止按钮 SB5 动断触点断开，控制电路断电，运行中的接触器 KM3、KM6 断电释放，主触点断开，两台电动机同时断电，停止运转。

（4）1 号电动机过负荷停机。1 号电动机发生过负荷运行时，主电路中的热继电器 FR1 动作，串接于接触器 KM3 线圈控制回路中的热继电器 FR1 动断触点断开，切断运行的接触器 KM3 线圈电路，接触器 KM3 断电释放，接触器 KM3 的三个主触点同时断开，1 号电动机断电停转。

（5）2 号电动机过负荷停机。2 号电动机发生过负荷运行时，主电路中的热继电器 FR2 动作，串接于接触器 KM6 线圈控制回路中的热继电器 FR2 动断触点断开，切断运行的接触器 KM6 线圈电路，接触器 KM6 断电释放，接触器 KM6 的三个主触点同时断开，电动机断电停转。

看图 120 你能认识这 3 台交流接触器的型号吗？

图 120　3 个不同型号的接触器外形

## 例 116 特殊情况下用主触点自锁的控制电路

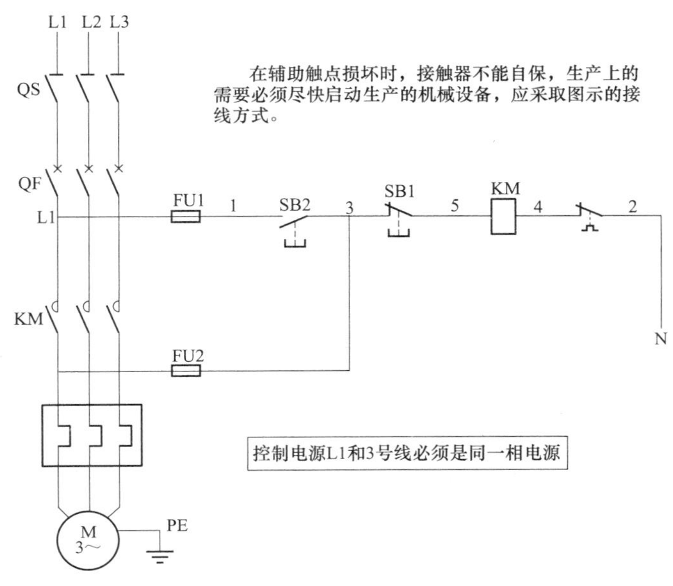


图 121 特殊情况下用主触点自锁的控制电路

## 例 117 二次保护双电源供电的电动机 380V 控制电路

二次保护、双电源供电的电动机 380V 控制电路操作方面是有严格要求的，不可以两台接触器同时吸合，为避免发生短路事故，采取了必要的相互制约控制接线技术措施。

**1. 电动机的常用电源控制电路**

（1）原料油泵在常用电源下运行的送电操作。按照要求检查接触器 KM1，接触器 KM2 在断开位置，且接触器主触点没有粘连。检查备用电源自投切换开关 SA 在断开位置，先送常用电源，在泵运行后再送备用电源。确认具备启动原料油泵常用电源的条件后，进行泵常用电源的送电操作。

（2）泵常用电源送电操作顺序。检查备用电源自投控制开关 SA 在断开位置；合上隔离开关 QS1；合上空气断路器 QF1；合上控制回路熔断器 FU1、FU2。合上控制熔断器后→07 号线→停止状态信号灯 HL1 灯亮，表示电动机回路处于送电备用状态，随时可以启动电动机。

（3）启动电动机（常用电源）。按下启动按钮 SB2，动合触点闭合，电源 L1 相→控制回路熔断器 FU1→01 号线→停止按钮 SB1 动断触点→03 号线→启动按钮 SB2 动合触点（按下时闭合）→05 号线→常用电源接触器 KM1 线圈→06 号线→备用电源接触器 KM2 动断触点→04 号线→热继电器 FR1 动断触点→02 号线→控制回路熔断器 FU2→电源 L3 相。接触器 KM1 线圈得电动作，动合触点 KM 闭合自保。主电路中的接触器 KM1 三个主触点同时闭合，电动机 M 绕组获得三相 380V 交流电源，电动机运转驱动机械设备工作。接触器 KM1 的动合触点闭合，电源 L1 相→控制回路熔断器 FU1→01 号线→接触器 KM1 动合触点

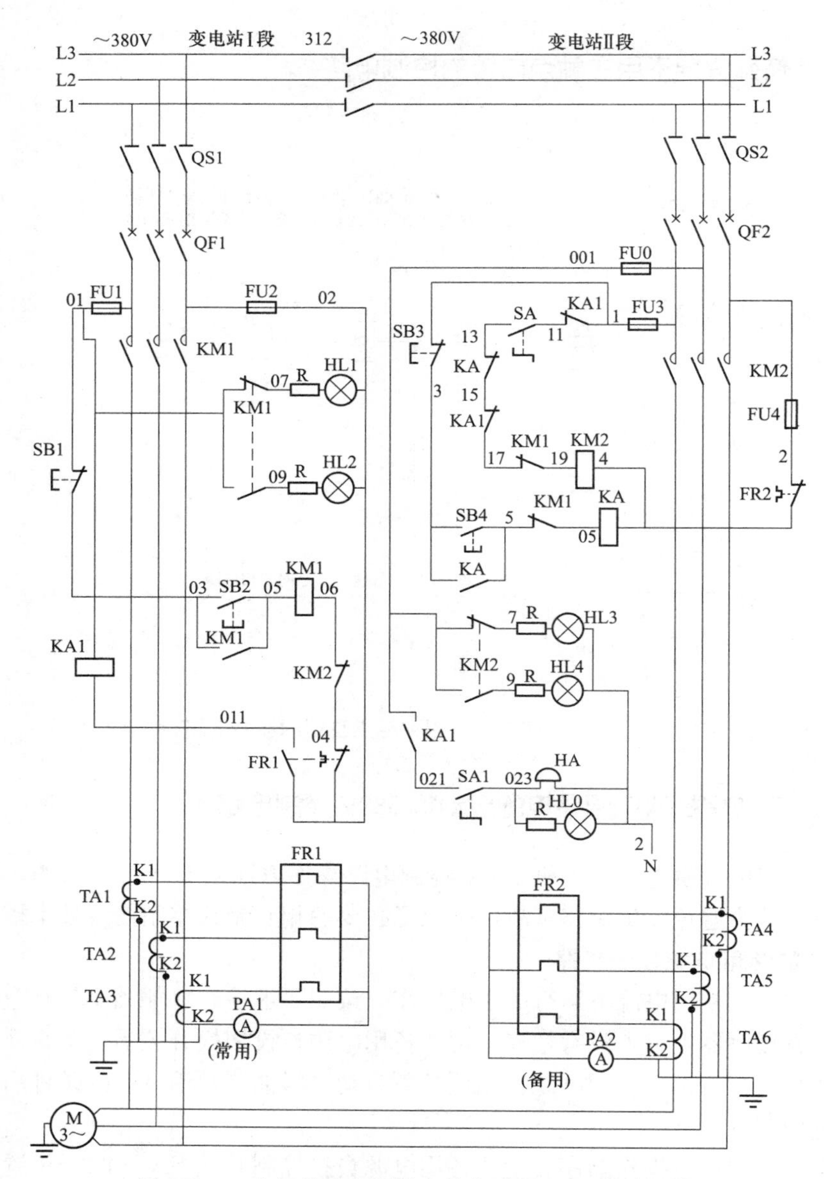


图 122　二次保护双电源供电的电动机 380V 控制电路

→09 号线→信号灯 HL2→02 号线→控制回路熔断器 FU2→电源 L3 相。信号灯 HL2 得电亮灯，表示电动机处于常用电源下的运行状态。

（4）正常停机（泵在常用电源下运行时停泵）。检查备用电源自投控制开关 SA 在断开位置。按下停止按钮 SB1，动断触点断开，切断接触器 KM1 线圈回路，接触器 KM1 线圈断电释放，接触器 KM1 的三个主触点同时断开，电动机 M 绕组脱离三相 380V 交流电源，停止转动，机械设备停止工作。

**2. 电动机的备用电源控制电路**

（1）备用电源的送电的操作断开自投控制开关 SA；合上备用电源隔离开关 QS2；合上备用电源断路器 QF2；合上操作控制回路熔断器 FU3、FU4、FU0。

（2）常用电源瞬间停电，备用电源自动投入工作。当原料油泵常用电源停电时，常用电源接触器 KM1 断电释放，接触器 KM1 主触点断开，电动机断电停止运转，接触器 KM1 动断触点的复位，备用电源自投切换开关 SA 在自投位置（接通）。电源 L1 相→控制回路熔断器 FU3→1 号线→故障禁投继电器 KA1 动断触点→11 号线→ 自投切换开关 SA 自投位置（接通）→13 号线→中间继电器 KA 动断触点→15 号线→故障禁投继电器 KA1 动断触点→17 号线→复位的泵电动机常用电源接触器 KM1 动断触点→19 号线→ 原料油泵电动机备用电源接触器 KM2 线圈→4 号线→热继电器 FR2 动断触点→2 号线→控制回路熔断器 FU4→电源 L3 相。泵电动机备用电源接触器 KM2 得电动作，动合触点 KM2 闭合自保，备用电源接触器 KM2 三个主触点同时接通，泵电动机得到备用电源启动运转，原料油泵投入工作。接触器 KM2 动合触点闭合→9 号线→信号灯 HL4 灯亮，表示原料油泵处于备用电源运行状态。

（3）泵电动机备用电源启停的手动操作 。按下停止按钮 SB3 动合触点断开，备用电源停机继电器 KA 线圈断电释放，泵电动机备用电源控制电路中的停机继电器 KA 动断触点复位，为启动泵电动机备用电源做电路准备。

1）启动备用电源电动机运转。合上泵电动机备用电源控制电路中的自投控制开关 SA 。电源 L1 相→控制回路熔断器 FU3→1 号线→故障禁投继电器 KA1 动断触点→11 号线→自投切换开关 SA 在合位→13 号线→继电器 KA 动断触点→15 号线→故障禁投继电器 KA1 动断触点→17 号线→复位的泵电动机常用电源接触器 KM1 动断触点→19 号线→原料油泵电动机备用电源接触器 KM2 线圈→4 号线→热继电器 FR2 动断触点→2 号线→控制回路熔断器 FU4→电源 L3 相。泵电动机备用电源接触器 KM2 得电动作，备用电源接触器 KM2 三个主触点同时接通，泵电动机得到备用电源启动运转，原料油泵投入工作。接触器 KM2 动合触点闭合→9 号线→信号灯 HL4 灯亮，表示原料油泵处于备用电源运行状态。

2）泵电动机在备用电源运行下的停泵操作。按下停止按钮 SB4，动合触点闭合，电源 L1 相→控制回路熔断器 FU3→1 号线→停止按钮 SB3 动断触点→3 号线→停止按钮 SB4 动合触点（按下时闭合）→5 号线→常用电源接触器 KM1 动断触点→05 号线→备用电源停机继电器 KA 线圈→4 号线→热继电器 FR2 动断触点→2 号线→控制回路熔断器 FU2→电源 L3 相。备用电源停机继电器 KA 线圈得电动作，停机继电器 KA 动断触点断开，切断接触器 KM2 线圈回路，接触器 KM2 线圈断电释放，接触器 KM2 的三个主触点同时断开，备用泵电动机 M 绕组脱离三相 380V 交流电源，停止转动，机械设备停止工作。

（4）可断开自投控制开关 SA。自投控制开关 SA 触点断开，切断了备用电源接触器 KM2 线圈控制回路，接触器 KM2 线圈回路断电，接触器 KM2 三个主触点同时断开，原料油泵泵备用电源断电，泵电动机停转，泵停止工作。

**3. 电动机过负荷停泵**

（1）原料油泵在常用电源下运行时，电动机发生过负荷运行时，主电路中的热继电器 FR1 动作，串接于接触器 KM1 线圈控制回路中的热继电器 FR1 动断触点断开，接触器 KM1 线圈回路断电，接触器 KM1 三个主触点同时断开，原料油泵常用电源断电，原料油泵电动机停转，原料油泵停止工作。

（2）原料油泵在备用电源下运行时，电动机发生过负荷运行时，主电路中的热继电器

FR2 动作，串接于接触器 KM2 线圈控制回路中的热继电器 FR2 动断触点断开，接触器 KM2 线圈回路断电，接触器 KM2 三个主触点同时断开，原料油泵备用电源断电，原料油泵电动机 M 停转，原料油泵停止工作。

（3）发生短路故障时，断路器 QF1、QF2 自动跳闸，原料油泵电动机断电停止工作。在对双电源供电的电动机进行故障处理时，必须先将泵停下来。因为泵在运转中，接触器 KM1、KM2 的负荷侧均带电，是很危险的，不停泵，不将断路器 QF1、QF2 断开，是不允许进行维护与故障处理的。

（4）常用电源故障报警并切断备用电源控制回路。在常用电源下运行的电动机发生过负荷故障时，热继电器 FR1 动作，动断触点 FR1 断开，常用电源接触器 KM1 断电释放，电动机停止运行，热继电器 FR1 动合触点闭合，电源 L1 相→控制回路熔断器 FU0→01 号线→故障禁投继电器 KA1 线圈→011 号线→热继电器 KR1 动合触点→02 号线→控制回路熔断器 FU2→电源 L3 相。故障禁投继电器 KA1 得电动作，图 122 中，备用电源接触器 KM2 控制电路中的故障禁投继电器 KA1 两个动断触点断开，将其接触器 KM2 控制电路切断，禁止备用电源接触器 KM2 自动投入，并防止有人按备用电源按钮 SB3，而使备用电源接触器 KM2 投入扩大事故。

故障禁投继电器 KA1 动合触点闭合，电源 L2 相→控制回路熔断器 FU0→001 号线→闭合的 KA1 动合触点→21 号线→解除报警控制开关 SA1 触点→023 号线→分两路：

1）电铃 HA 线圈→002 号线→电源 N 极。电铃 HA 得电铃响报警。

2）信号灯 HL0→002 号线→电源 N 极。信号灯 HL0 得电灯亮；断开解除报警开关 SA1，铃响停止，信号灯 HL0 断电灯灭。

## 例 118 一用一备均有过负荷信号的电动机 220V 控制电路

控制电路工作原理省略，简介过负荷停机报警电路工作原理。

常用泵电动机运行中，电动机发生过负荷运行时，主电路中的热继电器 FR1 动作，串接于接触器 KM1 线圈控制回路中的热继电器 FR1 动断触点断开，接触器 KM1 线圈回路断电，接触器 KM1 三个主触点同时断开，原料油泵常用泵电动机断电，常用泵电动机停转，油泵停止工作。热继电器 FR1 动作后，热继电器 FR1 动合触点闭合，电源 L1 相→控制回路熔断器 FU1→1 号线→控制开关 SA 触点（接通）→011 号线→报警电铃 HA1 线圈→04 号线→热继电器 FR1 动合触点→2 号线→电源 N 极。报警电铃 HA1 线圈得电，铃响报警。断开控制开关 SA，报警电铃 HA1 断电，铃响停止。

备用泵运行过程中，电动机过负荷运行时，主回路热继电器 FR2 动作，串联于接触器 KM2 线圈控制回路中的热继电器 FR2 动断触点断开，接触器 KM2 线圈回路断电，接触器 LM2 三个主触点同时断开，原料油泵备用电源断电，备用泵电动机停转，油泵停止工作。热继电器 FR2 动作后，热继电器 FR2 动合触点闭合，电源 L1 相→控制回路熔断器 FU2→11 号线→控制开关 SA3 触点（接通）→023 号线→报警电铃 HA2 线圈→024 号线→热继电器 FR2 动合触点→012 号线→电源 N 极。报警电铃 HA2 线圈得电，铃响报警。断开控制开关 SA，报警电铃 HA2 断电，铃响停止。

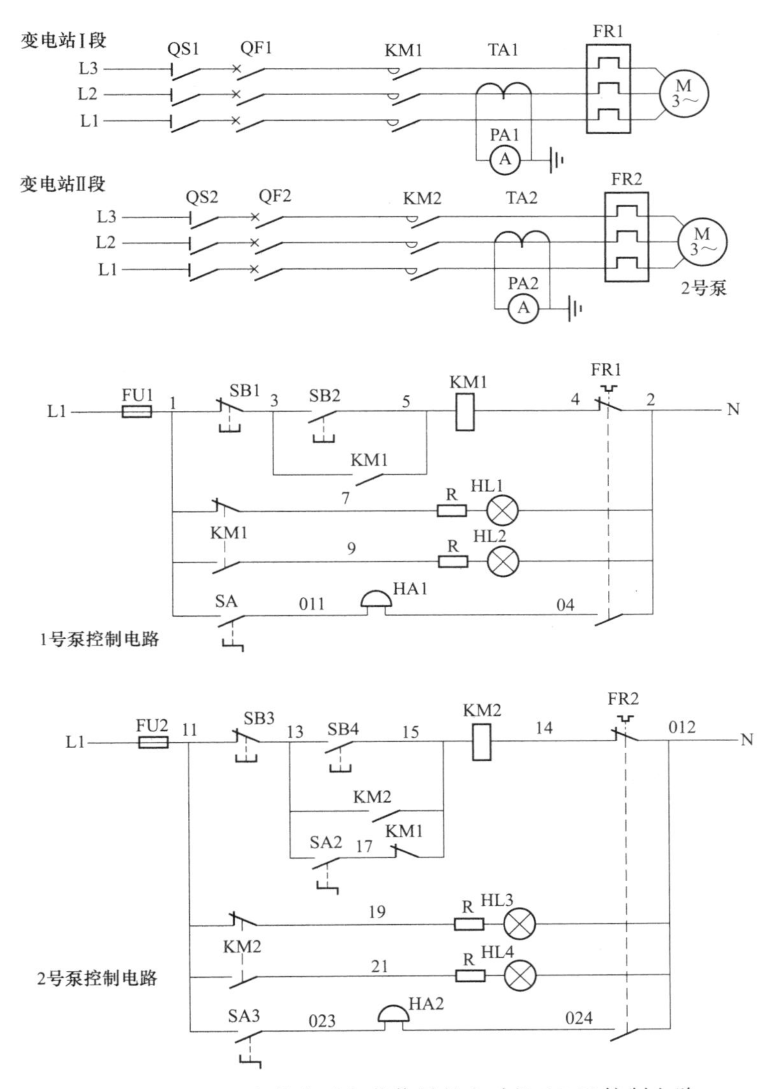


图 123　一用一备均有过负荷信号的电动机 220V 控制电路

## 例 119　二次保护一用一备单电流表电动机 220V 控制电路

### 1. 常用泵电动机控制电路

（1）常用泵电动机回路送电的操作。检查备用泵自投控制开关 SA 在断开位置；合上常用泵隔离开关 QS1；合上常用泵断路器 QF1，合上常用泵控制回路熔断器 FU1。

（2）启动常用泵 。按下启动 SB2，电源 L1 相→控制回路熔断器 FU1→1 号线→停止按钮 SB1 动断触点→3 号线→启动按钮 SB2 动合触点（按下时闭合）→5 号线→常用泵接触器 KM1 线圈→4 号线→热继电器 FR1 动断触点→2 号线→电源 N 极。常用泵电动机接触器 KM1 得电动作，接触器 KM1 动合触点闭合起自保作用，维持接触器 KM1 吸合状态，主回路图 124 中的接触器 KM1 三个主触点同时接通，常用泵电动机 M 得电运转，常用泵投入工

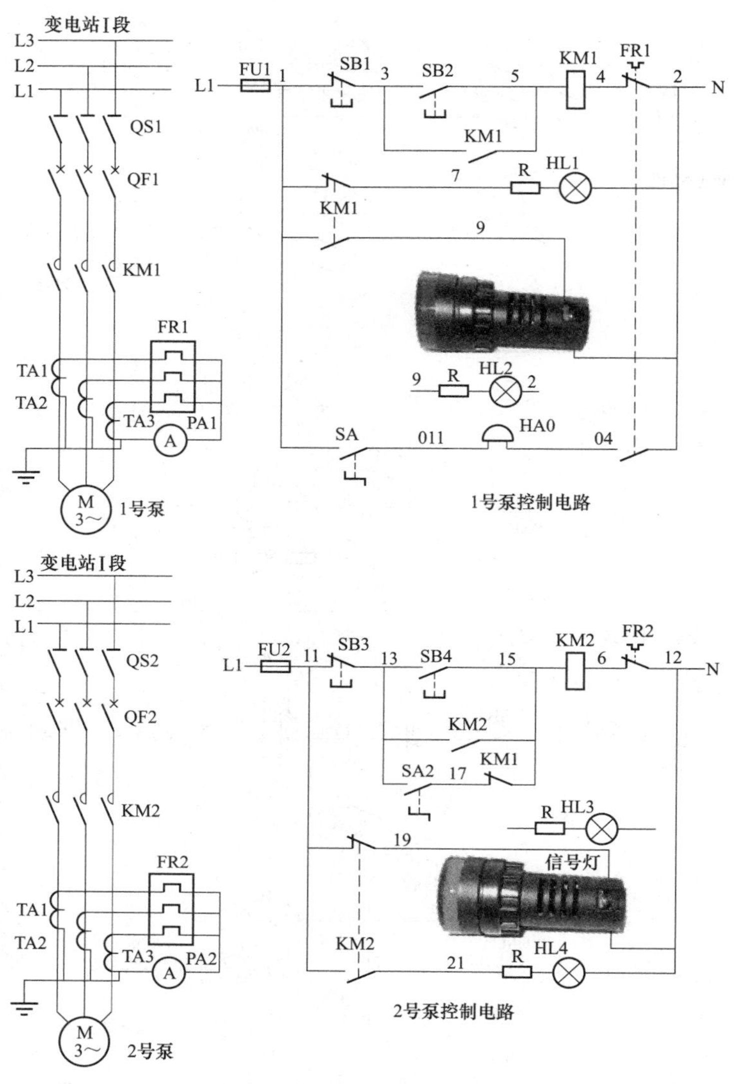


图 124　二次保护一用一备单电流表电动机 220V 控制电路

作。动合触点 KM1 闭合→9 号线→信号灯 HL2 得电灯亮，表示常用泵电动机 M 运行状态。

**2. 备用泵电动机控制电路**

（1）备用泵电动机回路送电的操作。检查备用泵自投控制开关 SA 在断开位置；合上备用泵隔离开关 QS2；合上备用泵断路器 QF2，合上备用泵控制回路熔断器 FU2。

（2）启动备用泵 。按下备用泵启动按钮 SB4，动合触点闭合，电源 L1 相→控制回路熔断器 FU2→11 号线→停止按钮 SB3 动断触点→13 号线→启动按钮 SB4 动合触点（按下时闭合）→15 号线→备用泵接触器 KM2 线圈→6 号线→热继电器 FR2 动断触点→12 号线→电源 N 极。备用泵电动机接触器 KM2 得电动作，接触器 KM2 动合触点闭合起自保作用，维持接触器 KM2 吸合状态，主回路图中的接触器 KM2 三个主触点同时接通，备用泵电动机 M2 得电运转，常用泵投入工作。动合触点 KM2 闭合，信号灯 HL4 得电灯亮，表示备用泵电动机 M2 处于运行状态。

（3）备用泵自启动。常用泵电动机 M1 运转后，合上备用泵自动投入开关 SA。常用泵故障停泵时，电源 L1 相→控制回路熔断器 FU3→11 号线→停止按钮 SB3 动断触点→13 号线→备用泵自动投入开关 SA2 触点→17 号线→常用泵接触器 KM1 动断触点→15 号线→接触器 KM2 线圈→6 号线→热继电器 FR2 动断触点→12 号线→电源 N 极 。备用泵电动机接触器 KM2 得电动作，接触器 KM2 动合触点闭合起自保作用，维持接触器 KM2 吸合状态，主回路接触器 KM2 三个主触点同时接通，备用泵电动机 2M 得电运转，备用泵投入工作。动合触点 KM2 闭合→21 号线→信号灯 HL4 灯亮，表示备用泵电动机运行状态。

**3. 电动机过负荷停泵**

（1）常用泵运行过程中，电动机发生过负荷运行时，串入电流互感器二次电路中的热继电器 FR1 动作，串接于接触器 KM1 线圈控制回路中的热继电器 FR1 动断触点断开，接触器 KM1 线圈回路断电，接触器 KM1 三个主触点同时断开，原料油泵常用电源断电，原料油泵电动机停转，原料油泵停止工作。

（2）备用泵运行过程中，电动机发生过负荷运行时，串入电流互感器二次电路中的热继电器 FR2 动作，串接于接触器 KM2 线圈控制回路中的热继电器 FR2 动断触点断开，接触器 KM2 线圈回路断电，接触器 KM2 三个主触点同时断开，原料油泵备用电源断电，原料油泵电动机 M 停转，原料油泵停止工作。

（3）发生短路故障时，断路器 QF1、QF2 自动跳闸，原料油泵电动机断电停止工作。

# 第四章

## 单相交流感应电动机的控制电路

### 例 120 断路器、负荷开关直接操作的单相电动机控制电路

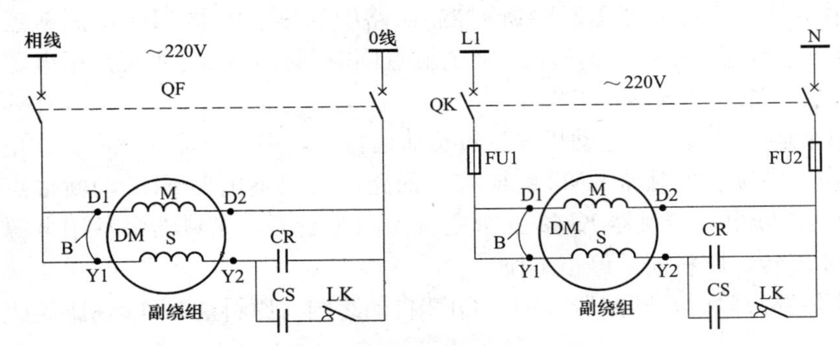


图 125 断路器、负荷开关直接操作的单相电动机控制电路

### 例 121 转换开关操作的单相电动机控制电路

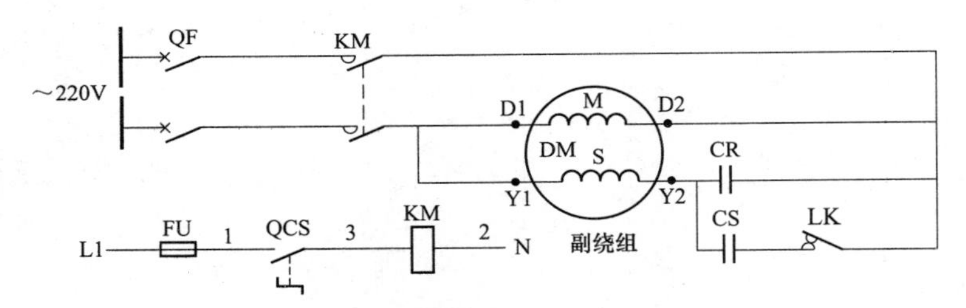


图 126 转换开关操作的单相电动机控制电路

### 例 122 两处点动操作的单相电动机正转控制电路

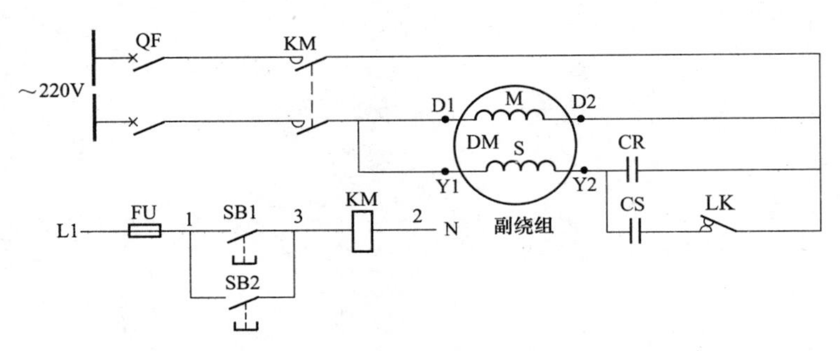


图 127 两处点动操作的单相电动机正转控制电路

## 例 123 接触器能自锁的单相电动机正转控制电路

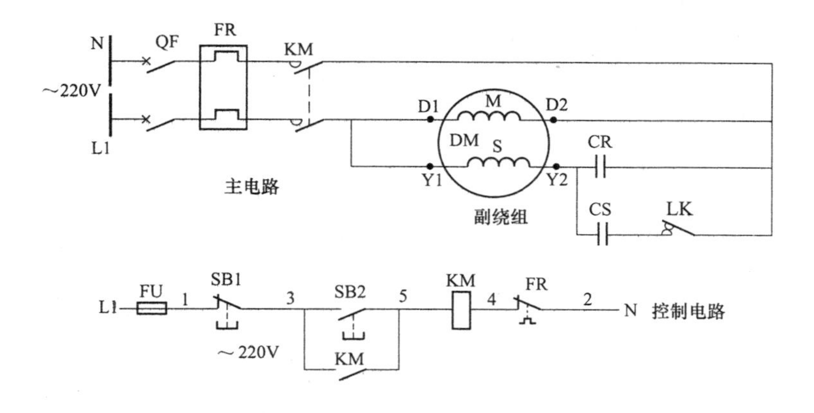


图 128 接触器能自锁的单相电动机正转控制电路

## 例 124 庆典用气模常用风机电动机控制电路

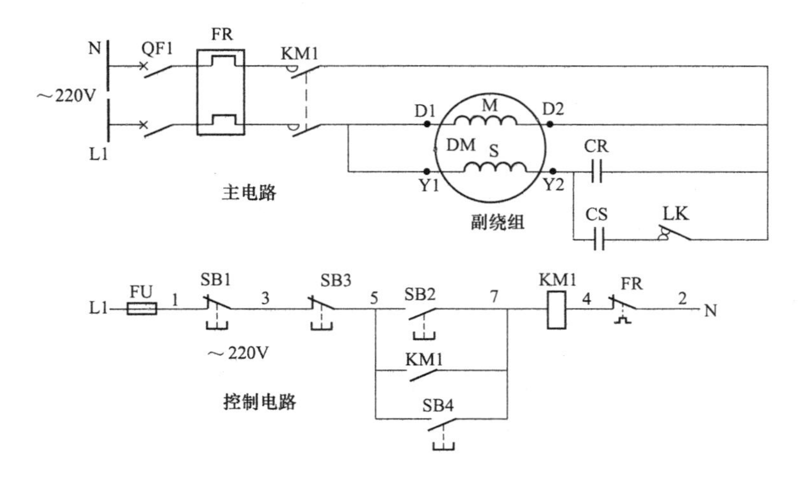


图 129 庆典用气模常用风机电动机控制电路

## 例 125 庆典用气模备用风机电动机控制电路

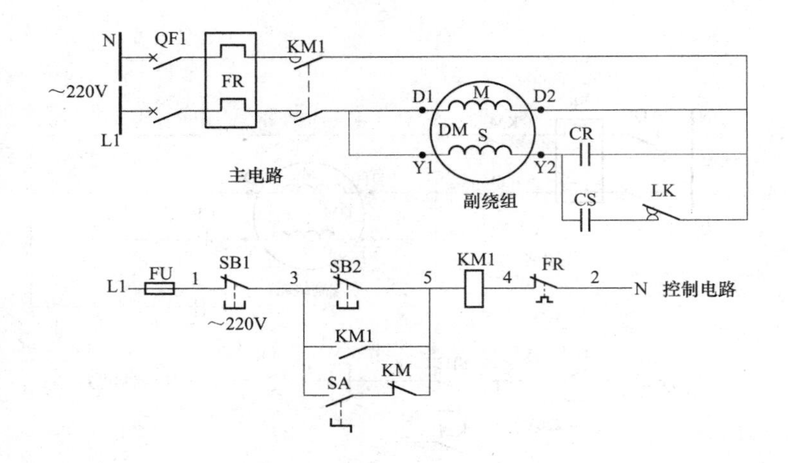


图 130 庆典用气模备用风机电动机控制电路

## 例 126 转换开关操作的单相电动机正反转控制电路

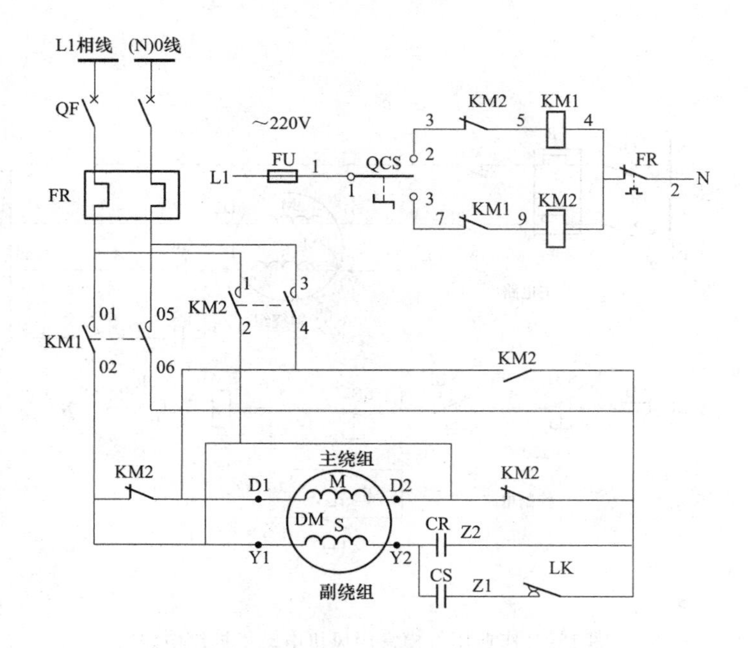


图 131 转换开关操作的单相电动机正反转控制电路

## 例 127 改变主绕组极性接线的单相电动机正反转控制电路

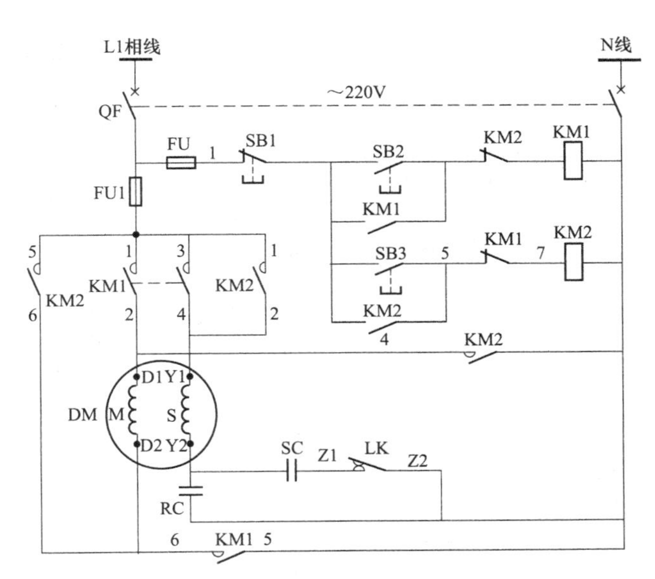


图 132 改变主绕组极性接线的单相电动机正反转控制电路

## 例 128 改变起动绕组极性接线的单相电动机正反转控制电路

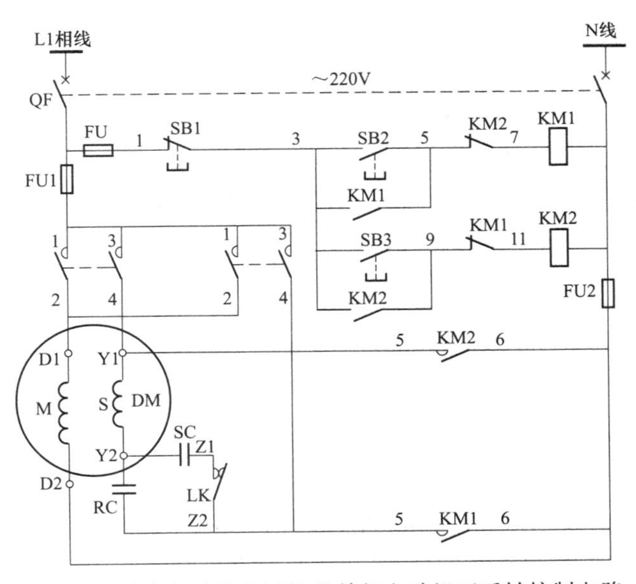


图 133 改变起动绕组极性的单相电动机正反转控制电路

## 例 129 两处操作的单相电动机正反转控制电路

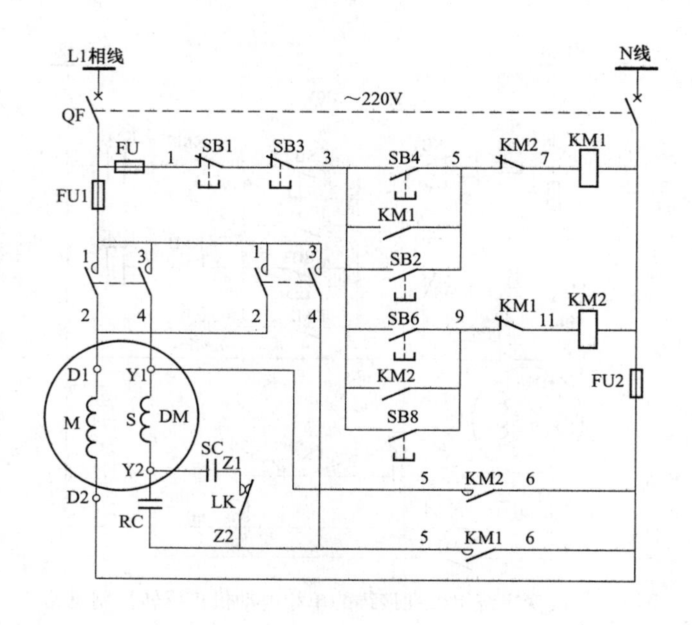


图 134 两处操作的单相电动机正反转控制电路图

## 例 130 可以调速单相电动机（落地扇）控制电路

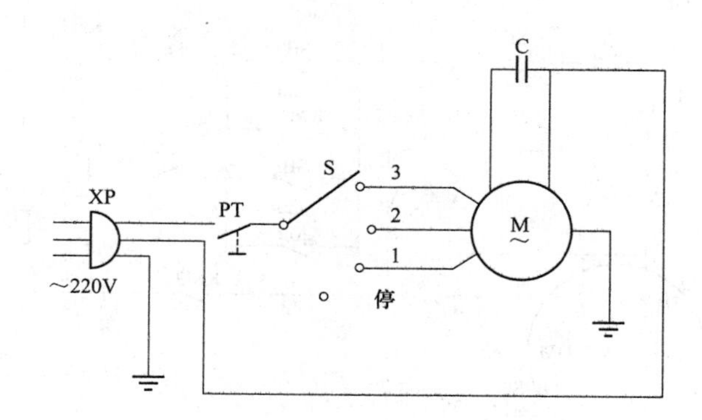


图 135 可以调速单相电动机（落地扇）控制电路

XP—电源插头；PT—定时器；S—调速开关；M—风扇风机；C—起动电容

## 例 131　BC/BD-203HCD 卧式冷藏冷冻转换柜控制电路

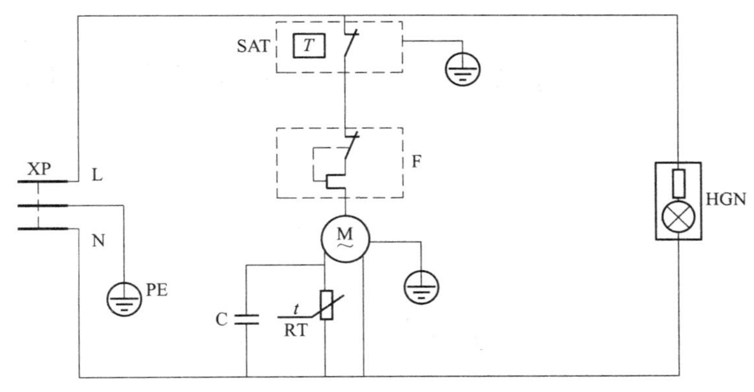


图 136　BC/BD-203HCD 卧式冷藏冷冻转换柜控制电路

XP—电源插头；SAT—温控器；M—压缩机；C—运行电容；
RT—启动器；HGN—绿灯；F—过热过载保护器

## 例 132　采用调速电抗器度调速的单相电动机控制电路

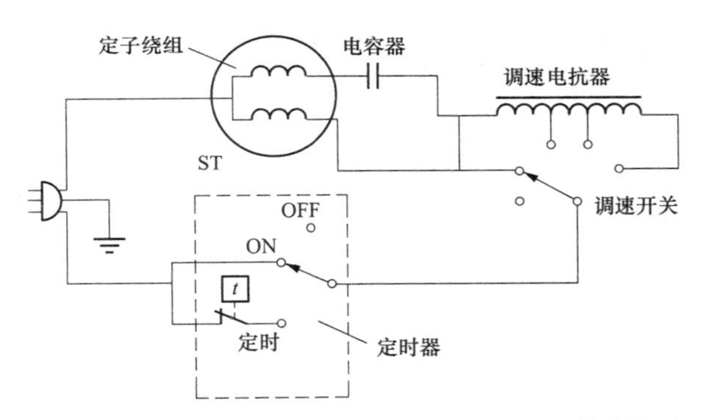


图 137　采用调速电抗器度调速的单相电动机控制电路

## 例 133　采用调速电抗器度调速的单相电动机控制电路

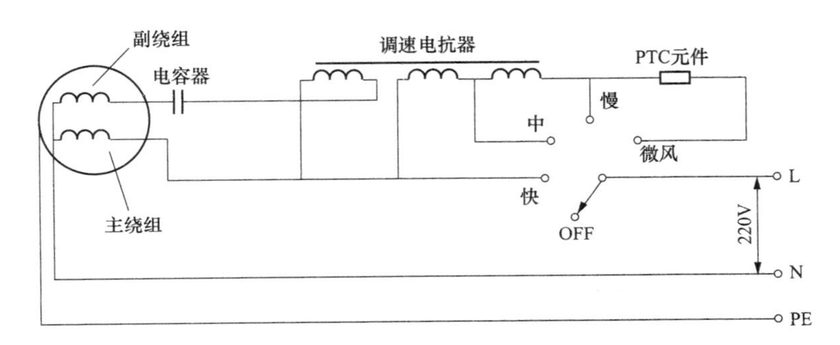


图 138　采用调速电抗器度调速的单相电动机控制电路

第五章

# 低压变电站系统与馈出回路控制电路

## 例 134 单母线分段的低压变电站主接线之一

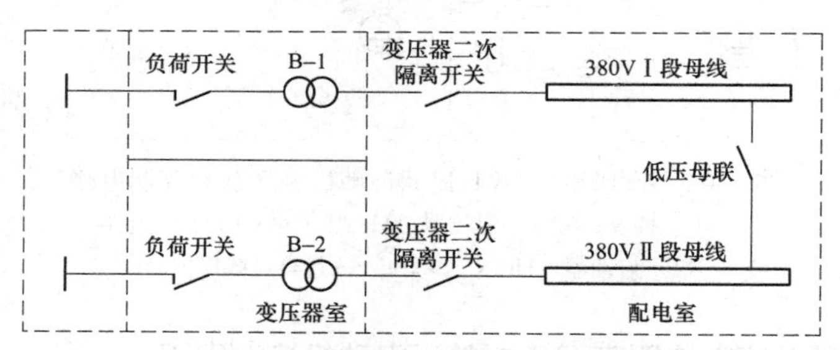


图 139 单母线分段的低压变电站常用接线方式之一

## 例 135 单母线分段的低压变电站主接线之二

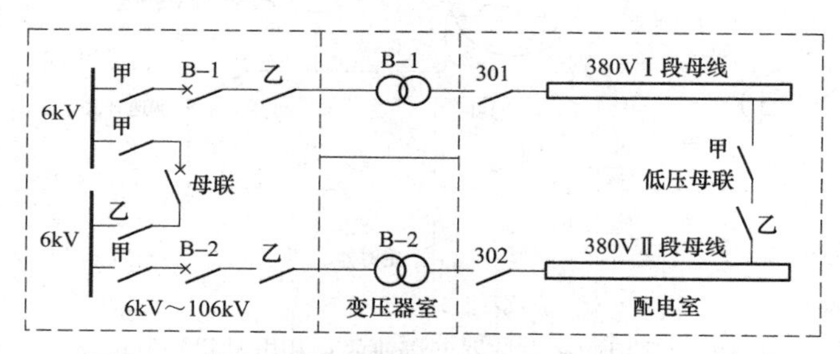


图 140 单母线分段的低压变电站常用接线方式之二

## 例 136 低压不能并列的所用变电站接线之三

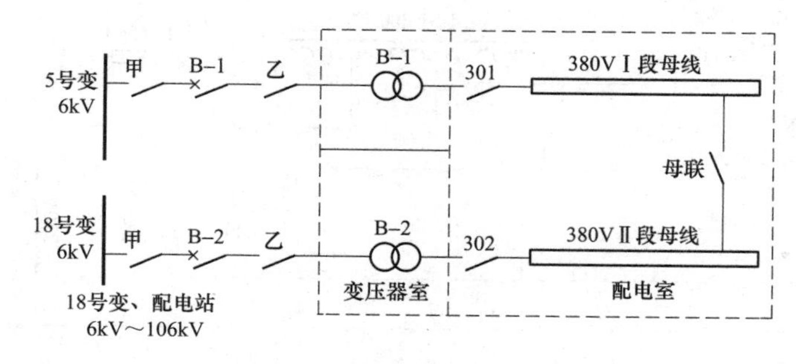


图 141 低压不能并列的所用变电站接线之三

## 例 137 低压母联能自动投入的所用变接线之一

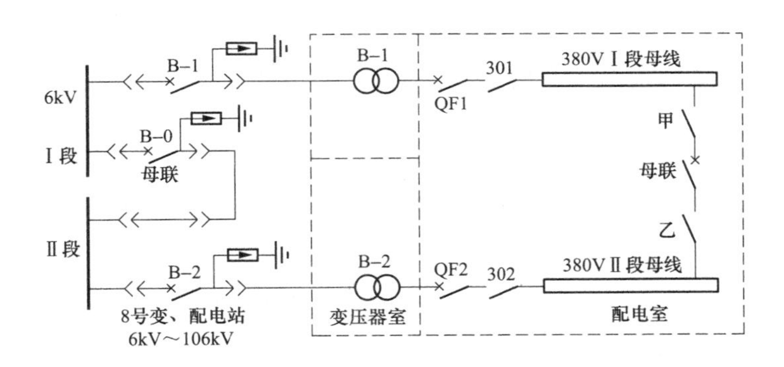


图 142 低压母联能自动投入的所用变接线

## 例 138 低压母联能自动投入的所用变接线之二

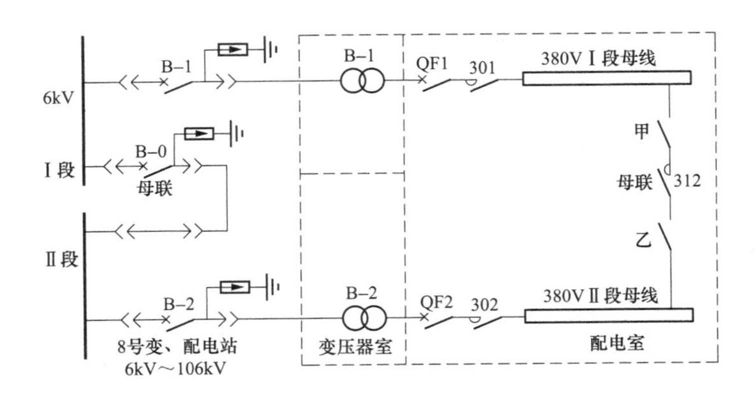


图 143 低压母联能自动投入的所用变接线

## 例 139 低压变电站系统的基本接线

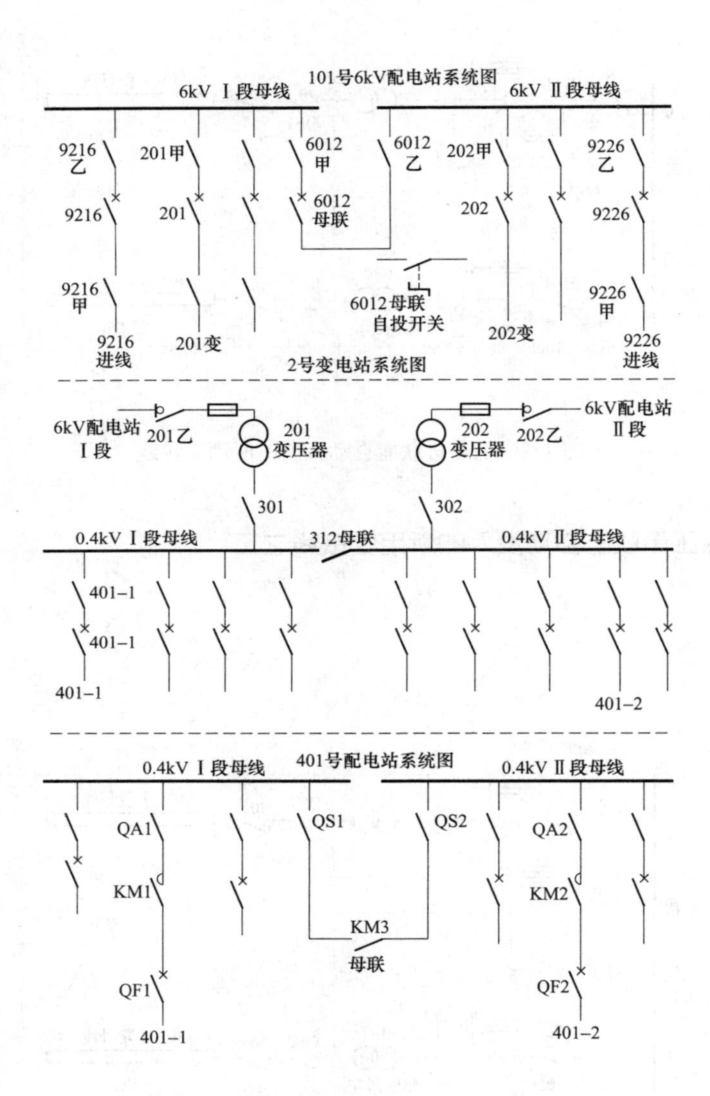


图 144 低压变电站系统的基本接线

注：6012表示6kV两段母线联络开关的回路编号。

## 例 140 变电站母线分段的母联自投手复的控制电路

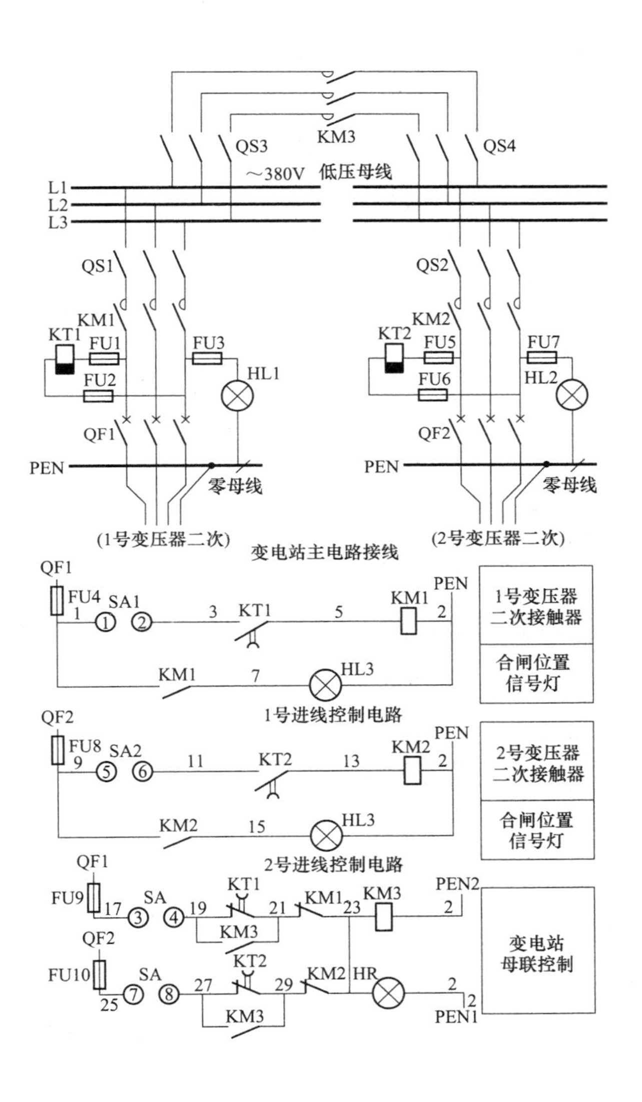


图 145 变电站母线分段的母联自投手复的控制电路

## 例 141 单母线变电站两条进线相互备用自投的控制电路

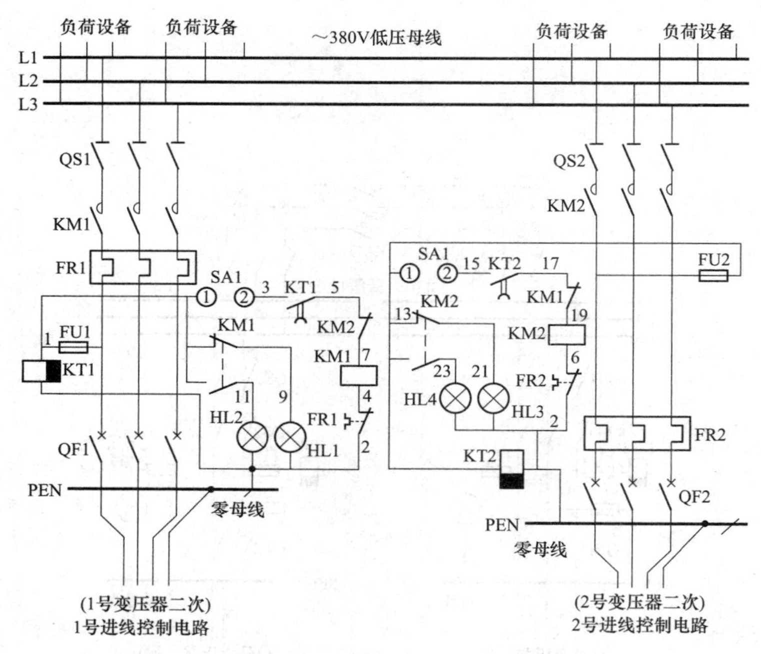


图 146 变电站两条进线相互备用自投的控制电路

## 例 142 变电站过负荷跳闸禁止备用电源自动投入 220V 控制电路

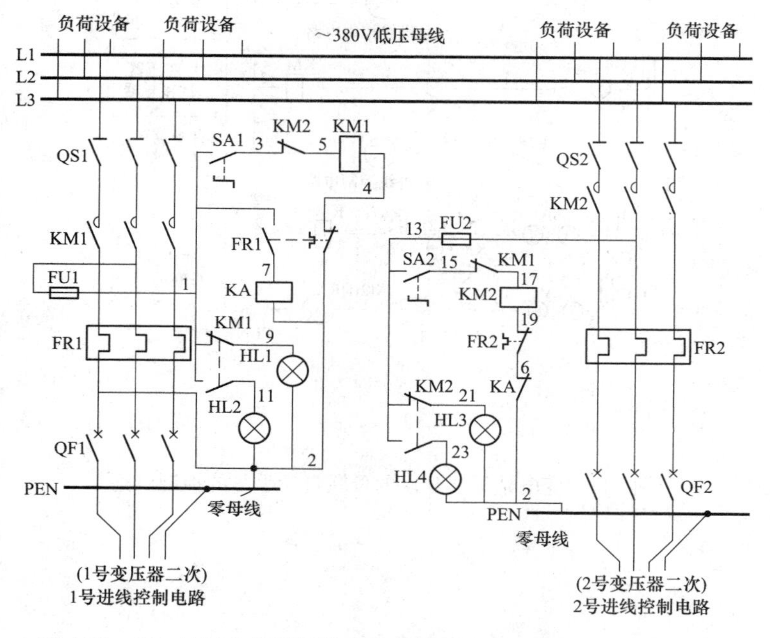


图 147 变电站过负荷跳闸禁止备用电源自动投入 220V 控制电路

## 例 143 单变压器有备用电源联络线的变电站 220V 控制电路

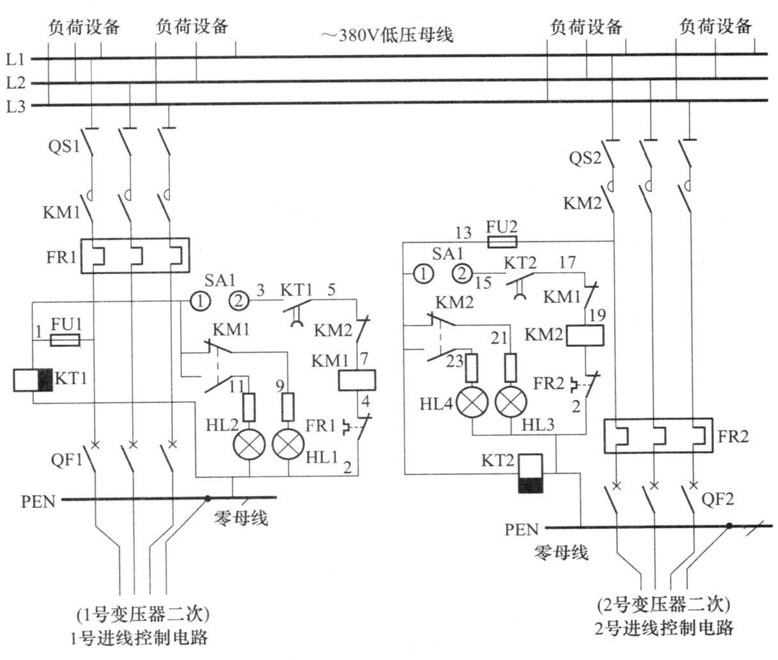


图 148 变电站两条进线相互备用自投的 220V 控制电路

## 例 144 单变压器有备用电源的变电站 380 控制电路

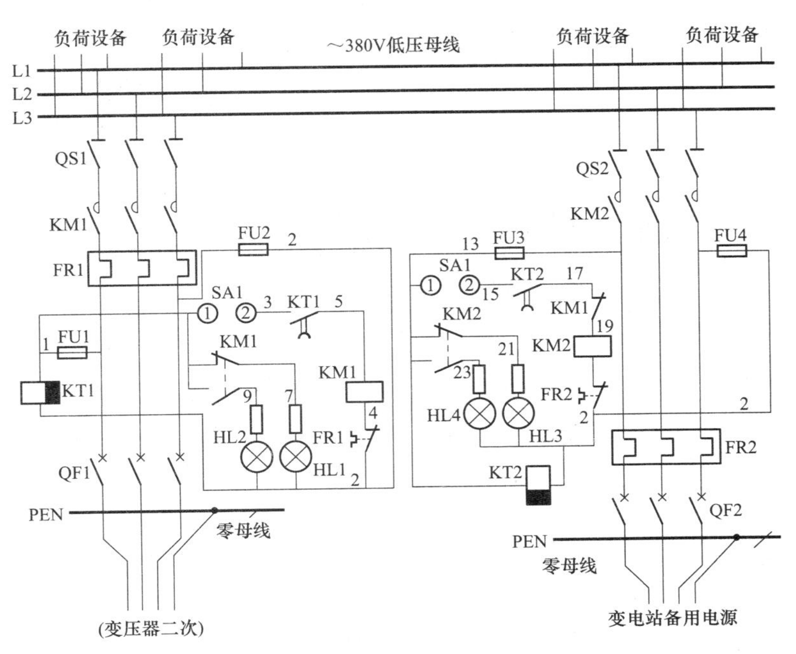


图 149 单变压器有备用电源的变电站 380V 控制电路

# 例 145 母线分段的可自投可并列母联自动投入的控制电路之一

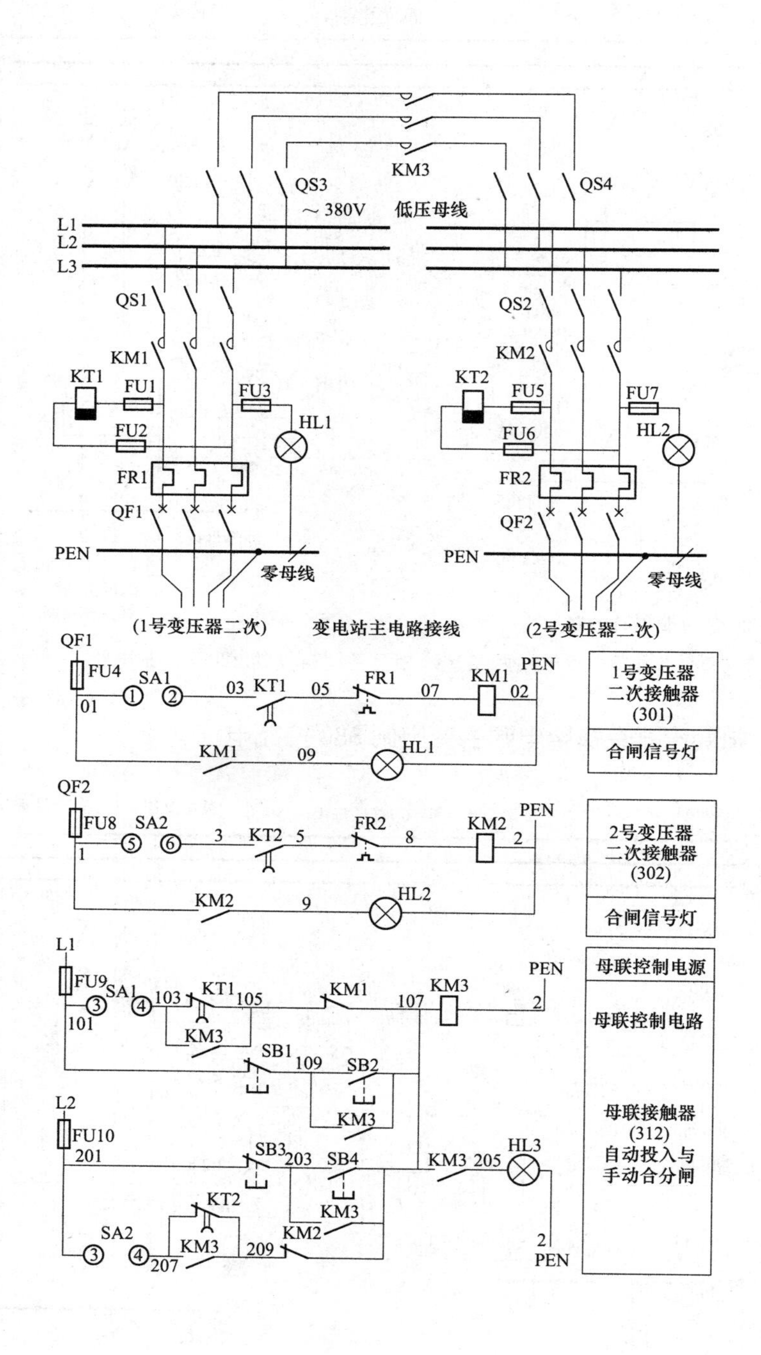


图 150　母线分段的可自投可并列母联自动投入的控制电路之一

## 例146 母线分段的可自投可并列母联自动投入的控制电路之二

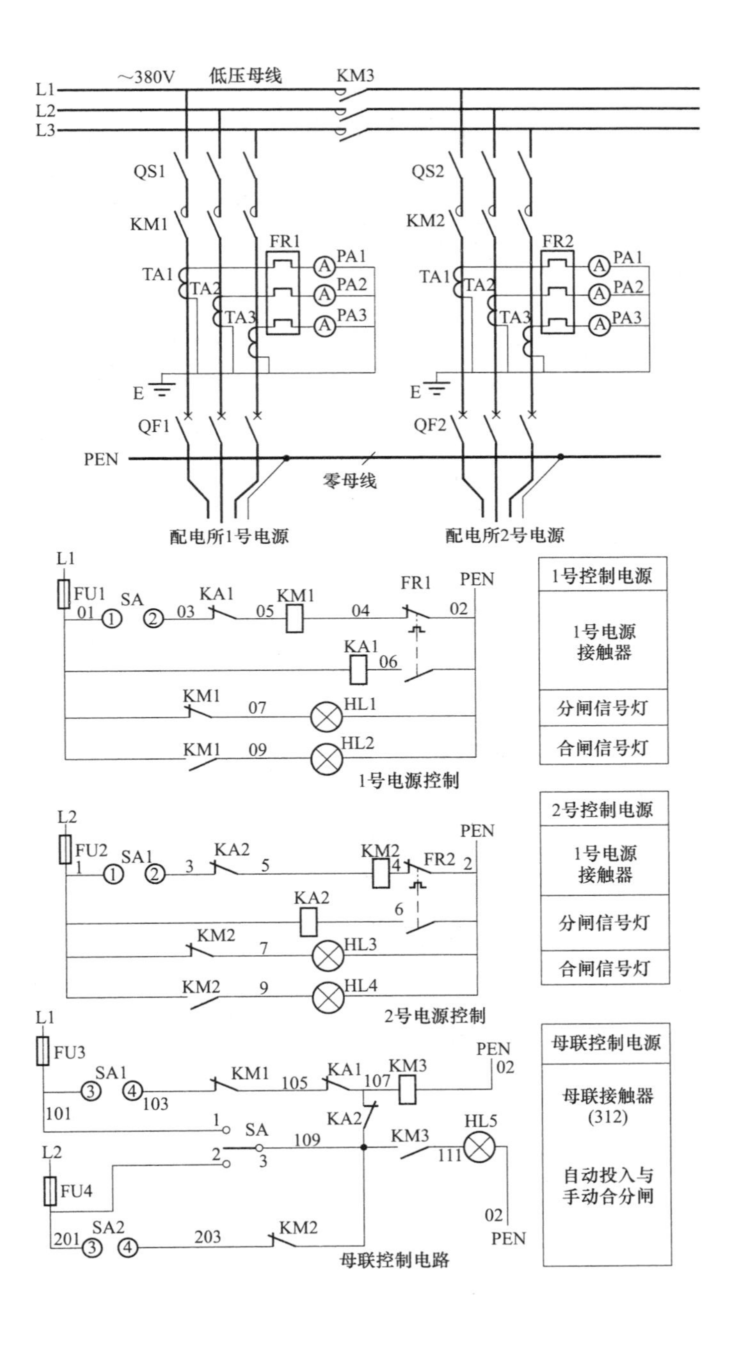


图151 母线分段的可自投可并列母联自动投入的控制电路图之二

## 例 147 母线分段的可自投可并列母联自动投入控制电路图之三

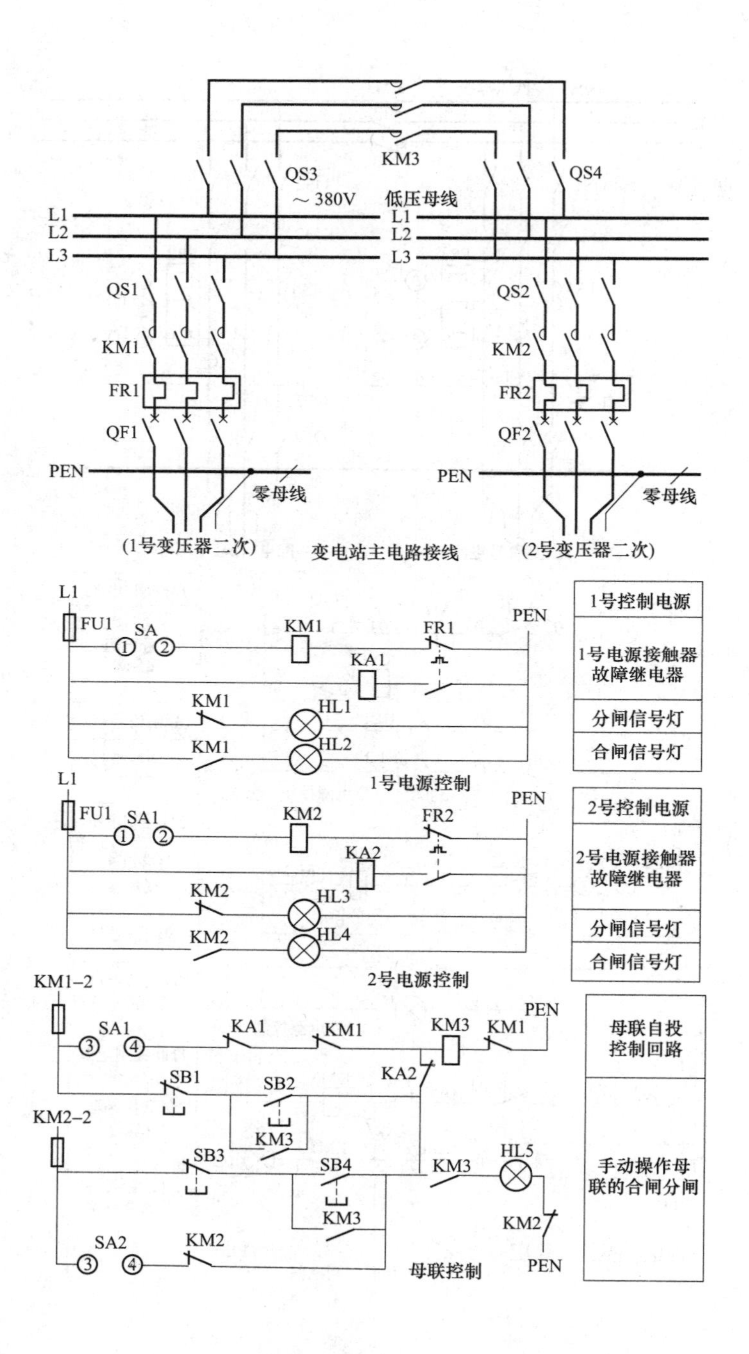


图 152 母线分段的可自投可并列母联的控制电路图之三

# 例 148　母线分段的可自投可并列母联自动投入控制电路图之四

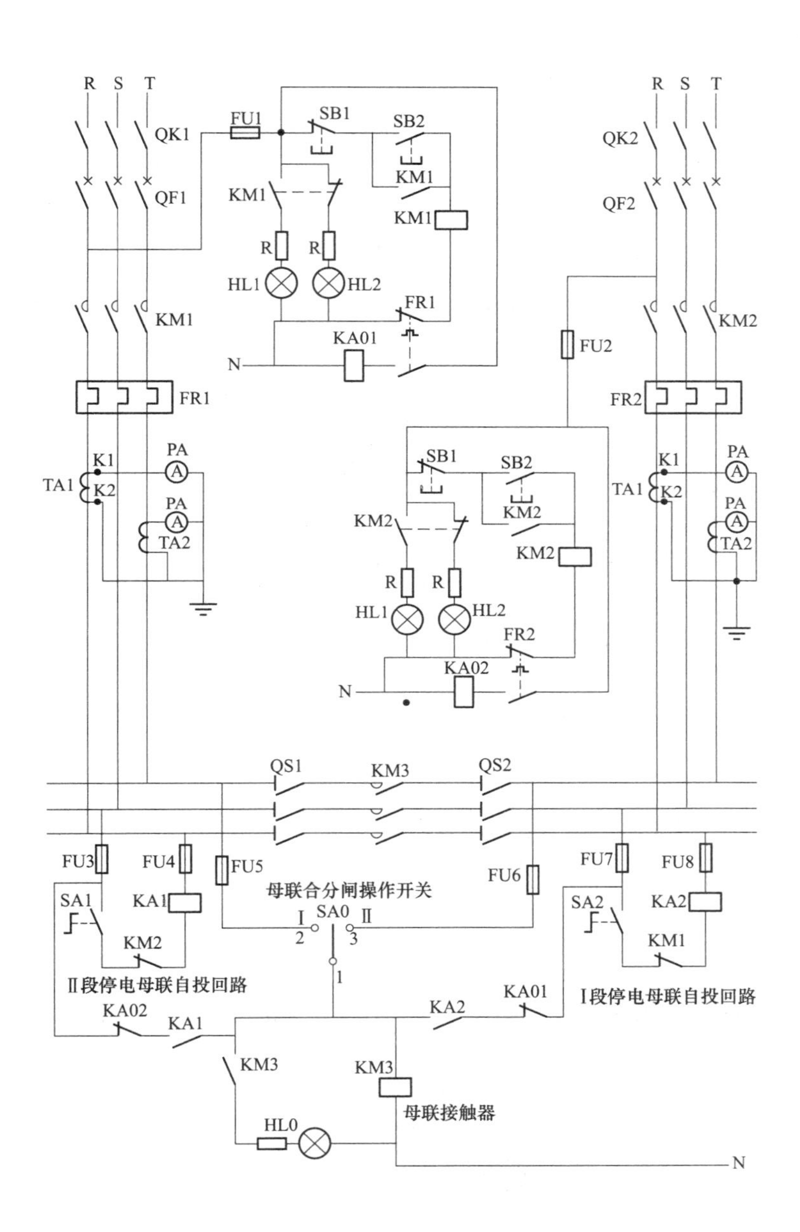


图 153　母线分段的可自投可并列母联自动投入控制电路图之四

## 例 149 母线分段的可自投可并列母联自动投入控制电路图之五

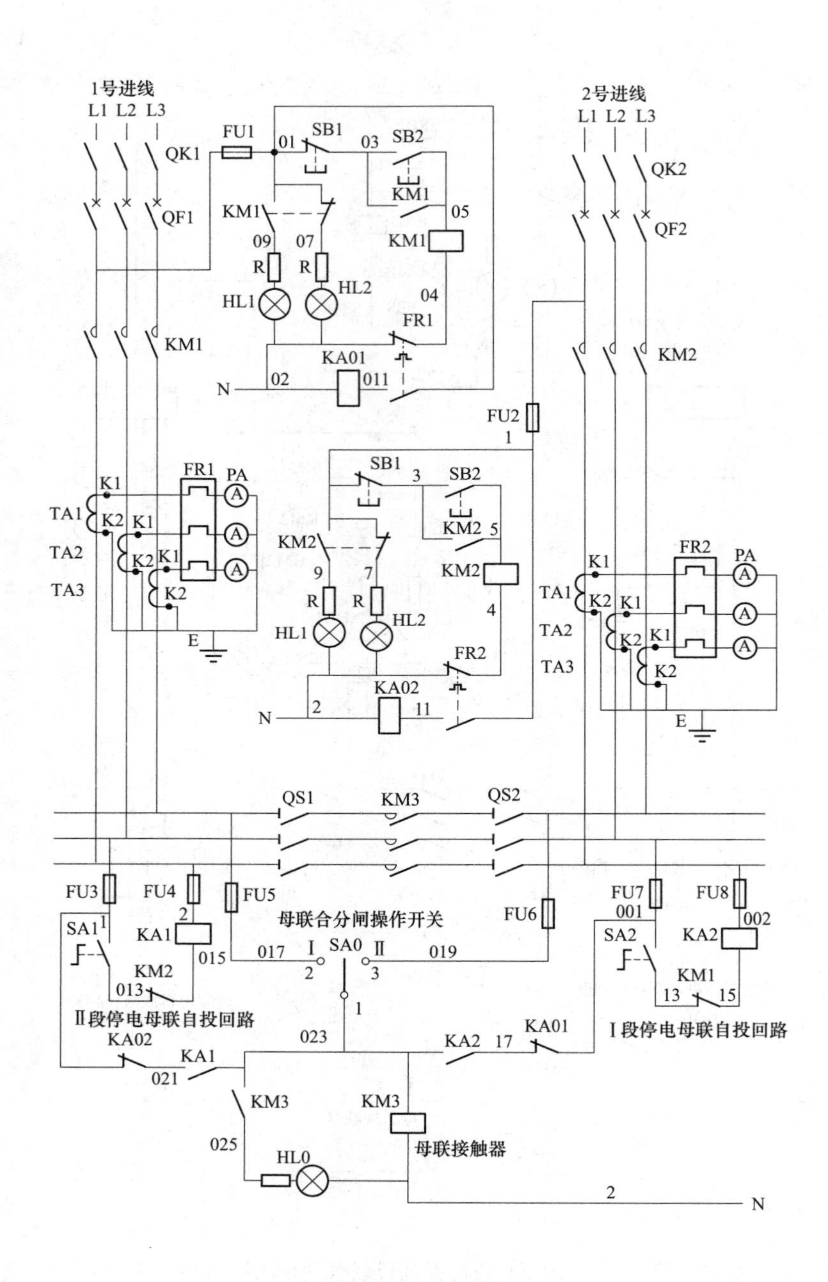


图 154 母线分段的可自投可并列母联自动投入控制电路图之五

# 例150 变电站母线不分段失压时备用电源自动投入220V控制电路图

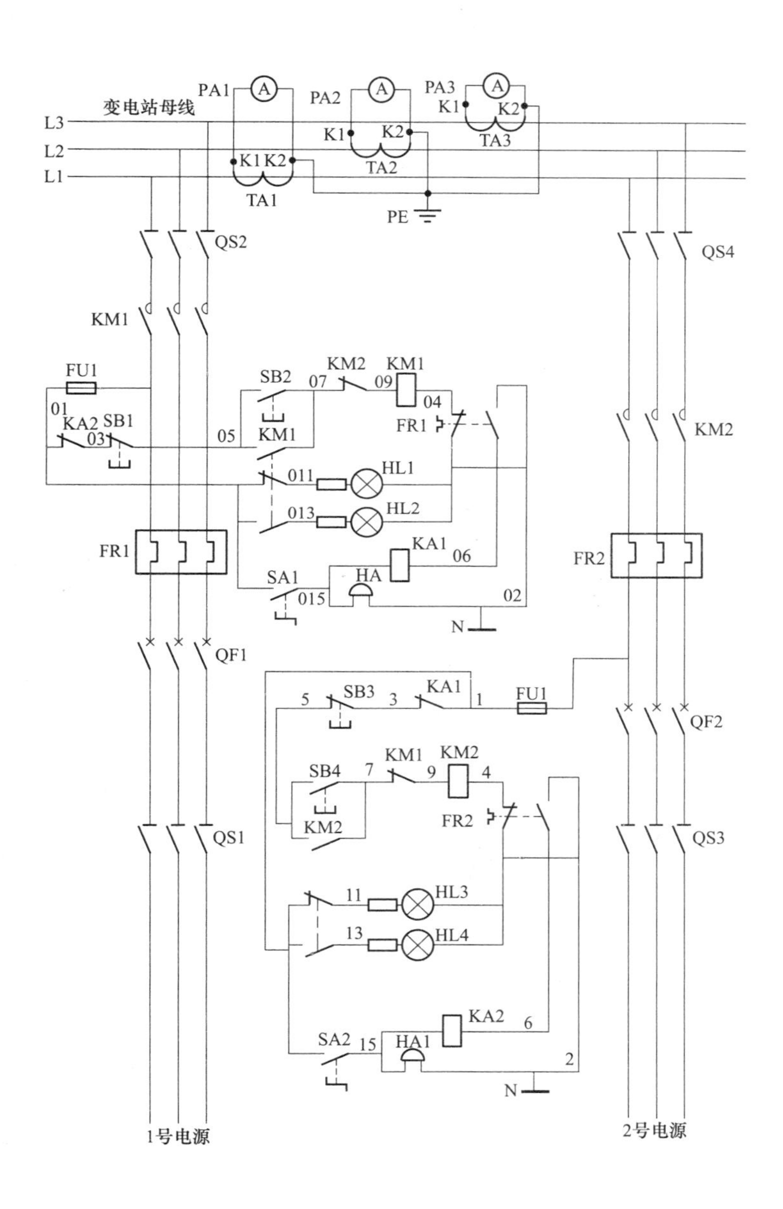


图155 变电站母线不分段失压时备用电源自动投入220V控制电路图

## 例151 变电站母线不分段失压时备用电源自动投入380/220V控制电路图

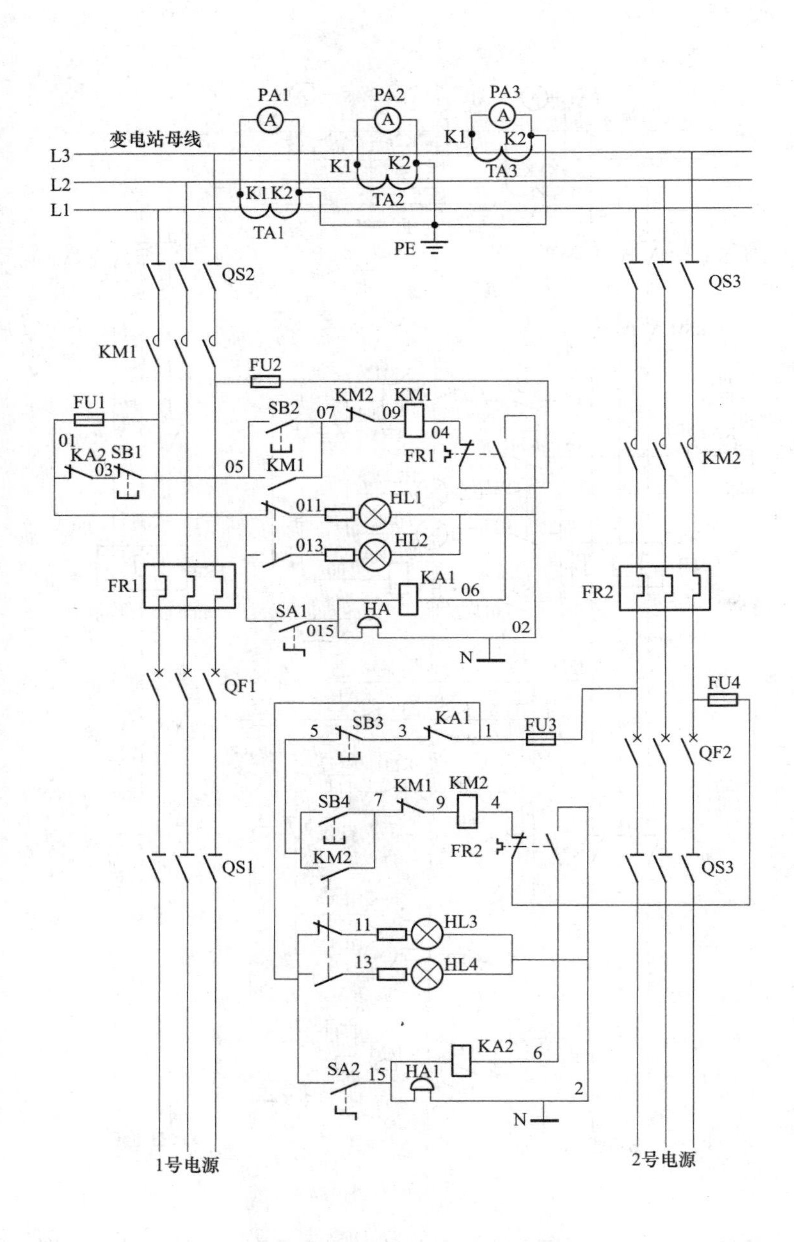


图156 变电站母线不分段失压时备用电源自动投入380/220V控制电路图

# 第六章

# 输送液体的泵用电动机控制电路

## 例 152 采用双电源供电的泵电动机 380V 控制电路

化工厂是连续生产的，有些设备由于生产工艺的需要，一台泵采用双电源供电的方式。即采用一台泵两个电源，其中一个为常用电源，另一个为备用电源。两个电源不能同时投入。采用双电源供电的原料泵控制电路如图 157 所示。

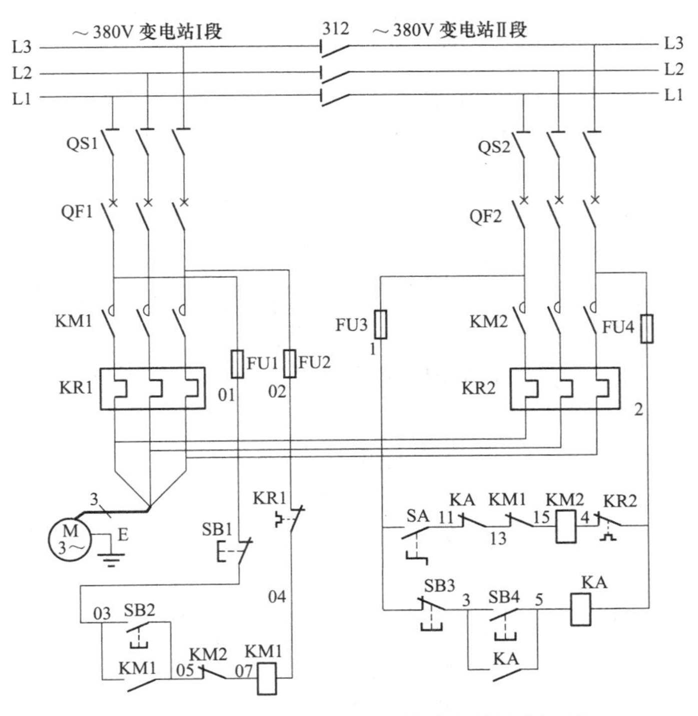


图 157　一台泵电动机双电源供电的控制电路

在正常情况下，电动机使用常用电源来驱动泵的运转。备用电源处于待命状态，在系统电压波动、瞬时停电时，操作人员不在现场无人操作情况下，泵的备用电源能自动投入，向泵的电动机提供电源，使电动机运转继续工作，满足生产需要。

（1）采用双电源供电的泵（机）送电前的注意事项。

1）检查接触器 KM1、KM2 确在断开位置；接触器主触点没有粘连。

2）未送电前，检查接触器 KM1、KM2 的辅助开关（辅助触点）正常，推动接触器 KM1、KM2 的动铁芯，观察辅助开关的动触头能上下移动，动断触点没有粘连。

3）检查备用电源自投切换开关 SA 在断开位置。

4）先送常用电源，在泵运行后再送备用电源。

（2）原料油泵在常用电源下运行的送电操作。按照要求检查，确认具备启动原料油泵常用电源的条件后，进行原料油泵常用电源送电的操作。原料油泵常用电源送电操作顺序如下：

1）检查自投切换开关SA在断开位置，合上隔离开关QS1。

2）合上空气断路器QF1。

3）合上控制回路熔断器FU1、FU2。

（3）启动原料油泵电动机（常用电源）的操作。

按下启动按钮SB2，电源L1相→控制回路熔断器FU1→01号线→停止按钮SB1动断触点→03号线→启动按钮SB2动合触点（按下时闭合）→05号线→原料油泵电动机备用电源接触器KM2动断触点→07号线→原料油泵电动机常用电源接触器KM1线圈→04号线→热继电器KR1动断触点→02号线→控制回路熔断器FU2→电源L3相。

原料油泵电动机常用电源接触器KM1得电动作，接触器KM1动合触点闭合自保，维持接触器KM1的工作状态，图157中，常用电源接触器KM1的三个主触点同时接通，原料油泵电动机M得电运转，原料油泵投入工作。

（4）正常停机时的操作。正常停机是指泵在常用电源下运行时的停泵，操作顺序如下：

1）将切换开关SA搬到中间位置。

2）按下停车按钮SB1动断触点断开，常用电源接触器KM1断电释放，KM1的三个主触点同时断开，电动机断电停止运转，原料油泵停止工作。

（5）备用电源送电的操作。原料油泵在常用电源下运行后，为在系统电压波动瞬时停电时能自动地启动原料油泵备用电源做准备。应进行原料油泵备用电源送电的操作。

待泵正常运行后，值班电工接到操作人员要求送备用电源指令时，才能送备用电源，其备用电源送电的操作顺序如下：

1）断开自投切换开关SA，合上备用隔离开关QS2。

2）合上备用电源断路器QF2。

3）合上操作控制回路熔断器FU3、FU4。

4）合上备用电源自投切换开关SA。

（6）备用电源自动投入的工作原理。当原料油泵常用电源停电时，常用电源接触器KM1断电释放，接触器KM1主触点断开，电动机断电，停止运转，如图157所示，接触器KM1动断触点复位，备用电源自投切换开关SA自投位置（接通）。

电源恢复供电时，备用电源是这样投入的：电源L1相→控制回路熔断器FU3→1号线→自投切换开关SA自投位置（接通）→11号线→中间继电器KA动断触点→13号线→原料油泵电动机常用电源接触器KM1动断触点→15号线→原料油泵电动机备用电源接触器KM2线圈→4号线→热继电器KR2动断触点→2号线→控制回路熔断器FU4→电源L3相。

原料油泵电动机备用电源接触器KM2得电动作，接触器KM2的三个主触点同时接通，原料油泵电动机得到备用电源启动运转，原料油泵投入工作。

（7）原料油泵备用电源运行的正常停机。原料油泵备用电源运行的正常停机有两种方法。

1）可将自投切换开关SA搬到中间位置（断开）：备用电源接触器KM2电路断电，原料油泵电动机断电停止工作。

2）按下停止按钮 SB4 动合触点闭合，中间继电器 KA 线圈得电吸合，按钮 SB4 动合触点下的中间继电器 KA 动合触点闭合为中间继电器 KA 线圈电路自保。中间继电器 KA 动作后，备用电源接触器 KM2 线圈电路中的中间继电器 KA 动断触点断开，备用电源接触器 KM2 线圈断电释放，接触器 KM2 的三个主触点断开，原料油泵电动机断电停转，原料油泵停止工作。

(8) 从备用电源运行切换到常用电源运行的操作。连续生产的化工厂的原料泵一般是不许间断运行的，间断运行会引起生产工艺流程波动。如果原料油泵处在备用电源供电情况下，当常用电源的故障排除后，常用电源恢复供电时，就要将原料油泵从备用电源运行切换到常用电源运行。为保证生产的平稳与安全就必须按照规定的顺序进行操作：

1）操作前要确认常用电源的电源侧送电状态。

2）断开切换开关 SA 搬到中间位置，原料油泵停。

3）看备用电源的电流表指示为 0 时，电动机仍在运转中，这时立即按下常用电源启动按钮 SB2：电源 L1 相→控制回路熔断器 FU1→01 号线→停止按钮 SB1 动断触点→03 号线→启动按钮 SB2（按下时闭合）→05 号线→原料油泵电动机备用电源接触器 KM2 动断触点→07 号线→原料油泵电动机常用电源接触器 KM1 线圈→04 号线→热继电器 KR1 动断触点→02 号线→控制回路熔断器 FU2→电源 L3 相。

原料油泵电动机常用电源接触器 KM1 得电动作，接触器 KM1 动合触点闭合自保，维持接触器 KM1 的工作状态，常用电源主电路中的接触器 KM1 的三个主触点同时接通，原料油泵电动机 M 得电运转，原料油泵投入工作。

(9) 原料油泵过负荷停泵。

1）原料油泵在常用电源下运行时，电动机发生过负荷运行时，主电路中的热继电器 FR1 动作，串接于接触器 KM1 线圈控制回路中的热继电器 FR1 动断触点断开，接触器 KM1 线圈电路断电，接触器 KM1 的三个主触点同时断开，原料油泵常用电源断电，原料油泵电动机 M 停转，原料油泵停止工作。

2）原料油泵在备用电源下运行时，电动机发生过负荷运行时，主电路中的热继电器 FR2 动作，串接于接触器 KM2 线圈控制回路中的热继电器 FR2 动断触点断开，接触器 KM2 线圈电路断电，接触器 KM2 的三个主触点同时断开，原料油泵备用电源断电，原料油泵电动机 M 停转，原料油泵停止工作。

3）发生短路故障时，断路器 QF1、QF2 自动跳闸，原料油泵电动机 M 断电停止工作。

## 例 153 采用双电源供电的泵电动机 220V 控制电路

采用双电源供电的泵电动机 220V 控制电路如图 158 所示。

(1) 采用双电源供电的泵（机）送电前的注意事项。

1）检查接触器 KM1、KM2 确在断开位置，接触器主触点没有粘连。

2）未送电前，检查接触器 KM1、KM2 的辅助开关（辅助触点）正常，推动接触器 KM1、KM2 的动铁芯，观察辅助开关的动触点桥架能上下移动，动断触点没有粘连。

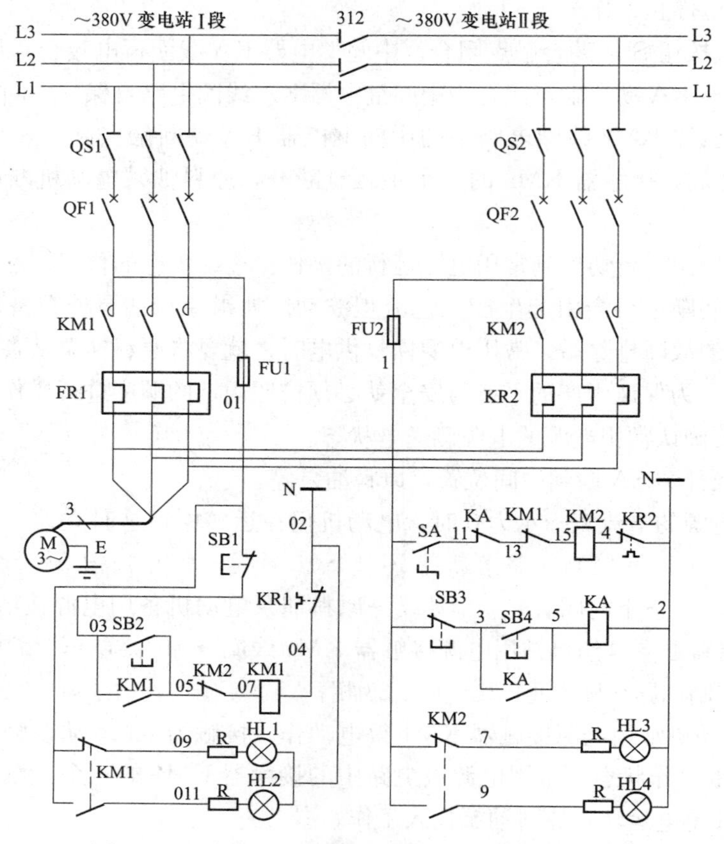


图 158　一台泵电动机双电源供电的 220V 控制电路

3）检查备用电源自投切换开关 SA 在断开位置。

4）先送常用电源，在泵运行后再送备用电源。

（2）原料油泵在常用电源下运行的送电操作。按照要求检查，确认具备启动原料油泵常用电源的条件后，进行原料油泵常用电源送电的操作。原料油泵常用电源送电操作顺序如下：

1）检查自投切换开关 SA 在断开位置，合上隔离开关 QS1。

2）合上空气断路器 QF1。

3）合上控制回路熔断器 FU1。

（3）启动原料油泵电动机（常用电源）的操作。按下启动按钮 SB2，电源 L1 相→控制回路熔断器 FU1→01 号线→停止按钮 SB1 动断触点→03 号线→启动按钮 SB2 动合触点（按下时闭合）→05 号线→原料油泵电动机备用电源接触器 KM2 动断触点→07 号线→原料油泵电动机常用电源接触器 KM1 线圈→04 号线→热继电器 KR1 动断触点→02 号线→电源 N 极。

原料油泵电动机常用电源接触器 KM1 得电动作，接触器 KM1 动合触点闭合自保，维持接触器 KM1 的工作状态，图 158 中，常用电源接触器 KM1 的三个主触点同时接通，原料油泵电动机 M 得电运转，原料油泵投入工作。

接触器KM1动合触点闭合→信号灯HL2得电灯亮，表示原料油泵电动机（常用电源）运行状态。

（4）正常停机时的操作。正常停机是指泵在常用电源下运行时的停泵，操作顺序如下：

1）将切换开关SA搬到中间位置。

2）按下停车按钮SB1动断触点断开，常用电源接触器KM1断电释放，KM1的三个主触点同时断开，电动机断电停止运转，原料油泵停止工作。

（5）备用电源送电的操作。原料油泵在常用电源下运行后，为在系统电压波动瞬时停电时能自动地启动原料油泵备用电源做准备，应进行原料油泵备用电源送电的操作。

待泵正常运行后，值班电工接到操作人员要求送备用电源指令时，才能送备用电源，其备用电源送电的操作顺序如下：

1）断开自投切换开关SA，合上隔离开关QS2。

2）合上备用电源断路器QF2。

3）合上操作控制回路熔断器FU2。

4）合上备用电源自投切换开关SA。

（6）备用电源自动投入的工作原理。当原料油泵常用电源停电时，常用电源接触器KM1断电释放，接触器KM1主触点断开，电动机断电，停止运转，如图158所示，接触器KM1动断触点复位，备用电源自投切换开关SA自投位置（接通）。

备用电源是这样投入的：电源L1相→控制回路熔断器FU2→1号线→自投切换开关SA自投位置（接通）→11号线→中间继电器KA动断触点→13号线→原料油泵电动机常用电源接触器KM1动断触点→15号线→原料油泵电动机备用电源接触器KM2线圈→4号线→热继电器KR2动断触点→2号线→电源N极。

原料油泵电动机备用电源接触器KM2得电动作，接触器KM2的三个主触点同时接通，原料油泵电动机得到备用电源启动运转，原料油泵投入工作。

接触器KM2动合触点闭合→信号灯HL4灯亮，表示原料油泵处于备用电源运行状态。

（7）原料油泵在备用电源运行下的正常停机。正常停机可采用两种方法。

1）将自投切换开关SA搬到中间位置（断开），备用电源接触器KM2电路断电，原料油泵电动机断电停止工作。

2）按下停止按钮SB4动合触点闭合，中间继电器KA线圈得电吸合，按钮SB4动合触点下的中间继电器KA动合触点闭合为中间继电器KA线圈电路自保。

中间继电器KA动作，备用电源接触器KM2线圈电路中的中间继电器KA动断触点断开，备用电源接触器KM2线圈断电释放，接触器KM2的三个主触点断开，原料油泵电动机断电停转，原料油泵停止工作。

（8）备用电源下启动电动机工作原理。按下按钮SB3动断触点断开，中间继电器KA线圈断电释放，备用电源接触器KM2线圈电路中的中间继电器KA动断触点复位。

电源L1相→控制回路熔断器FU2→1号线→自投切换开关SA自投位置（接通）→11号线→复位的中间继电器KA动断触点→13号线→原料油泵电动机常用电源接触器KM1动断触点→15号线→原料油泵电动机备用电源接触器KM2线圈→4号线→热继电器KR2动断触点→2号线→电源N极。

原料油泵电动机备用电源接触器KM2得电动作，接触器KM2的三个主触点同时接通，原料油泵电动机得到备用电源启动运转，原料油泵投入工作。

（9）原料油泵过负荷停泵。

1）原料油泵在常用电源下运行时，电动机发生过负荷运行时，主电路中的热继电器KR1动作，串接于接触器KM1线圈控制回路中的热继电器KR1动断触点断开，接触器KM1线圈电路断电，接触器KM1的三个主触点同时断开，原料油泵常用电源断电，原料油泵电动机停转，原料油泵停止工作。

2）原料油泵在备用电源下运行时，电动机发生过负荷运行时，主电路中的热继电器FR2动作，串接于接触器KM2线圈控制回路中的热继电器FR2动断触点断开，接触器KM2线圈电路断电，接触器KM2的三个主触点同时断开，原料油泵备用电源断电，原料油泵电动机M停转，原料油泵停止工作。

3）发生短路故障时，断路器QF1、QF2自动跳闸，原料油泵电动机断电停止工作。

## 例154 二次保护一台泵双电源供电的电动机220V控制电路

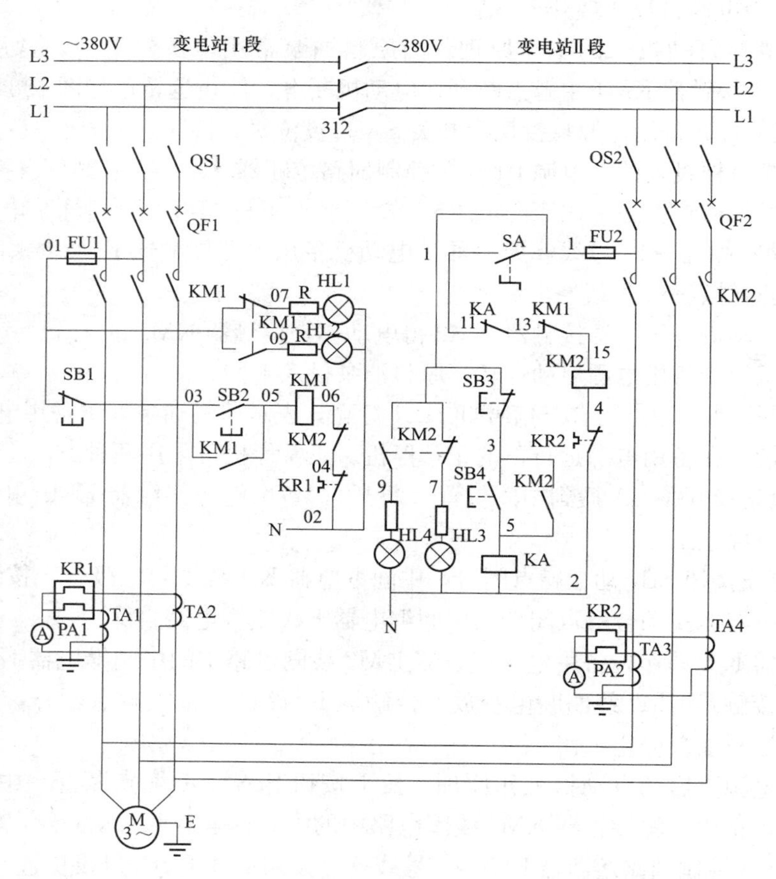


图159 泵电动机双电源供电的220V控制电路

（1）控制电路工作原理。二次保护一台泵双电源供电的电动机220V控制电路工作原理与一次保护一台泵双电源供电的电动机380V控制电路相同，220V控制电路比380V控制电路少一只控制回路熔断器。

图 159 与图 158 的区别在于，按图 159 接线，常用电源电路中增加了电流互感器 TA1、TA2，电流表 PA1、热继电器 KR1，备用电源电路中增加了电流互感器 TA3、TA4、电流表 PA2、热继电器 FR2。

（2）负荷监视与过负荷保护。常用电源回路中的电流表 PA1 线圈，热继电器 FR1 发热元件，串入电流互感器 TA1、TA2 二次回路中。电动机运行中，电动机负荷电流流过电流表 PA1，表针所指示的数值就是电动机的负荷电流。电动机在常用电源运行下，电动机过负荷时，电流互感器 TA1、TA2 二次回路中的热继电器 KR1 动作，热继电器 KR1 的动断触点断开，切断接触器 KM1 线圈电路，接触器 KM1 线圈断电，接触器 KM1 释放，接触器 KM1 的三个主触点同时断开，电动机 M 绕组脱离三相 380V 交流电源，停止转动，所拖动的机械设备停止运行。

备用电源回路中的电流表 PA2 线圈，热继电器 KR2 发热元件，串入电流互感器 TA3、TA4 二次回路中。电动机运行中，电动机负荷电流流过电流表 PA2，表针所指示的数值就是电动机的负荷电流。电动机在常用电源运行下，电动机过负荷时，电流互感器 TA3、TA4 二次回路中的热继电器 KR2 动作，热继电器 KR2 的动断触点断开，切断接触器 KM2 线圈电路，接触器 KM2 线圈断电，接触器 KM2 释放，接触器 KM2 的三个主触点同时断开，电动机 M 绕组脱离三相 380V 交流电源，停止转动，所拖动的机械设备停止运行。

## 例 155 二次保护一台泵双电源供电的电动机 380V 控制电路

二次保护一台泵双电源供电的电动机 380V 控制电路。送电前，按照要求进行检查，确认具备启动原料油泵常用电源的条件后，进行原料油泵常用电源送电的操作。

（1）原料油泵常用电源送电操作顺序：

1）检查自投切换开关 SA 在断开位置。

2）合上空气断路器 QF1。

3）合上控制回路熔断器 FU1、FU2。

（2）启动原料油泵电动机（常用电源）的操作。按下启动按钮 SB2，电源 L1 相→控制回路熔断器 FU1→01 号线→停止按钮 SB1 动断触点→03 号线→启动按钮 SB2 动合触点（按下时闭合）→05 号线→原料油泵电动机备用电源接触器 KM2 动断触点→07 号线→原料油泵电动机常用电源接触器 KM1 线圈→04 号线→热继电器 KR1 动断触点→02 号线→控制回路熔断器 FU2→电源 L3 相。

原料油泵电动机常用电源接触器 KM1 得电动作，接触器 KM1 动合触点闭合自保，维持接触器 KM1 的工作状态，图 160 中，常用电源接触器 KM1 三个主触点同时接通，原料油泵电动机 M 得电运转，原料油泵投入工作。

接触器 KM1 动合触点闭合→信号灯 HL1 得电灯亮，表示原料油泵电动机（常用电源）运行状态。

（3）正常停机时操作。正常停机是指泵在常用电源下运行时的停泵。

1）将切换开关 SA 搬到中间位置。

2）按下停车按钮 SB1 动断触点断开，常用电源接触器 KM1 断电释放，KM1 三个主触

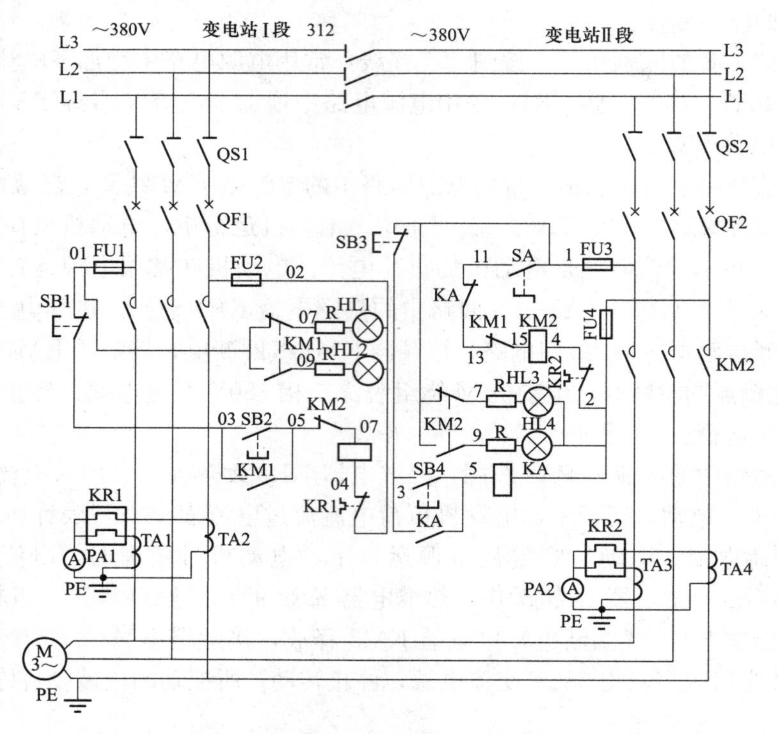


图 160 二次保护一台泵双电源供电的电动机 380V 控制电路

点同时断开，电动机断电停止运转，原料油泵停止工作。

（4）备用电源送电的操作。原料油泵在常用电源下运行后，为在系统电压波动，瞬时停电时能自动地启动原料油泵备用电源做准备，应进行原料油泵备用电源送电的操作。

待泵正常运行后，值班电工接到操作人员要求送备用电源指令时，才能送备用电源，其备用电源送电的操作顺序如下：

1）断开自投切换开关 SA。

2）合上备用电源断路器 QF2。

3）合上操作控制回路熔断器 FU3、FU4。

4）合上备用电源自投切换开关 SA。

（5）备用电源的自动投入工作原理。当原料油泵常用电源停电时，常用电源接触器 KM1 断电释放，接触器 KM1 主触点断开，电动机断电，停止运转，如图 160 所示，接触器 KM1 动断触点的复位，备用电源自投切换开关 SA 自投位置（接通）。电源恢复供电时，备用电源是这样投入的：

电源 L1 相→控制回路熔断器 FU3→1 号线→自投切换开关 SA 自投位置（接通）→11 号线→中间继电器 KA 动断触点→13 号线→原料油泵电动机常用电源接触器 KM1 动断触点→15 号线→原料油泵电动机备用电源接触器 KM2 线圈→4 号线→热继电器 KR2 动断触点→2 号线→控制回路熔断器 FU4→电源 L3 相。

原料油泵电动机备用电源接触器 KM2 得电动作，接触器 KM2 三个主触点同时接通，原料油泵电动机得到备用电源启动运转，原料油泵投入工作。

接触器KM2动合触点闭合→信号灯HL4灯亮，表示原料油泵处于备用电源运行状态。

（6）原料油泵备用电源运行的正常停机。正常停机可采用两种方法：

1）可将自投切换开关SA搬到中间位置（断开）。备用电源接触器KM2电路断电，原料油泵电动机断电停止工作。

2）按下停止按钮SB4动合触点闭合，中间继电器KA线圈得电吸合，停止按钮SB4动合触点下的中间继电器KA动合触点闭合为中间继电器KA线圈电路自保。

中间继电器KA的动作，备用电源接触器KM2线圈电路中的中间继电器KA动断触点断开，备用电源接触器KM2线圈断电释放，接触器KM2三个主触点断开，原料油泵电动机断电停转，原料油泵停止工作。

图160与图157的区别：按图160接线，由于常用电源电路中增加了电流互感器TA1、TA2，电流表PA1、热继电器KR1。备用电源电路中增加了电流互感器TA3、TA4、电流表PA2、热继电器KR2。

（7）负荷监视与过负荷保护。

常用电源回路中的电流表PA1线圈，热继电器KR1发热元件，串入电流互感器TA1、TA2二次回路中。电动机运行中，电动机负荷电流流过电流表PA1，表针所指示的数值就是电动机的负荷电流。电动机在常用电源运行下，电动机过负荷时，电流互感器TA1、TA2二次回路中的热继电器KR1动作，热继电器KR1的动断触点断开，切断接触器KM线圈电路，接触器KM线圈断电，接触器KM释放，接触器KM的三个主触点同时断开，电动机绕组脱离三相380V交流电源停止转动，泵停止运行。

备用电源回路中的电流表PA2线圈，热继电器KR2发热元件，串入电流互感器TA3、TA4二次回路中。电动机运行中，电动机负荷电流流过电流表PA2，表针所指示的数值就是电动机的负荷电流。电动机在常用电源运行下，电动机过负荷时，电流互感器TA3、TA4二次回路中的热继电器KR2动作，热继电器KR2的动断触点断开，切断接触器KM线圈电路，接触器KM线圈断电，接触器KM释放，接触器KM的三个主触点同时断开，电动机M绕组脱离三相380V交流电源停止转动，泵停止运行。

## 例156 泵常用电源回路故障禁止备用电源投入的380V控制电路

（1）采用双电源供电的泵（机）送电前注意事项。

1）检查接触器KM1、KM2确在断开位置，接触器主触点没有粘连。

2）未送电前，检查接触器KM1、KM2的辅助开关（辅助触点）正常，推动接触器KM1、KM2的动铁芯，观察辅助开关的动触桥能上下移动，动断触点没有粘连。

3）检查备用电源自投切换开关SA在断开位置。

4）先送常用电源，在泵运行后再送备用电源。

（2）原料油泵在常用电源下运行的送电操作。

按照要求检查，确认具备启动原料油泵常用电源的条件后，进行原料油泵常用电源送电的操作。原料油泵常用电源送电操作顺序：

1）检查自投切换开关SA在断开位置。

2）合上空气断路器QF1。

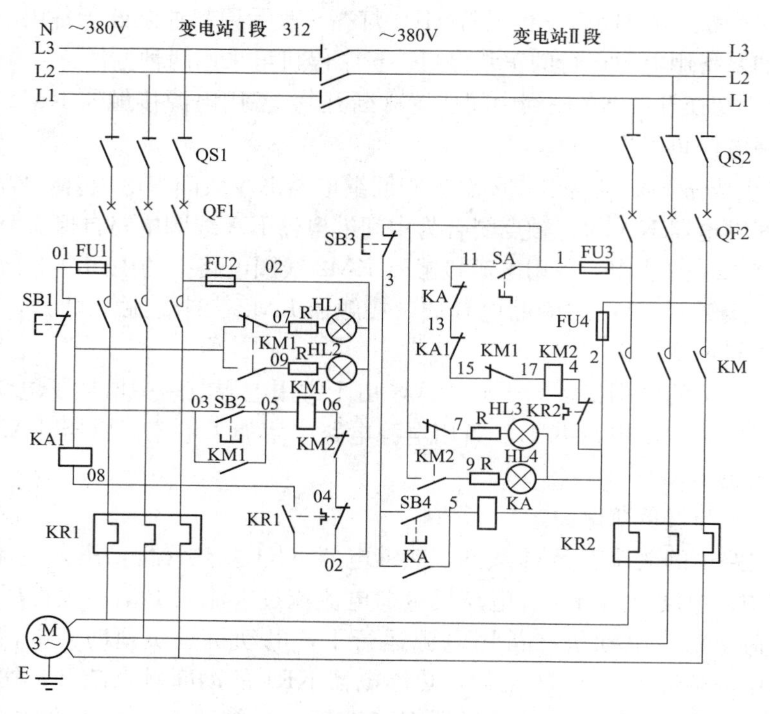


图 161 泵常用电源回路故障禁止备用电源投入的 380V 控制电路

3）合上控制回路熔断器 FU1、FU2。

(3) 启动原料油泵电动机（常用电源）的操作。按下启动按钮 SB2，电源 L1 相→控制回路熔断器 FU1→01 号线→停止按钮 SB1 动断触点→03 号线→启动按钮 SB2 动合触点（按下时闭合）→05 号线→原料油泵电动机常用电源接触器 KM1 线圈→06 号线→原料油泵电动机备用电源接触器 KM2 动断触点→04 号线→热继电器 KR1 动断触点→02 号线→控制回路熔断器 FU2→电源 L3 相。

原料油泵电动机常用电源接触器 KM1 得电动作，接触器 KM1 动合触点闭合自保，维持接触器 KM1 的工作状态，图 161 中，常用电源接触器 KM1 三个主触点同时接通，原料油泵电动机 M 得电运转，原料油泵投入工作。

接触器 KM1 动合触点闭合→09 号线→信号灯 HL2 得电灯亮，表示原料油泵电动机（常用电源）运行状态。

(4) 正常停机时操作。正常停机是指泵在常用电源下运行时的停泵。

1）将切换开关 SA 搬到中间位置。

2）按下停车按钮 SB1 动断触点断开，常用电源接触器 KM1 断电释放，KM1 三个主触点同时断开，电动机断电停止运转，原料油泵停止工作。

(5) 备用电源送电的操作。原料油泵在常用电源下运行后，为在系统电压波动，瞬时停电时能自动地启动原料油泵备用电源做准备，应进行原料油泵备用电源送电的操作。

待泵正常运行后，值班电工接到操作人员要求送备用电源指令时，才能送备用电源，其备用电源送电的操作顺序如下：

1）断开自投切换开关 SA。

2）合上备用电源断路器 QF2。

3）合上操作控制回路熔断器 FU3、FU4。

4）合上备用电源自投切换开关 SA。

（6）常用电源瞬间停电备用电源自动投入工作原理。当原料油泵常用电源停电时，常用电源接触器 KM1 断电释放，接触器 KM1 主触点断开，电动机断电，停止运转，如图 161 所示，接触器 KM1 动断触点的复归，备用电源自投切换开关 SA 在自投位置（接通）。备用电源是这样投入的：

电源 L1 相→控制回路熔断器 FU3→1 号线→自投切换开关 SA 自投位置（接通）→11 号线→中间继电器 KA 动断触点→13 号线→故障禁投继电器 KA1 动断触点→15 号线→原料油泵电动机常用电源接触器 KM1 动断触点→17 号线→原料油泵电动机备用电源接触器 KM2 线圈→4 号线→热继电器 KR2 动断触点→2 号线→电源 N 极。

原料油泵电动机备用电源接触器 KM2 得电动作，接触器 KM2 三个主触点同时接通，原料油泵电动机得到备用电源启动运转，原料油泵投入工作。

接触器 KM2 动合触点闭合→信号灯 HL4 灯亮，表示原料油泵处于备用电源运行状态。

（7）电动机过负荷故障常用电源停电备用电源不投入的工作原理。电动机过负荷故障时，常用电源中的热继电器 KR1 动作，动断触点 KR1 断开，常用电源接触器 KM1 断电释放，电动机停止运行，热继电器 KR1 动合触点闭合。

电源 L1 相→控制回路熔断器 FU1→01 号线→故障禁投继电器 KA1 线圈→08 号线→热继电器 KR1 动断触点→02 号线→电源 N 极。

故障禁投继电器 KA1 得电动作，图 161 中，备用电源接触器 KM2 控制电路中的故障禁投继电器 KA1 动断触点断开，将其控制电路切断，起到禁止备用电源接触器 KM2 投入的作用。

（8）原料油泵备用电源运行的正常停机。正常停机可采用两种方法：

1）可将自投切换开关 SA 搬到中间位置（断开）。备用电源接触器 KM2 电路断电，原料油泵电动机断电停止工作。

2）按下停止按钮 SB4 动合触点闭合，中间继电器 KA 线圈得电吸合，按钮 SB4 动合触点下的中间继电器 KA 动合触点闭合为中间继电器 KA 线圈电路自保。

中间继电器 KA 的动作，备用电源接触器 KM2 线圈电路中的中间继电器 KA 动断触点断开，备用电源接触器 KM2 线圈断电释放，接触器 KM2 三个主触点断开，原料油泵电动机断电停转，原料油泵停止工作。

（9）原料油泵过负荷停泵。

1）原料油泵在常用电源下运行时，电动机发生过负荷运行时，主电路中的热继电器看 KR1 动作，串接于接触器 KM1 线圈控制回路中的热继电器 KR1 动断触点断开，接触器 KM1 线圈电路断电，接触器 KM1 三个主触点同时断开，原料油泵常用电源断电，原料油泵电动机停转，原料油泵停止工作。

2）原料油泵在备用电源下运行时，电动机发生过负荷运行时，主电路中的热继电器 KR2 动作，串接于接触器 KM2 线圈控制回路中的热继电器 KR2 动断触点断开，接触器 KM2 线圈电路断电，接触器 KM2 三个主触点同时断开，原料油泵备用电源断电，原料油泵电动机 M 停转，原料油泵停止工作。

3）发生短路故障时，断路器 QF1、QF2 自动跳闸，原料油泵电动机断电停止工作。

切记：在对双电源供电的电动机进行故障处理时，必须先将泵停下来。因为泵在运转中，接触器 KM1、KM2 的负荷侧均带电是很危险的，不停泵，不将断路器 QF1、QF2 断开，是不允许进行维护与故障处理的。

## 例 157 泵常用电源回路故障报警禁止备用电源投入的 220V 控制电路

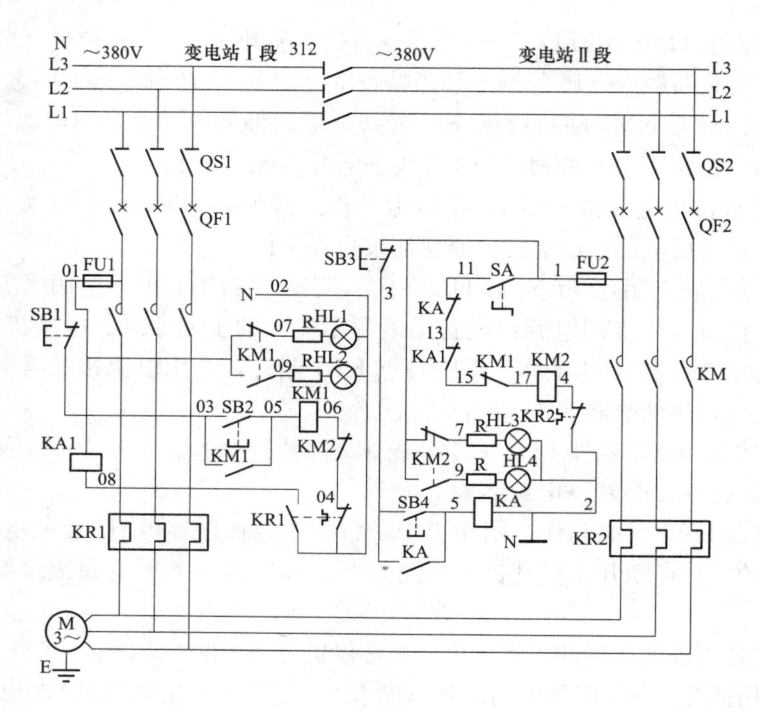


图 162 泵常用电源回路故障禁止备用电源投入的 220V 控制电路

（1）采用双电源供电的泵（机）送电前注意事项。

1）检查接触器 KM1、KM2 确在断开位置。接触器主触点没有粘连。

2）未送电前，检查接触器 KM1、KM2 的辅助开关（辅助触点）正常，推动接触器 KM1、KM2 的动铁芯，观察辅助开关的动触桥能上下移动，动断触点没有粘连。

3）检查备用电源自投切换开关 SA 在断开位置。

4）先送常用电源，在泵运行后再送备用电源。

（2）原料油泵在常用电源下运行的送电操作。按照要求检查，确认具备启动原料油泵常用电源的条件后，进行原料油泵常用电源送电的操作。原料油泵常用电源送电操作顺序：

1）检查自投切换开关 SA 在断开位置。

2）合上空气断路器 QF1。

3）合上控制回路熔断器 FU1。

（3）启动原料油泵电动机（常用电源）的操作。按下启动按钮 SB2，电源 L1 相→控制回路熔断器 FU1→01 号线→停止按钮 SB1 动断触点→03 号线→启动按钮 SB2 动合触点（按下时闭合)→05 号线→原料油泵电动机常用电源接触器 KM1 线圈→06 号线→原料油泵电动机备用电源接触器 KM2 动断触点→04 号线→热继电器 KR1 动断触点→02 号线→电源 N 极。

原料油泵电动机常用电源接触器 KM1 得电动作，接触器 KM1 动合触点闭合自保，维持接触器 KM1 的工作状态，图 162 中，常用电源接触器 KM1 三个主触点同时接通，原料油泵电动机 M 得电运转，原料油泵投入工作。

接触器 KM1 动合触点闭合→09 号线→信号灯 HL2 得电灯亮，表示原料油泵电动机(常用电源）运行状态。

(4）正常停机时操作。正常停机是指泵在常用电源下运行时的停泵。

1）将切换开关 SA 搬到中间位置。

2）按下停车按钮 SB1 动断触点断开，常用电源接触器 KM1 断电释放，KM1 三个主触点同时断开，电动机断电停止运转，原料油泵停止工作。

(5）备用电源送电的操作。原料油泵在常用电源下运行后，为在系统电压波动，瞬时停电时能自动地启动原料油泵备用电源做准备，应进行原料油泵备用电源送电的操作。

待泵正常运行后，值班电工接到操作人员要求送备用电源指令时，才能送备用电源，其备用电源送电的操作顺序如下：

1）断开自投切换开关 SA。

2）合上备用电源断路器 QF2。

3）合上操作控制回路熔断器 FU2。

4）合上备用电源自投切换开关 SA。

(6）常用电源瞬间停电备用电源自动投入工作原理。当原料油泵常用电源停电时，常用电源接触器 KM1 断电释放，接触器 KM1 主触点断开，电动机断电，停止运转，如图 162 所示，接触器 KM1 动断触点的复归，备用电源自投切换开关 SA 在自投位置（接通)。备用电源是这样投入的：

电源 L1 相→控制回路熔断器 FU1→1 号线→自投切换开关 SA 自投位置（接通)→11 号线→中间继电器 KA 动断触点→13 号线→故障禁投继电器 KA1 动断触点→15 号线→原料油泵电动机常用电源接触器 KM1 动断触点→17 号线→原料油泵电动机备用电源接触器 KM2 线圈→4 号线→热继电器 KR2 动断触点→2 号线→电源 N 极。

原料油泵电动机备用电源接触器 KM2 得电动作，接触器 KM2 三个主触点同时接通，原料油泵电动机得到备用电源启动运转，原料油泵投入工作。

接触器 KM2 动合触点闭合→信号灯 HL4 灯亮，表示原料油泵处于备用电源运行状态。

(7）电动机过负荷故障常用电源停电备用电源不投入的工作原理。电动机过负荷故障时，常用电源中的热继电器 KR1 动作，动断触点 KR1 断开，常用电源接触器 KM1 断电释放，电动机停止运行，热继电器 KR1 动合触点闭合。

电源 L1 相→控制回路熔断器 FU1→01 号线→故障禁投继电器 KA1 线圈→08 号线→热继电器 KR1 动断触点→02 号线→电源 N 极。

故障禁投继电器 KA1 得电动作，图 162 中，备用电源接触器 KM2 控制电路中的故障禁投继电器 KA1 动断触点断开，将其控制电路切断，起到禁止备用电源接触器 KM2 投入的作用。

## 例 158 一台电动机双电源相互制约禁止接触器同时吸合的 220V 控制电路

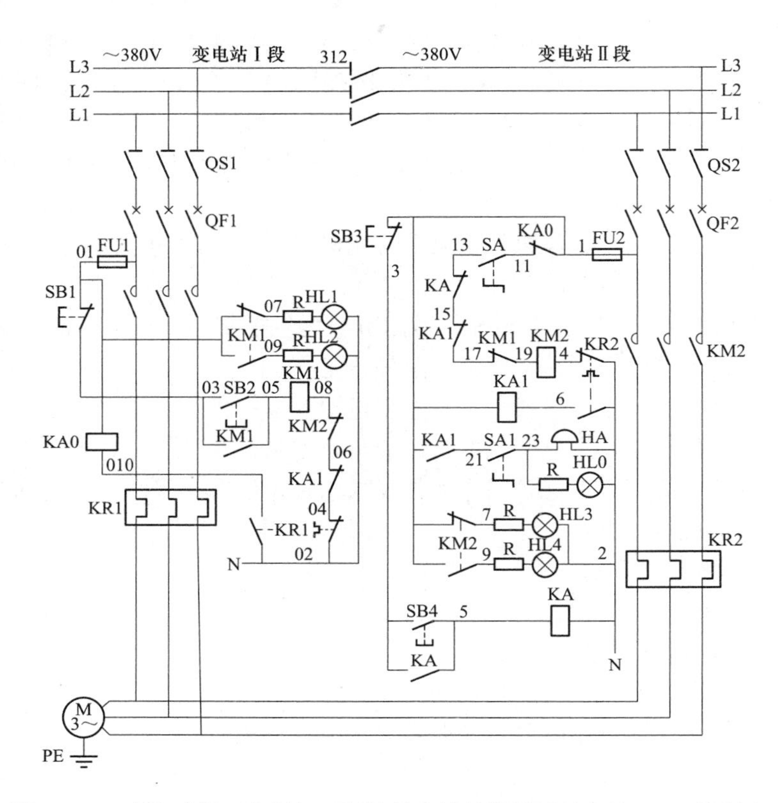


图 163　一台电动机双电源相互制约禁止接触器同时吸合的 220V 控制电路

（1）采用双电源供电的泵（机）送电前注意事项。

1）检查接触器 KM1、KM2 确在断开位置，接触器主触点没有粘连。

2）未送电前，检查接触器 KM1、KM2 的辅助开关（辅助触点）正常，推动接触器 KM1、KM2 的动铁芯，观察辅助开关的动触桥能上下移动，动断触点没有粘连。

3）检查备用电源自投切换开关 SA 在断开位置。

4）先送常用电源，在泵运行后再送备用电源。

（2）原料油泵在常用电源下运行的送电操作。

按照要求检查，确认具备启动原料油泵常用电源的条件后，进行原料油泵常用电源送电的操作。原料油泵常用电源送电操作顺序：

1）检查自投切换开关 SA 在断开位置。

2）合上空气断路器 QF1。

3）合上控制回路熔断器 FU1。

（3）启动原料油泵电动机（常用电源）的操作。按下启动按钮 SB2，电源 L1 相→控制回路熔断器 FU1→01 号线→停止按钮 SB1 动断触点→03 号线→启动按钮 SB2 动合触点（按下时闭合）→05 号线→原料油泵电动机常用电源接触器 KM1 线圈→08 号线→原料油泵电动机备用电源接触器 KM2 动断触点→06 号线→中间继电器 KA1 动断触点→04 号线→热继电器 KR1 动断触点→02 号线→电源 N 极。

原料油泵电动机常用电源接触器 KM1 得电动作，接触器 KM1 动合触点闭合自保，维持接触器 KM1 的工作状态，图 163 中，常用电源接触器 KM1 三个主触点同时接通，原料油泵电动机 M 得电运转，原料油泵投入工作。

接触器 KM1 动合触点闭合→09 号线→信号灯 HL2 得电灯亮，表示原料油泵电动机（常用电源）运行状态。

（4）正常停机时操作。正常停机是指泵在常用电源下运行时的停泵。

1）将切换开关 SA 搬到中间位置。

2）按下停车按钮 SB1 动断触点断开，常用电源接触器 KM1 断电释放，KM1 三个主触点同时断开，电动机断电停止运转，原料油泵停止工作。

（5）备用电源的送电的操作。原料油泵在常用电源下运行后，为在系统电压波动，瞬时停电时能自动地启动原料油泵备用电源做准备，应进行原料油泵备用电源送电的操作。

待泵正常运行后，值班电工接到操作人员要求送备用电源指令时，才能送备用电源，其备用电源送电的操作顺序如下：

1）断开自投切换开关 SA。

2）合上备用电源断路器 QF2。

3）合上操作控制回路熔断器 FU2。

4）合上备用电源自投切换开关 SA。

（6）常用电源瞬间停电备用电源自动投入工作原理。当原料油泵常用电源停电时，常用电源接触器 KM1 断电释放，接触器 KM1 主触点断开，电动机断电，停止运转，如图 163 所示，接触器 KM1 动断触点的复归，备用电源自投切换开关 SA 在自投位置（接通）。备用电源是这样投入的：

电源 L1 相→控制回路熔断器 FU2→1 号线→中间继电器 KA0 动断触点→11 号线→自投切换开关 SA 自投位置（接通）→13 号线→中间继电器 KA1 动断触点→15 号线→故障禁投继电器 KA1 动断触点→17 号线→原料油泵电动机常用电源接触器 KM1 动断触点→19 号线→原料油泵电动机备用电源接触器 KM2 线圈→4 号线→热继电器 KR2 动断触点→2 号线→电源 N 极。

原料油泵电动机备用电源接触器 KM2 得电动作，接触器 KM2 三个主触点同时接通，原料油泵电动机得到备用电源启动运转，原料油泵投入工作。

接触器 KM2 动合触点闭合→信号灯 HL4 灯亮，表示原料油泵处于备用电源运行状态。

（7）电动机过负荷故障、常用电源停电备用电源不投入的工作原理。电动机过负荷故障时，常用电源中的热继电器 KR1 动作，动断触点 KR1 断开，常用电源接触器 KM1 断电释放，电动机停止运行，热继电器 KR1 动合触点闭合。

电源 L1 相→控制回路熔断器 FU1→1 号线→故障禁投继电器 KA0 线圈→6 号线→热继电器 KR2 动合触点→02 号线→电源 N 极。

故障禁投继电器 KA1 得电动作，图 163 中，备用电源接触器 KM2 控制电路中的故障禁投继电器 KA1 动断触点断开，将其控制电路切断，起到禁止备用电源接触器 KM2 投入的作用。

(8) 备用电源故障报警并切断常用电源控制回路工作原理。在备用电源下运行的电动机发生过负荷故障时，热继电器 KR2 动作，动断触点 KR2 断开，备用电源接触器 KM2 断电释放，电动机停止运行，热继电器 KR2 动合触点闭合，电源 L1 相→控制回路熔断器 FU2→1 号线→故障禁投继电器 KA1 线圈→010 号线→热继电器 KR2 动合触点→2 号线→电源 N 极。

故障禁投继电器 KA1 得电动作，图 163 中，常用电源接触器 KM1 控制电路中的故障禁投继电器 KA1 动断触点断开，将其控制电路切断，起到防止有人按常用电源启动按钮 SB2 而造成常用电源接触器 KM1 投入扩大事故。

故障禁投继电器 KA1 动合触点闭合→21 号线→解除报警控制开关 SA1 触点→23 号线→分两路：

1) 电铃 HA 线圈→2 号线→电源 N 极。电铃 HA 得电铃响报警。

2) 信号灯 HL0→2 号线→电源 N 极。信号灯 HL0 得电灯亮。断开解除报警开关 SA1，铃响停止，信号灯 HL0 断电灯灭。

## 例 159 相互备用泵的电动机控制电路

(1) 常用泵电动机电源送电的操作。

1) 检查自投切换开关 SA1、SA2 在断开位置。合上常用泵隔离开关 QS。

2) 合上常用泵断路器 QF1。

3) 合上常用泵控制回路熔断器 FU1、FU2。

(2) 启动常用泵。按下启动 SB2：

电源 L1 相→控制回路熔断器 FU1→1 号线→停止按钮 SB1 动断触点→3 号线→启动按钮 SB2 动合触点（按下时闭合)→5 号线→常用泵接触器 KM1 线圈→4 号线→热继电器 KR1 动断触点→2 号线→控制回路熔断器 FU2→电源 L3 相。

常用泵电动机接触器 KM1 得电动作，接触器 KM1 动合触点闭合起自保作用，维持接触器 KM1 吸合状态，图 164 中的接触器 KM1 三个主触点同时接通，常用泵电动机 1M 得电运转，常用泵投入工作。

接触器 KM1 动合触点闭合→11 号线→信号灯 HL2 灯亮，表示常用泵电动机 M1 运行状态。

(3) 备用泵电动机电源送电的操作。

1) 检查自投切换开关 SA2 在断开位置。合上备用泵隔离开关 QS2。

2) 合上备用泵断路器 QF2。

3) 合上备用泵控制回路熔断器 FU3、FU4。

(4) 手动操作启动备用泵。按下备用泵启动 SB4：

电源 L1 相→控制回路熔断器 FU3→1 号线→停止按钮 SB3 动断触点→13 号线→启动按钮 SB4 动合触点（按下时闭合)→15 号线→备用泵接触器 KM2 线圈→4 号线→热继电器 KR2 动断触点→2 号线→控制回路熔断器 FU4→电源 L3 相。

备用泵电动机接触器 KM2 得电动作，接触器 KM2 动合触点闭合起自保作用，维持接触器 KM2 吸合状态，主电路图 164 中的接触器 KM2 三个主触点同时接通，备用泵电动机

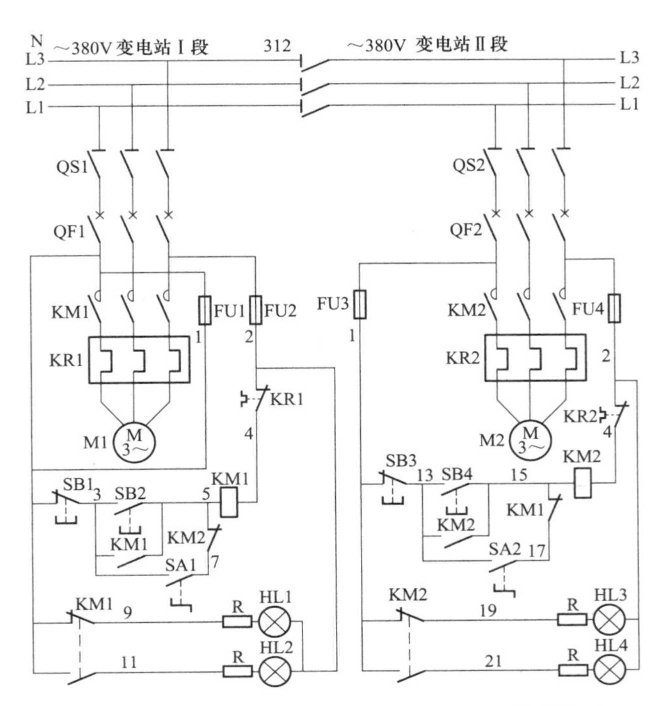


图 164 一次保护相互备用的电动机 380V 控制电路

M2 得电运转，备用泵投入工作。

接触器 KM2 动合触点闭合→21 号线→信号灯 HL4 灯亮，表示备用泵电动机 M2 运行状态。

（5）备用泵自启动。常用泵电动机 M1 运转后，合上备用泵自动投入开关 SA2。

当 1 号泵故障停泵时，备用泵自动投入电路工作原理：

电源 L1 相→控制回路熔断器 FU3→1 号线→停止按钮 SB1 动断触点→13 号线→备用泵自动投入开关 SA1 触点→17 号线→常用泵接触器 KM1 动断触点→15 号线→接触器 KM2 线圈→4 号线→热继电器 KR2 动断触点→2 号线→控制回路熔断器 FU4→电源 L3 相。

备用泵电动机接触器 KM2 得电动作，接触器 KM2 动合触点闭合起自保作用，维持接触器 KM2 吸合状态，主电路图 164 中的接触器 KM2 三个主触点同时接通，备用泵电动机 2M 得电运转，备用泵投入工作。

接触器 KM2 动合触点闭合→21 号线→信号灯 HL4 灯亮，表示备用泵电动机 M2 运行状态。

（6）常用泵备用自投工作原理。2 号泵电动机处于运行状态，1 号泵处于备用状态，如果 2 号泵故障停泵，1 号泵自动投入控制开关 SA1 在合位。2 号泵故障停泵时，常用泵自动投入电路工作原理：

电源 L1 相→控制回路熔断器 FU1→1 号线→停止按钮 SB1 动断触点→3 号线→常用泵自动投入开关 SA1 触点→7 号线→备用泵接触器 KM2 动断触点→5 号线→接触器 KM1 线圈→4 号线→热继电器 KR1 动断触点→2 号线→控制回路熔断器 FU2→电源 L3 相。

常用泵电动机接触器 KM1 得电动作，接触器 KM1 动合触点闭合起自保作用，维持接触器 KM1 吸合状态，主电路图 164 中的接触器 KM1 三个主触点同时接通，常用泵电动机得电启动运转。

## 例 160 采用一次保护的原料用泵一用一备电动机 380V 控制电路

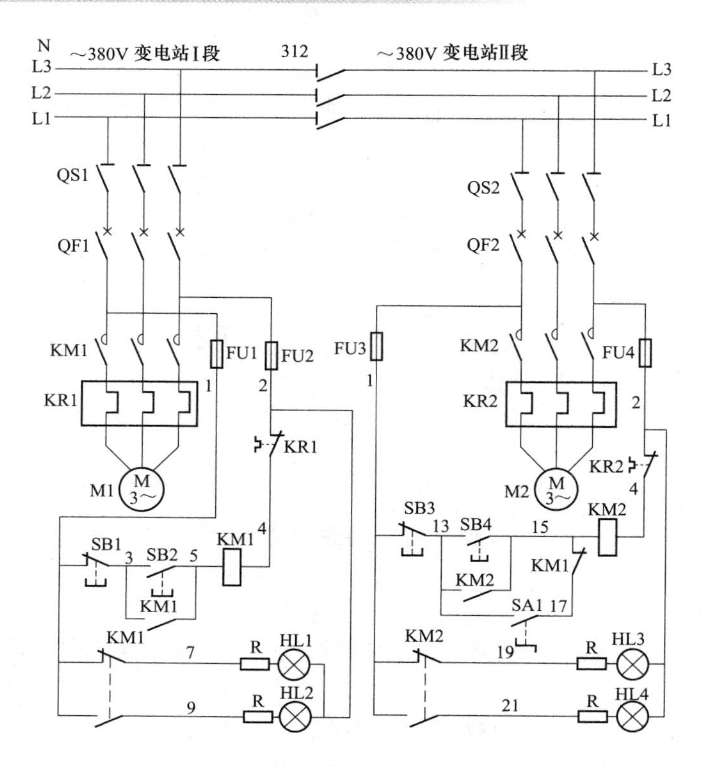


图 165 采用一次保护的原料泵一用一备电动机 380V 控制电路

（1）常用泵电动机电源送电的操作。

1）检查备用泵自投切换开关 SA1 在断开位置。合上常用泵隔离开关 QS1。

2）合上常用泵断路器 QF1。

3）合上常用泵控制回路熔断器 FU1、FU2。

（2）启动常用泵。按下启动 SB2：

电源 L1 相→控制回路熔断器 FU1→1 号线→停止按钮 SB1 动断触点→3 号线→启动按钮 SB2 动合触点（按下时闭合）→5 号线→常用泵接触器 KM1 线圈→4 号线→热继电器 KR1 动断触点→2 号线→控制回路熔断器 FU2→电源 L3 相。

常用泵电动机接触器 KM1 得电动作，接触器 KM1 动合触点闭合起自保作用，维持接触器 KM1 吸合状态，主电路图 165 中的接触器 KM1 三个主触点同时接通，常用泵电动机 M1 得电运转，常用泵投入工作。

接触器 KM1 动合触点闭合，信号灯 HL2 灯亮，表示常用泵电动机 M1 运行状态。

（3）备用泵电动机电源送电的操作。

1）检查备用泵自投切换开关 SA1 在断开位置。

2）合上备用泵断路器 QF2。

3）合上备用泵控制回路熔断器 FU3、FU4。

（4）启动备用泵。按下备用泵启动按钮 SB4 动合触点闭合：

电源 L1 相→控制回路熔断器 FU3→1 号线→停止按钮 SB3 动断触点→13 号线→启动按钮 SB4 动合触点（按下时闭合）→15 号线→备用泵接触器 KM2 线圈→4 号线→热继电器 KR2 动断触点→2 号线→控制回路熔断器 FU4→电源 L3 相。

备用泵电动机接触器 KM2 得电动作，接触器 KM2 动合触点闭合起自保作用，维持接触器 KM2 吸合状态，主电路图 165 中的接触器 KM2 三个主触点同时接通，备用泵电动机 M2 得电运转，常用泵投入工作。

接触器 KM2 动合触点闭合，信号灯 HL4 灯亮，表示备用泵电动机 M2 运行状态。

（5）备用泵自启动。常用泵电动机 1M 运转后，合上备用泵自动投入开关 SA1。

当 1 号泵故障停泵时，备用泵自动投入电路工作原理：

电源 L1 相→控制回路熔断器 FU3→1 号线→停止按钮 SB3 动断触点→13 号线→备用泵自动投入开关 SA1 触点→17 号线→常用泵接触器 KM2 动断触点→15 号线→接触器 KM2 线圈→4 号线→热继电器 KR2 动断触点→2 号线→控制回路熔断器 FU4→电源 L3 相。

备用泵电动机接触器 KM2 得电动作，接触器 KM2 动合触点闭合起自保作用，维持接触器 KM2 吸合状态，主电路图 165 中的接触器 KM2 三个主触点同时接通，备用泵电动机 M2 得电运转，备用泵投入工作。

接触器 KM2 动合触点闭合，信号灯 HL4 灯亮，表示备用泵电动机 2M 运行状态。

## 例 161 一次保护相互备用有单电流表的原料泵电动机控制电路

（1）常用泵电动机电源送电的操作。

1）检查自投切换开关 SA1 在断开位置。

2）合上 1 号原料泵隔离开关 QS1。

3）合上 1 号原料泵断路器 QF1。

4）合上 1 号原料泵控制回路熔断器 FU1、FU2。

（2）启动 1 号原料泵。

按下 1 号原料泵启动按钮 SB2 动合触点闭合，电源 L1 相→控制回路熔断器 FU1→1 号线→停止按钮 SB1 动断触点→3 号线→启动按钮 SB2 动合触点（按下时闭合）→5 号线→1 号原料泵接触器 KM1 线圈→4 号线→热继电器 KR1 动断触点→2 号线→控制回路熔断器 FU2→电源 L3 相。

1 号原料泵接触器 KM1 得电动作，接触器 KM1 动合触点闭合起自保作用，维持接触器 KM1 吸合状态，主电路图 166 中的接触器 KM1 三个主触点同时接通，1 号原料泵电动机 M1 得电运转，常用泵投入工作。

动合触点 KM1 闭合→9 号线→信号灯 HL2 灯亮，表示 2 号原料泵电动机 M1 运行状态。

（3）2 号原料泵电动机电源送电的操作。

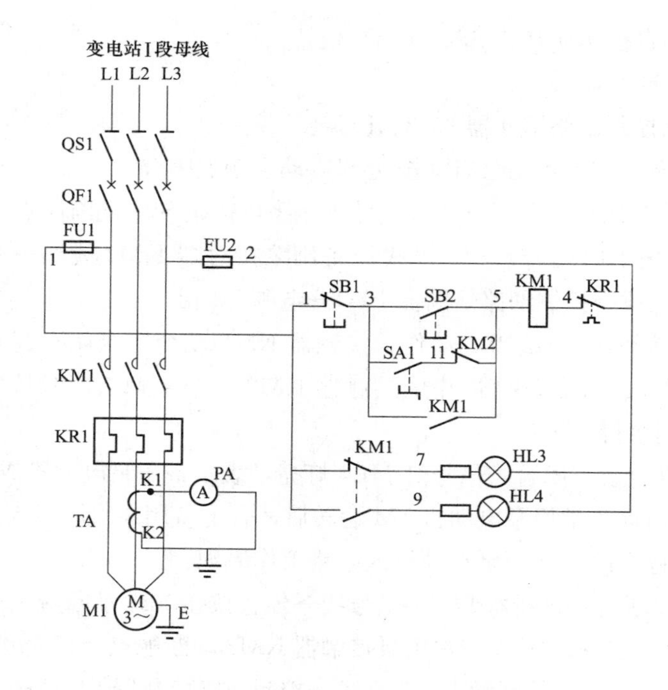


图 166　一次保护相互备用有单电流表的 1 号原料泵电动机控制电路

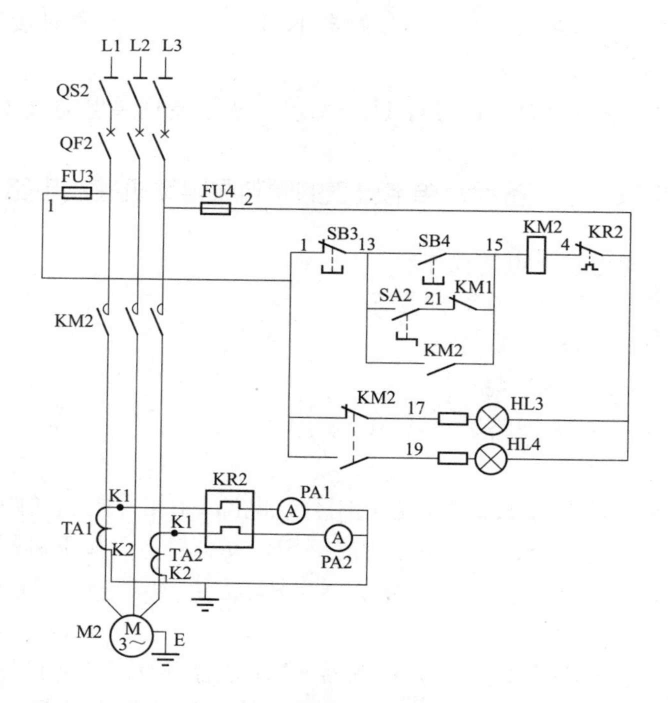


图 167　二次保护相互备用有双电流表的 2 号原料泵电动机控制电路

1）检查 2 号原料泵自投切换开关 SA2 在断开位置。

2）合上 2 号原料泵隔离开关 QS2。

3）合上2号原料泵断路器QF2。

4）合上2号原料泵控制回路熔断器FU3、FU4。

（4）2号原料泵备用自投工作原理。合上2号原料泵自投切换开关SA2，在1号原料泵故障情况下，2号原料泵自动投入运转。工作原理如下：

系统电压波动，瞬时停电，1号原料泵接触器KM1断电释放，用于启动2号原料泵的接触器KM1动断触点回归原始（接通）状态。自投切换开关SA2自投位置触点接通。

电源L1相→控制回路熔断器FU3→1号线→停止按钮SB3动断触点→11号线→切换开关SA2自投位置接通的触点→1号原料泵接触器KM1的动断触点→13号线→2号原料泵接触器KM2线圈→4号线→热继电器KR2动断触点→2号线→控制回路熔断器FU4→电源L3相。

2号原料泵接触器KM2线圈得电动作，接触器KM2动合触点闭合起自保作用，维持接触器KM2工作状态，接触器KM2三个主触点同时接通电动机主电路，2号原料泵电动机M2得电运转，备用泵工作。

接触器KM2动合触点闭合，信号灯HL4灯亮，表示2号原料泵电动机M2运行状态，2号原料泵电动机M2运行后，及时将自投切换开关SA2断开。

（5）手动操作启动2号原料泵。

按下2号原料泵启动按钮SB4，电源L1相→控制回路熔断器FU3→1号线→停止按钮SB3动断触点→13号线→启动按钮SB4动合触点（按下时闭合）→15号线→2号原料泵接触器KM2线圈→4号线→热继电器KR2动断触点→2号线→控制回路熔断器FU4→电源L3相。

2号原料泵接触器KM2得电动作，接触器KM2动合触点闭合起自保作用，维持接触器KM2吸合状态，主电路图167中的接触器KM2三个主触点同时接通，2号原料泵电动机M2得电运转，2号原料泵投入工作。

接触器KM2动合触点闭合→19号线→信号灯HL4灯亮，表示2号原料泵电动机M2运行状态。

（6）1号原料泵备用自投工作原理。

合上1号原料泵自投切换开关SA1，在2号原料泵故障情况下，1号原料泵自动投入运转。工作原理如下：

系统电压波动，瞬时停电，备用电动机接触器KM1断电释放，用于启动1号原料泵的接触器KM2动断触点回归原始（接通）状态。自投切换开关SA1自投位置触点接通。

电源L1相→控制回路熔断器FU1→1号线→停止按钮SB1动断触点→3号线→切换开关SA1自投位置接通的触点→11号线→备用泵接触器KM2的动断触点→5号线→1号原料泵电动机接触器KM1线圈→4号线→热继电器KR1动断触点→2号线→控制回路熔断器FU2→电源L3相。

1号原料泵接触器KM1线圈得电动作，接触器KM1动合触点闭合起自保作用，维持接触器KM1工作状态，接触器KM1三个主触点同时接通电动机主电路，1号原料泵电动机M1得电运转，1号原料泵工作。

接触器KM1动合触点闭合，信号灯HL2灯亮，表示1号原料泵电动机M1运行状态，1号原料泵电动机M1运行后，及时将自投切换开关L2A1断开。

## 例 162 相互备用有单电流表的原料泵电动机 380V 控制电路

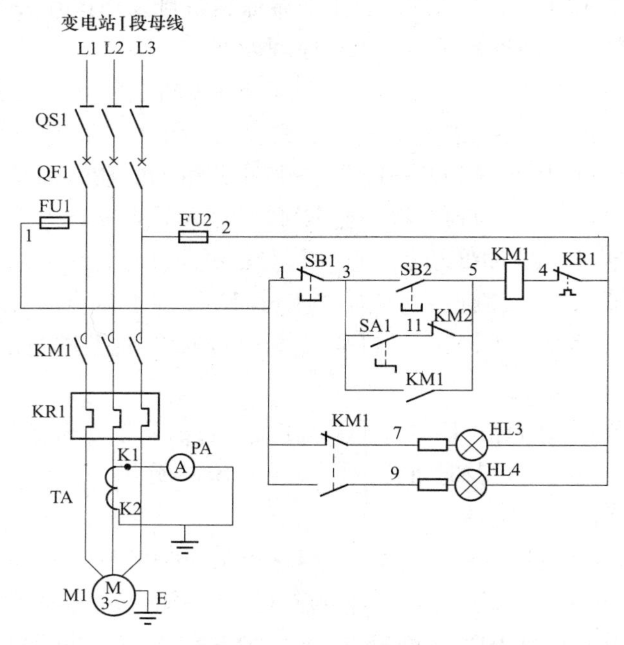


图 168 相互备用有单电流表的 1 号原料泵电动机 380V 控制电路

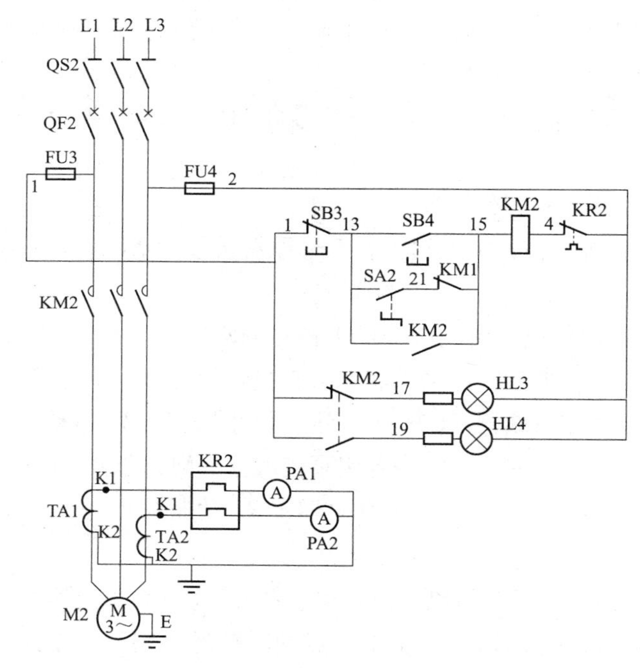


图 169 相互备用有单电流表的 2 号原料泵电动机 380V 控制电路

两台泵采用相互备用的接线方式，为在系统电压波动，瞬时停电时在无人操作时，作为备用的泵电动机能自动启动运行满足生产需要，同时也为泵和电气检修提供方便条件。

为满足互相备用的需要，泵的电源即常用泵（编号为1号）电源来自变电站的一段母线，备用泵（编号为2号）电源来自变电站的二段母线。采用互相备用的接线方式，能保证除变电站全部停电事故，泵不能自动启动外，只要变电站有一段母线恢复供电，作为备用的泵即能自行启动运转。

（1）常用泵电动机电源送电的操作。

1）检查自投切换开关SA1、SA2在断开位置。

2）合上常用泵断路器QF1。

3）合上常用泵控制回路熔断器FU1、FU2。

（2）启动常用泵。按下启动SB2：

电源L1相→控制回路熔断器FU1→1号线→停止按钮SB1动断触点→3号线→启动按钮SB2动合触点（按下时闭合）→5号线→常用泵接触器KM1线圈→4号线→热继电器KR1动断触点→2号线→控制回路熔断器FU2→电源L3相。

常用泵电动机接触器KM1得电动作，接触器KM1动合触点闭合起自保作用，维持接触器KM1吸合状态，主电路图168中的接触器KM1三个主触点同时接通，常用泵电动机M1得电运转，常用泵投入工作。

动合触点KM1闭合，信号灯HL2灯亮，表示常用泵电动机M1运行状态。

（3）备用泵电动机控制电路。把自投切换开关SA2与常用电动机接触器KM1动断触点串接后，再与备用电动机接触器KM2控制电路中的启动按钮SB4并联，就构成备用泵电动机自启控制电路。

常用泵运行正常后，进行备用泵回路的送电操作。

备用泵电动机电源送电的操作内容如下：

1）检查自投切换开关SA1、SA2在断开位置。

2）合上三相隔离开关QS2。

3）合上断路器QF2。

4）合上控制回路熔断器FU3、FU4。

5）手动开备用泵。按下启动SB4：

电源L1相→控制回路熔断器FU3→1号线→停止按钮SB3动断触点→3号线→启动按钮SB4动合触点（按下时闭合）→5号线→常用泵接触器KM2线圈→4号线→热继电器KR2动断触点→2号线→控制回路熔断器FU2→电源L3相。

常用泵电动机接触器KM2得电动作，接触器KM2动合触点闭合起自保作用，维持接触器KM2吸合状态，主电路图157中的接触器KM2三个主触点同时接通，常用泵电动机M2得电运转，备用泵投入工作。

动合触点KM2闭合，信号灯HL4灯亮，表示常用泵电动机M2运行状态。

（4）备用泵电动机自行启动的工作原理。

系统电压波动，瞬时停电，常用电动机接触器KM1断电释放，用于启动备用泵的接触器KM1动断触点回归原始（接通）状态。

这时：电源L1相→控制回路熔断器FU3→1号线→停止按钮SB3动断触点→11号线→切换开关SA2自投位置接通的触点→常用泵接触器KM1的动断触点→13号线→备用泵电

动机接触器 KM2 线圈→4 号线→热继电器 KR2 动断触点→2 号线→控制回路熔断器 FU4→电源 L3 相。

备用泵电动机接触器 KM2 线圈得电动作，接触器 KM2 动合触点闭合起自保作用，维持接触器 KM2 工作状态，接触器 KM2 三个主触点同时接通电动机主电路，备用泵电动机 M2 得电运转，备用泵工作。

接触器 KM2 动合触点闭合，信号灯 HL4 灯亮，表示备用泵电动机 M2 运行状态，备用泵电动机 M2 运行后，及时将自投切换开关 SA2 断开。

（5）手动操作启动备用泵。断开切换开关 SA2 后，按下启动 SB4：

电源 L1 相→控制回路熔断器 FU3→1 号线→停止按钮 SB3 动断触点→11 号线→启动按钮 SB4 动合触点（按下时闭合）→13 号线→备用泵接触器 KM2 线圈→4 号线→热继电器 KR2 动断触点→2 号线→控制回路熔断器 FU4→电源 L3 相。

备用泵电动机接触器 KM2 得电动作，接触器 KM2 动合触点闭合起自保作用，维持接触器 KM2 工作状态，主电路图 169 中的接触器 KM2 三个主触点同时接通，备用泵电动机 M2 得电运转，备用泵投入工作。

接触器 KM2 动合触点闭合，信号灯 HL4 灯亮，表示备用泵电动机 M2 运行状态。

（6）常用泵电动机自行启动的工作原理。

系统电压波动，瞬时停电，备用电动机接触器 KM2 断电释放，用于启动常用泵的接触器 KM2 动断触点回归原始（接通）状态。

这时：电源 L1 相→控制回路熔断器 FU1→1 号线→停止按钮 SB1 动断触点→3 号线→切换开关 SA1 自投位置接通的触点→7 号线→备用泵接触器 KM2 的动断触点→5 号线→常用泵电动机接触器 KM1 线圈→4 号线→热继电器 KR1 动断触点→2 号线→控制回路熔断器 FU2→电源 L3 相。

常用泵电动机接触器 KM1 线圈得电动作，接触器 KM1 动合触点闭合起自保作用，维持接触器 KM1 工作状态，接触器 KM1 三个主触点同时接通电动机主电路，常用泵电动机 M1 得电运转，常用泵工作。

接触器 KM1 动合触点闭合，信号灯 HL2 灯亮，表示常用泵电动机 M1 运行状态，常用泵电动机 M1 运行后，及时将自投切换开关 SA1 断开。

（7）常用泵与备用泵互换的操作。

化工生产装置中，如原料泵一般是不许间断运行的，间断运行会引起生产工艺流程波动，因某些原因要将运行中的泵停下来进行检修，必须先将备用泵开起来，待压力平稳后，再将运转中的常用泵停下来。为保证生产的平稳与安全就必须按照规定的顺序进行操作。

1）从常用泵电动机运转的条件下切换到备用泵的操作。

操作前要注意备用泵的绿色信号灯是亮的，表明备用泵电源处于送电状态，把自投切换开关 SA2 搬到中间位置（断开）。

启动备用泵：按下启动 SB4，电源 L1 相→控制回路熔断器 FU3→停止按钮 SB3 动断触点→启动按钮 SB4 动合触点（按下时闭合）→备用泵电动机接触器 KM2 线圈→热继电器 KR2 动断触点→控制回路熔断器 FU4→电源 L3 相。

备用电动机接触器 KM2 得电动作，动合触点 KM2 闭合起自保作用，维持接触器 KM2 的工作状态，接触器 KM2 三个主触点同时接通，备用泵电动机 M2 得电运转，备用泵电动机投入工作。接触器 KM2 辅助动合触点闭合，信号灯 HL1 得电灯亮，表示备用电动机 M2 运行状态。待压力平稳后，按下常用泵停止按钮 SB1，常用泵停止。

2）从备用泵电动机运转的条件下切换到常用泵的操作。

常用泵机械或电气故障处理结束后，要及时切换到常用泵运转，首先值班电工进行送电方面的操作：

（a）检查自投切换开关 SA1 在中间位置（断开）。

（b）合上空气断路器 QF1。

（c）合上控制回路熔断器 FU1、FU2。

启动常用泵：按下启动 SB2，电源 L1 相→控制回路熔断器 FU1→停止按钮 SB1 动断触点→启动按钮 SB2 动合触点（按下时闭合）→常用泵电动机接触器 KM1 线圈→热继电器 KR1 动断触点→控制回路熔断器 FU2→电源 L3 相。

常用泵电动机接触器 KM1 得电动作，接触器 KM1 动合触点闭合起自保作用，维持接触器 KM1 吸合状态，接触器 KM1 三个主触点同时接通，常用泵电动机 M1 得电运转，常用泵投入工作。接触器 KM1 动合触点闭合，信号灯 HL2 灯亮，表示常用泵电动机运行状态。

（8）故障下停机。

1）当备用电动机发生过负荷运行时，热继电器 KR2 动作，串接控制回路中的热继电器 KR2 动断触点断开，接触器 KM2 线圈电路断电，接触器 KM2 的三个主触点断开，备用泵电动机 M2 断电停转，备用泵停止工作。

2）当常用泵电动机发生过负荷运行时，热继电器 KR1 动作，串接于控制回路中的热继电器 KR1 动断触点断开，接触器 KM1 线圈电路断电，接触器 KM1 三个主触点同时断开，常用泵电动机 M1 断电停转，常用泵停止工作。

3）常用泵电动机回路发生短路故障时，断路器 QF1 自动跳闸，常用泵电动机 M1 断电停转，常用泵停止工作。

4）备用泵电动机回路发生短路故障时，断路器 QF2 自动跳闸，备用泵电动机 M2 断电停转，备用泵停止工作。

（9）常用泵需要正常停机时的操作。

常用泵需要正常停机时，将切换开关 SA1 搬到中间位置，按下停止按钮 SB1 动断触点断开，常用泵接触器 KM1 电路断电，常用泵电动机断电停转。

（10）备用泵需要正常停机时。

将切换开关 SA2 搬到中间位置，按下停止按钮 SB3，备用泵控制电路断电，备用泵接触器 KM2 电路断电，备用泵电动机 M2 断电停转。

## 例 163 相互备用双电流表故障报警的原料泵电动机控制电路

（1）常用泵电动机电源送电的操作。

1）检查自投切换开关 SA1、SA2 在断开位置。

2）合上断路器 QF1。

3）合上控制回路熔断器 FU1、FU2。

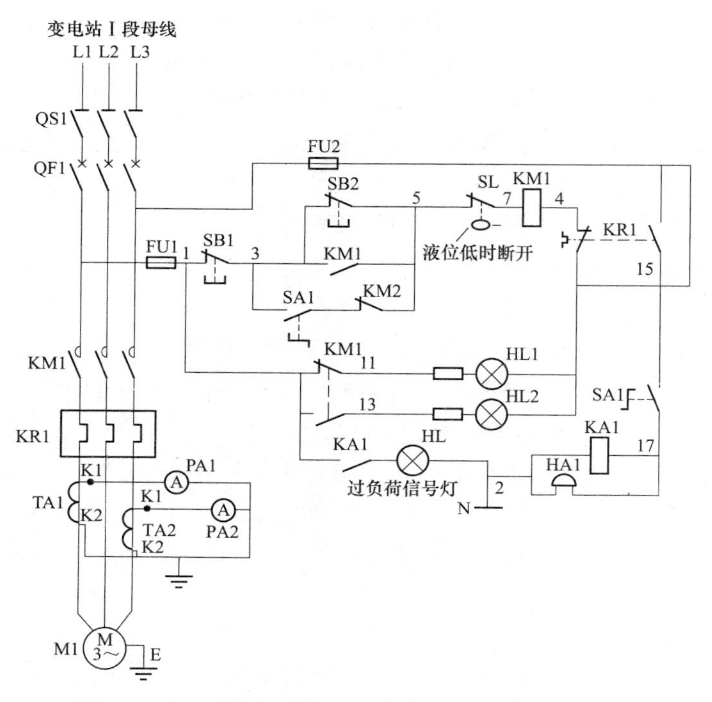


图 170　相互备用故障报警的 1 号泵电动机控制电路

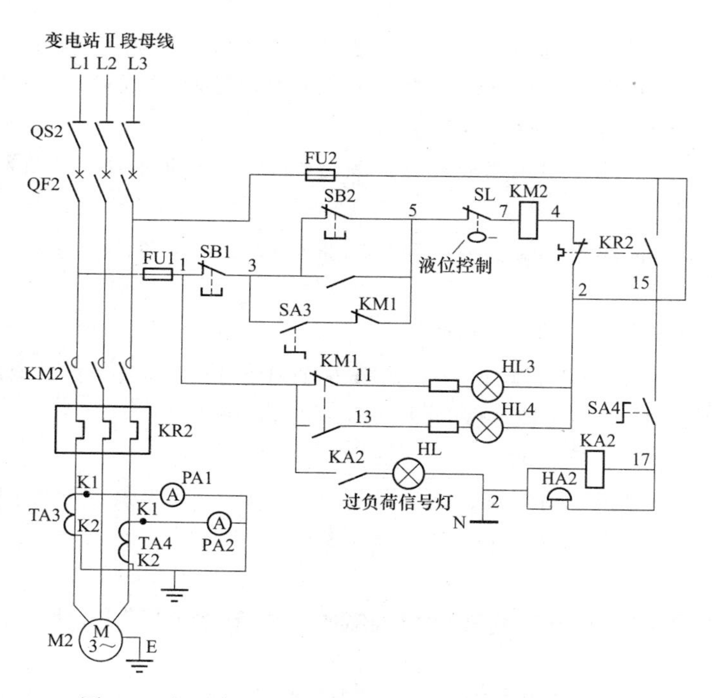


图 171　相互备用故障报警的 2 号泵电动机控制电路

（2）启动常用泵。

按下启动按钮 SB2：电源 L1 相→控制回路熔断器 FU1→1 号线→停止按钮 SB1 动断触

点→3 号线→启动按钮 SB2 动合触点（按下时闭合）→5 号线→常用泵接触器 KM1 线圈→4 号线→热继电器 KR1 动断触点→2 号线→控制回路熔断器 FU2→电源 L3 相。接触器 KM1 线圈得电动作，主触点 KM1 闭合，电动机得电运转，常用泵工作。

（3）备用泵电动机自行启动的工作原理。

系统电压波动，瞬时停电，常用电动机接触器 KM1 断电释放，用于启动备用泵的接触器 KM1 动断触点回归原始（接通）状态。

这时：电源 L1 相→控制回路熔断器 FU3→1 号线→停止按钮 SB3 动断触点→11 号线→切换开关 SA2 自投位置接通的触点→常用泵接触器 KM1 的动断触点→13 号线→备用泵电动机接触器 KM2 线圈→4 号线→热继电器 KR2 动断触点→2 号线→控制回路熔断器 FU4→电源 L3 相。

备用泵电动机接触器 KM2 线圈得电动作，接触器 KM2 动合触点闭合起自保作用，维持接触器 KM2 工作状态，接触器 KM2 三个主触点同时接通电动机主电路，备用泵电动机 M2 得电运转，备用泵工作。

接触器 KM2 动合触点闭合，信号灯 HL4 灯亮，表示备用泵电动机 M2 运行状态，备用泵电动机 M2 运行后，及时将自投切换开关 SA2 断开。

（4）常用泵故障停泵与报警。

常用电动机发生故障停泵时，热继电器 KR1 动作，串接控制回路中的热继电器 KR1 动断触点断开，接触器 KM1 线圈电路断电，接触器 KM1 的三个主触点断开，常用泵电动机 M1 断电停转，常用泵停止工作。

热继电器 KR1 的动合触点闭合：电源 L3 相→控制回路熔断器 FU2→2 号线→闭合的热继电器 KR1 动合触点→15 号线→控制开关 SA2 触点 17→分两路：

1)→中间继电器 KA1 线圈→2 号线→电源 N 极。动合触点 KA1 闭合→19 号线→信号灯 HL 得电亮灯，表示故障停泵。

2)→电铃线圈 HA1→2 号线→电源 N 极。电铃 HA1 得电铃响报警。断开控制开关 SA4，信号灯 HL 灯灭、铃响终止。

（5）手动操作启动备用泵。

断开切换开关 SA2 后，按下启动 SB2：电源 L1 相→控制回路熔断器 FU1→1 号线→停止按钮 SB1 动断触点→11 号线→启动按钮 SB2 动合触点（按下时闭合）→13 号线→备用泵接触器 KM2 线圈→4 号线→热继电器 KR2 动断触点→2 号线→控制回路熔断器 FU2→电源 L3 相。

备用泵电动机接触器 KM2 得电动作，接触器 KM2 动合触点闭合起自保作用，维持接触器 KM2 工作状态，主电路图 171 中的接触器 KM2 三个主触点同时接通，备用泵电动机 M2 得电运转，备用泵投入工作。

接触器 KM2 动合触点闭合，信号灯 HL4 灯亮，表示备用泵电动机 M2 运行状态。

（6）常用泵电动机自行启动的工作原理。

系统电压波动，瞬时停电，备用电动机接触器 KM2 断电释放，用于启动常用泵的接触器 KM2 动断触点回归原始（接通）状态。

这时：电源 L3 相→控制回路熔断器 FU1→1 号线→停止按钮 SB1 动断触点→3 号线→切换开关 SA1 自投位置接通的触点→7 号线→备用泵接触器 KM2 的动断触点→5 号线→常

用泵电动机接触器 KM1 线圈→4 号线→热继电器 KR1 动断触点→2 号线→控制回路熔断器 FU2→电源 L3 相。

常用泵电动机接触器 KM1 线圈得电动作，接触器 KM1 动合触点闭合起自保作用，维持接触器 KM1 工作状态，接触器 KM1 三个主触点同时接通电动机主电路，常用泵电动机 M1 得电运转，常用泵工作。

接触器 KM1 动合触点闭合，信号灯 HL2 灯亮，表示备用泵电动机 M1 运行状态，常用泵电动机 M1 运行后，及时将自投切换开关 SA1 断开。

（7）备用泵故障停泵与报警。备用电动机发生故障停泵时，热继电器 KR2 动作，串接控制回路中的热继电器 KR2 动断触点断开，接触器 KM2 线圈电路断电，接触器 KM2 的三个主触点断开，备用泵电动机 M2 断电停转，备用泵停止工作。

热继电器 KR2 的动合触点闭合：电源 L3 相→控制回路熔断器 FU2→2 号线→闭合的热继电器 KR2 动合触点→15 号线→控制开关 SA4 触点 17→分两路：

1)→中间继电器 KA2 线圈→2 号线→电源 N 极。动合触点 KA2 闭合→19 号线→信号灯 HL 得电亮灯，表示故障停泵。

2)→电铃线圈 HA2→2 号线→电源 N 极。电铃 HA2 得电铃响报警。断开控制开关 SA4，信号灯 HL 灯灭、铃响终止。

## 例 164 泵电动机延时自启动 220V 控制电路

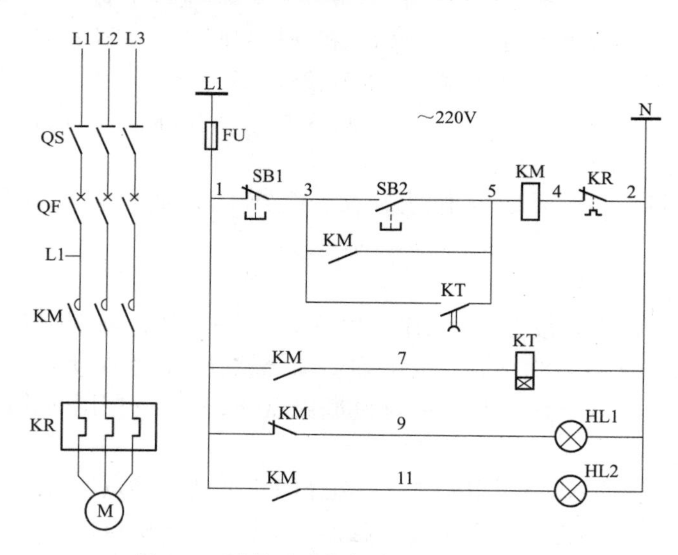


图 172　泵的延时自启动 220V 控制电路

（1）泵电动机回路送电操作顺序。

1）合上三相隔离开关 QS。

2）合上低压断路器 QF。

3）合上控制回路熔断器 FU。

（2）泵的启动与停止。

按下启动按钮SB2，电源L1相→控制回路熔断器FU→1号线→停止按钮SB1动断触点→3号线→启动按钮SB2动合触点（按下时闭合）→5号线→接触器KM线圈→4号线→热继电器KR的动断触点→2号线→电源N极。接触器KM线圈两端构成220V的电源。

接触器KM线圈获电动作，接触器KM动合触点闭合自保，维持接触器KM工作状态，接触器KM三个主触点同时闭合，电动机绕组获得按L1、L2、L3排列的三相380V交流电源，电动机启动运转。

接触器KM动合触点闭合→7号线→时间继电器KT得电动作，动合触点KT闭合，为泵延时自启动做电路准备。接触器KT动合触点闭合→11号线，红色信号灯HL2得电，亮灯表示设备运转中。

（3）泵的延时自启动。系统电压波动或瞬间停电时，接触器KM和时间继电器KT失电释放，虽然电动机断电，但仍在惯性运转，时间继电器KT断电后，其动合触点是延时断开的。它是根据电动机惯性运转状态到接近静止状态的时间整定的。这一触点未断开前，电源恢复供电时，闭合中的KT动合触点，相当于启动按钮SB2的作用。

自启动电路工作原理：

电源L1相→控制回路熔断器FU→1号线→停止按钮SB1动断触点→3号线→仍在闭合中的时间继电器KT动合触点→5号线→接触器KM线圈→4号线→热继电器KR的动断触点→2号线→电源N极。构成380V电路。接触器KM线圈获电动作，接触器KM动合触点闭合自保，维持KM的工作状态，接触器KM三个主触点同时闭合，电动机绕组获得按L1、L2、L3排列的三相380V交流电源，电动机启动运转。接触器KM动合触点闭合→红色信号灯HL2得电，亮灯表示设备运转中。

停泵时，按下停止按钮SB1动断触点断开，（按下停止按钮SB1的时间，要超过时间继电器KT的整定时间），切断接触器KM线圈控制电路，接触器KM断电释放，KM的三个主触点同时断开，电动机M绕组脱离三相380V交流电源，停止转动，所驱动的机械设备停止运行。

## 例165 加有控制延时自启动开关的电动机220V控制电路

（1）启动运转。

按下启动按钮SB2，电源L1相→控制回路熔断器FU1→1号线→停止按钮SB1动断触点→3号线→启动按钮SB2动合触点（按下时闭合）→5号线→接触器KM线圈→4号线→热继电器KR的动断触点→2号线→电源N极。线圈两端接通220V电源，接触器KM线圈获电动作，接触器KM动合触点闭合自保，维持接触器KM工作状态，接触器KM三个主触点同时闭合，电动机绕组获得按L1、L2、L3排列的三相380V交流电源，电动机得电启动运转。

接触器KM动合触点闭合→时间继电器KT得电动作，动合触点KT闭合，为泵延时自启动作电路准备。接触器KM动合触点闭合→11号线，红色信号灯HL2得电灯亮，表示设备运转中。

（2）延时自启动。

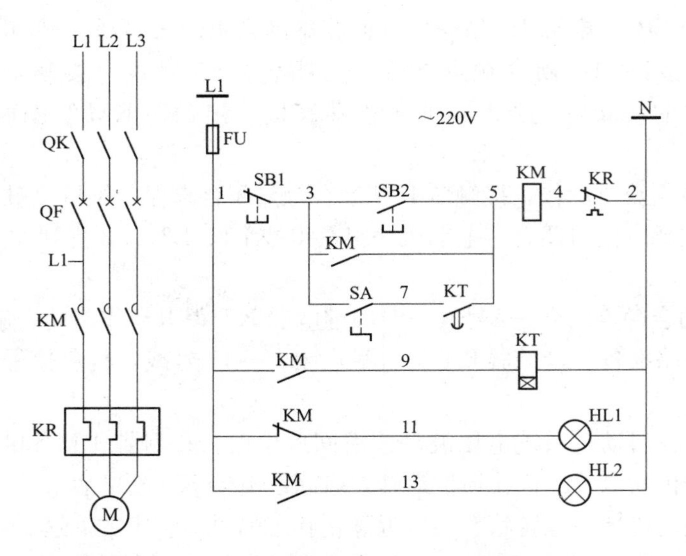


图 173　加有控制延时自启动开关的电动机 220V 控制电路

系统瞬间停电时，接触器 KM 和时间继电器 KT 失电释放，虽然电动机断电，但仍在惯性运转，时间继电器 KT 断电后，其动合触点是延时断开的。触点未断开前，电源恢复供电时，闭合中的 KT 动合触点，相当于按下启动按钮 SB2 的作用。

自启动电路工作原理：

这时，电源 L1 相→控制回路熔断器 FU1→1 号线→停止按钮 SB1 动断触点→3 号线→仍在闭合中的时间继电器 KT 动合触点→5 号线→接触器 KM 线圈→4 号线→热继电器 KR 的动断触点→2 号线→电源 N 极。线圈接通 220V 电源。接触器 KM 线圈获电动作，接触器 KM 动合触点闭合自保，维持 KM 的工作状态，接触器 KM 三个主触点同时闭合，电动机得电启动运转。接触器 KM 动合触点闭合→红色信号灯 HL2 得电，亮灯表示设备运转中。

（3）正常停机。

如果不断开控制开关 SA，按下停止按钮 SB1 动断触点断开（按下停止按钮 SB1 的时间，要超过时间继电器 KT 的整定时间），切断接触器 KM 线圈控制电路，接触器 KM 断电释放，KM 的三个主触点同时断开，电动机 M 绕组脱离三相 380V 交流电源，停止转动，所驱动的机械设备停止运行。

如果断开控制开关 SA，按下停止按钮 SB1 动断触点断开，切断接触器 KM 线圈控制电路，接触器 KM 断电立即释放，KM 的三个主触点同时断开，电动机 M 绕组脱离三相 380V 交流电源，停止转动，所驱动的机械设备停止运行。

接触器 KM 动合触点断开，红色信号灯 HL2 断电灯灭。动断触点 KM 复位接通，绿色信号灯 HL1 得电，点灯表示设备处于热备用状态。

（4）电动机过负荷故障停机。

电动机发生过负荷时故障，主回路中的热继电器 KR 动作，热继电器 KR 的动断触点断开，切断接触器 KM 线圈电路，接触器 KM 线圈断电并释放，接触器 KM 主触点三个同时断开，电动机绕组脱离三相 380V 交流电源，停止转动，拖动的机械设备停止运行。

## 例166 可选择的延时自启动的电动机380V控制电路

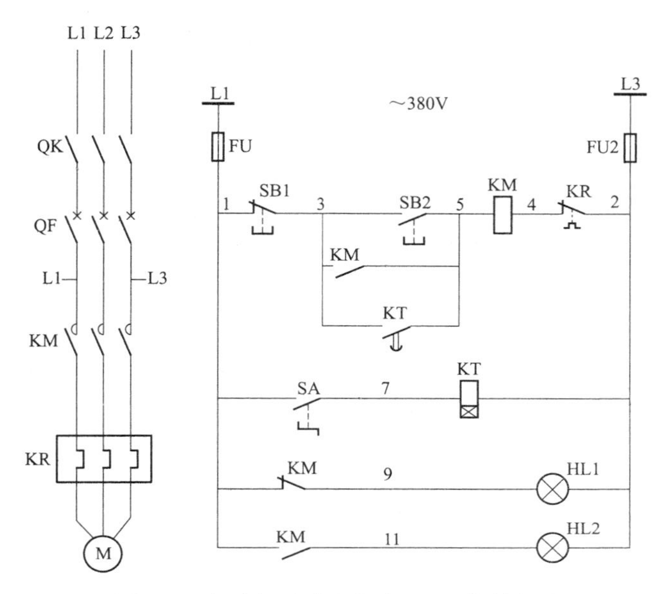


图174 电动机延时自启动380V控制电路

图174延时自启动控制电路与图173比较，时间继电器KT线圈前面，是一只控制开关SA，作用是通过切换位置，可选择是否延时自启和达到立即停机的目的。

回路送电前，必须检查控制开关SA在断开位置，方可进行回路送电的操作，其送电操作顺序同图169。

（1）启动运转。

按下启动按钮SB2。电源L1相→控制回路熔断器FU1→1号线→停止按钮SB1动断触点→3号线→启动按钮SB2动合触点（按下时闭合）→5号线→接触器KM线圈→4号线→热继电器KR的动断触点→2号线→控制回路熔断器FU2→电源L3相。接通线圈380V电源。

接触器KM线圈获电动作，接触器KM动合触点闭合自保，维持接触器KM工作状态，接触器KM三个主触点同时闭合，电动机绕组获得按L1、L2、L3排列的三相380V交流电源，电动机M启动运转。

接触器KM动合触点闭合→11号线，红色信号灯HL2得电，亮灯表示设备运转中。

电动机正常运转后，合上自启动控制开关SA、时间继电器KT得电动作。动合触点KT闭合，为泵延时自启动做电路准备。

（2）延时自启动。

系统瞬间停电时，接触器KM线圈失电释放，电动机仍在惯性转动，时间继电器KT虽断电并释放，延时断开的动合触点仍在闭合中，动合触点KT未断开前，电源恢复了供电。

电源L1相→控制回路熔断器FU1→1号线→停止按钮SB1动断触点→3号线→未断开的时间继电器KT动合触点→5号线→接触器KM线圈→4号线→热继电器KR的动断触

点→2 号线→控制回路熔断器 FU2→电源 L3 相。构成交流 380V 电路。接触器 KM 线圈获电动作，接触器 KM 动合触点闭合自保，维持接触器 KM 工作状态，接触器 KM 三个主触点同时闭合，电动机绕组获得按 L1、L2、L3 排列的三相 380V 交流电源，电动机启动运转。接触器 KM 动合触点闭合→11 号线→红色信号灯 HL2 得电灯亮，表示泵运转中。

（3）泵的正常停机操作。

正常停机前必须先断开控制开关 SA、然后按下停止按钮 SB1，接触器 KM 线圈立即断电释放，接触器 KM 的三个主触点同时断开，电动机 M 绕组脱离三相 380V 交流电源，停止转动，驱动的机械设备停止运行。实现快速断电停机。

接触器 KM 断电释放后，动合触点断开，红色信号灯 HL2 断电灯灭。接触器 KM 动断触点回归→绿色信号灯 HL1 得电灯亮，表示设备处于热备用状态。可随时启动。

（4）电动机过负荷故障停机。

电动机发生过负荷时故障，主回路中的热继电器 KR 动作，热继电器 KR1 的动断触点断开，切断接触器 KM 线圈电路，KM 线圈断电并释放，KM 主触点三个同时断开，电动机绕组脱离三相 380V 交流电源停止转动，拖动的机械设备停止工作。

第七章

# 采用 NJBK2 系列电动机保护器的电动机控制电路

NJBK2 系列电动机保护器，适用于交流 50Hz、额定工作电压 660V 以下、额定工作电流 1～800A 的长期工作或间断工作的交流电动机的过负荷、堵转、断相、三相电流不平衡、接地及 PTC 温度保护。

NJBK2 系列电动机保护器的型号、额定电流（A）及适合电动机的功率（kW）见表 1。

表 1　NJBK2 系列电动机保护器的型号、额定电流（A）及适合电动机的功率

| 型　号 | 额定电流（A） | 整定电流范围（A） | 适合电动机功率（kW） |
|---|---|---|---|
| NJBK2-200/10 | 10 | 2～10 | 1～5 |
| NJBK2-200/50 | 50 | 10～50 | 5～25 |
| NJBK2-200/200 | 200 | 40～200 | 20～100 |
| NJBK2-400/400 | 400 | 160～400 | 80～200 |
| NJBK2-800/800 | 800 | 320～800 | 160～400 |

根据使用要求选择控制电源电压（AC220V、AC380V）整定电流范围（2～10A、10～50A、40～200A、160～400A、320～800A）附件（NJBK2-200 导电排、NJBK2 接线座、NJBK2 卡箍）。

## 例 167　采用 NJBK2 电动机保护器、按钮操作启停的电动机控制电路

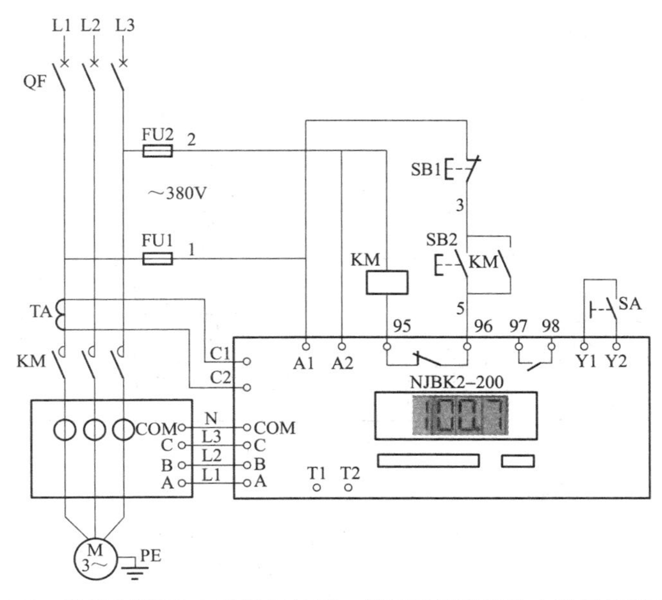


图 175　采用 NJBK2 电动机保护器、按钮操作启停的电动机控制电路

## 例 168 采用 NJBK2 电动机保护器、按钮操作启停的电动机 380V 控制电路

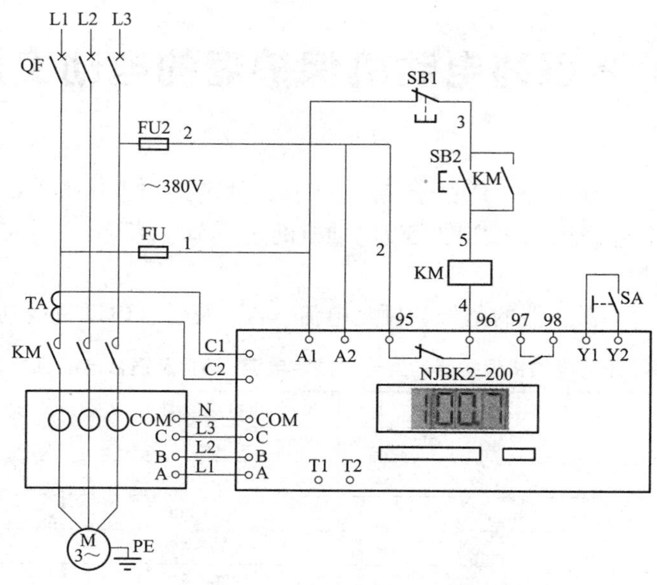


图 176　采用 NJBK2 电动机保护器、按钮操作启停的电动机 380V 控制电路

## 例 169 采用 NJBK2 电动机保护器、按钮操作启停的电动机 220V 控制电路

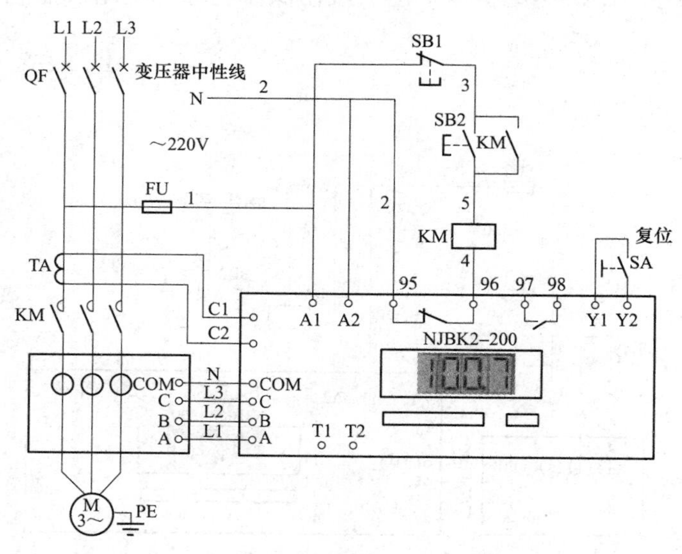


图 177　采用 NJBK2 电动机保护器、按钮操作启停的电动机 220V 控制电路

## 例 170 采用 NJBK2 电动机保护器、单电流表、按钮操作启停的电动机 380V 控制电路

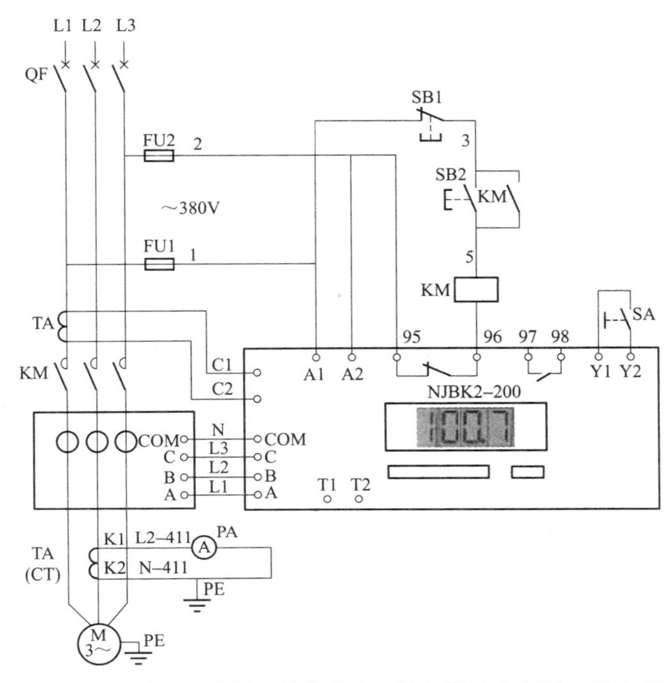


图 178　采用 NJBK2 电动机保护器、单电流表、按钮操作启停的电动机 380V 控制电路

## 例 171 有启停状态信号、按钮操作启停的电动机 220V 控制电路

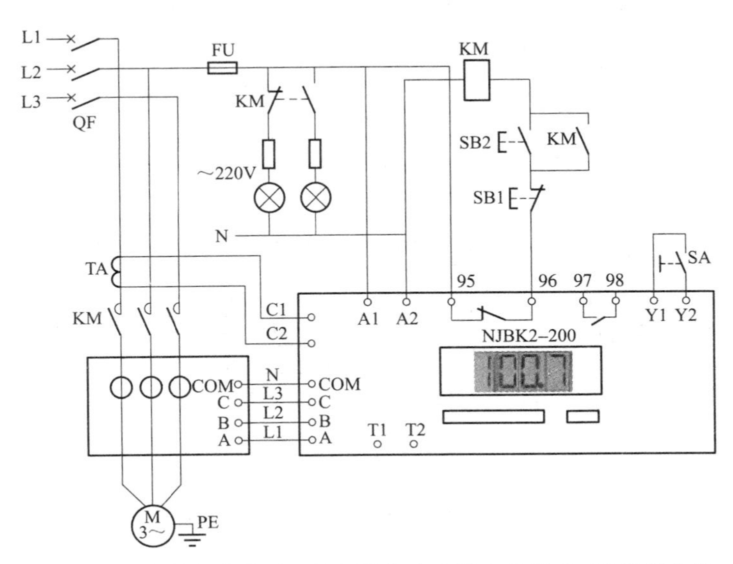


图 179　有启停状态信号、按钮操作启停的电动机 220V 控制电路

## 例 172 有启停状态信号、按钮操作启停的电动机 380V 控制电路

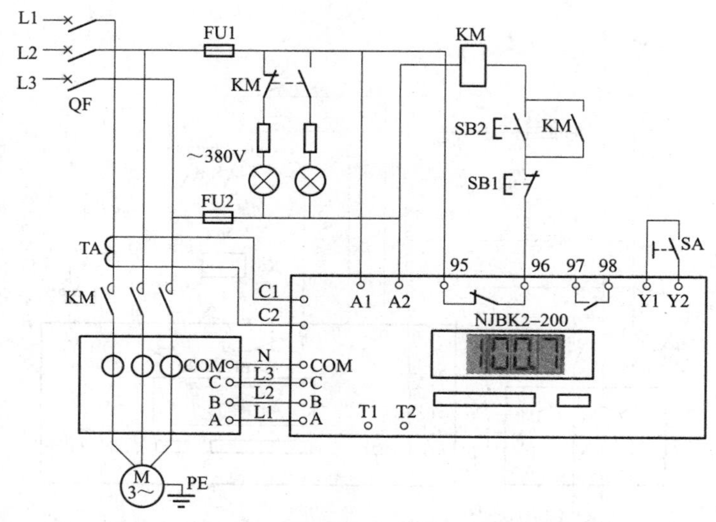


图 180　有启停状态信号、按钮操作启停的电动机 380V 控制电路

## 例 173 过负荷停机报警、按钮操作启停的电动机 380/220V 控制电路

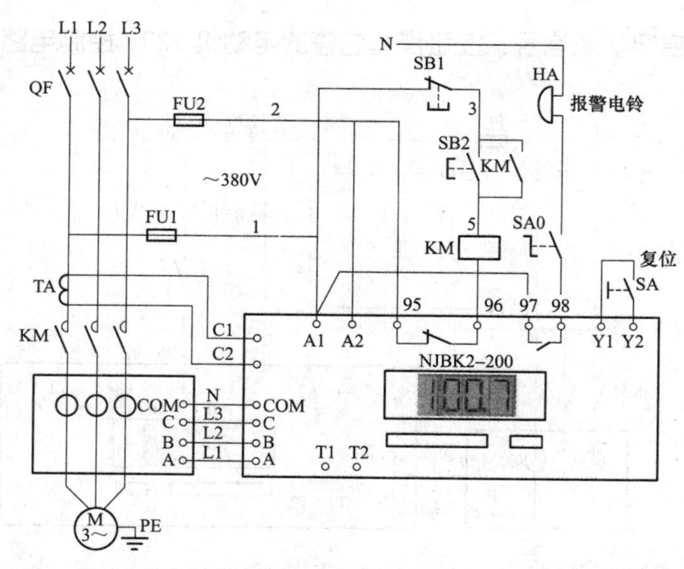


图 181　过负荷停机报警、按钮操作启停的电动机 380/220V 控制电路

## 例 174 过负荷停机报警、按钮操作启停的电动机 220V 控制电路

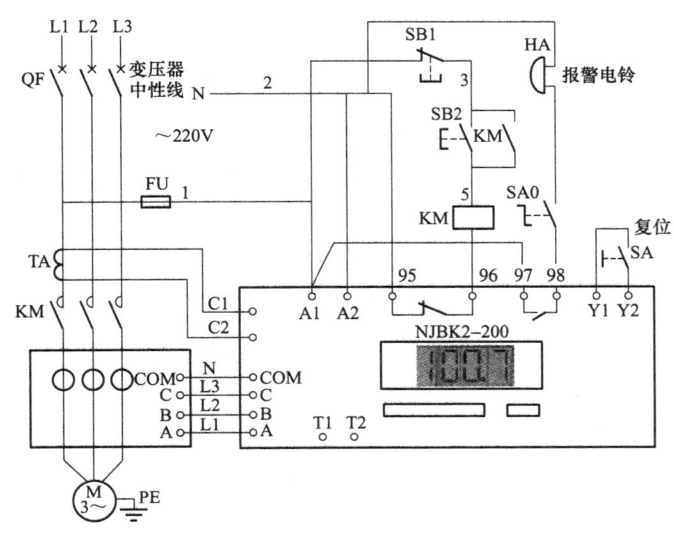


图 182 过负荷停机报警、按钮操作启停的电动机 220V 控制电路

## 例 175 延时自启动、按钮操作启停的电动机 220V 控制电路

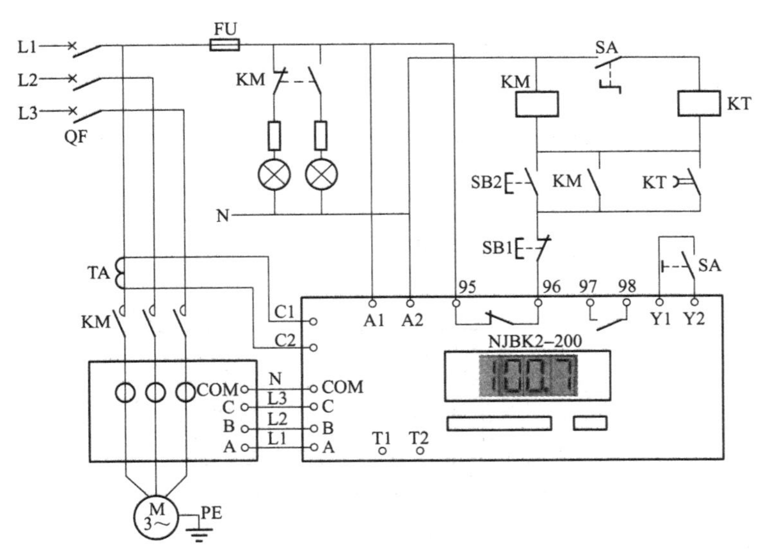


图 183 延时自启动、按钮操作启停的电动机 220V 控制电路

## 例 176 延时自启动、按钮操作启停的电动机 220V 控制电路

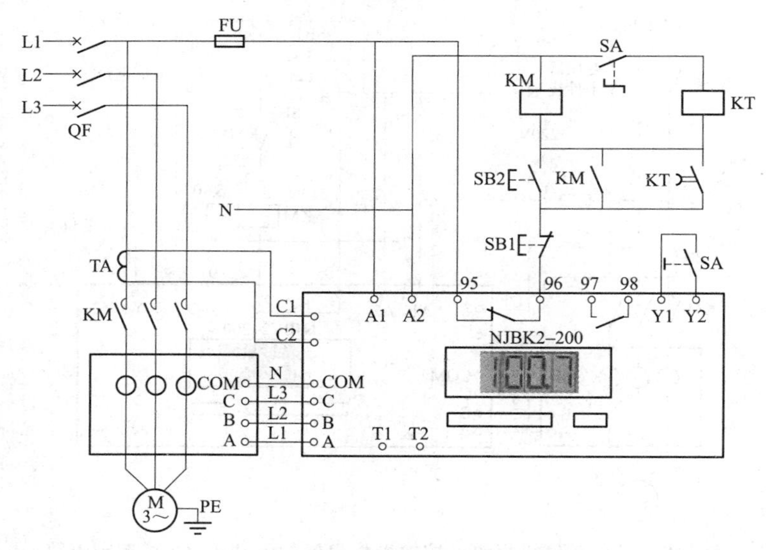


图 184 延时自启动、按钮操作启停的电动机 220V 控制电路

## 例 177 按钮操作、一启两停的电动机 380V 控制电路

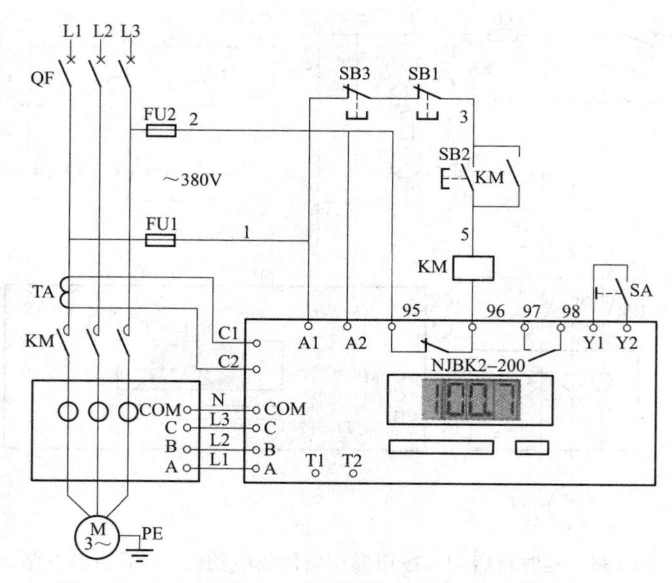


图 185 按钮操作、一启两停的电动机 380V 控制电路

## 例 178 过负荷停机报警、一启两停的电动机 220V 控制电路

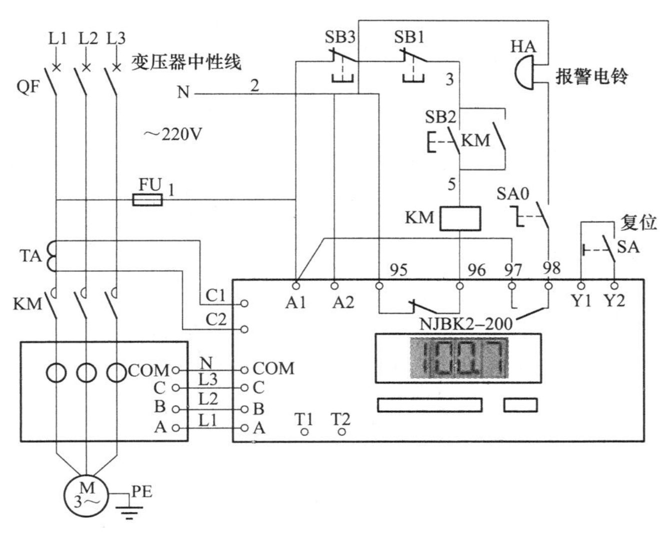


图 186 过负荷停机报警、一启两停的电动机 220V 控制电路

## 例 179 两启两停、按钮操作的电动机 220V 控制电路

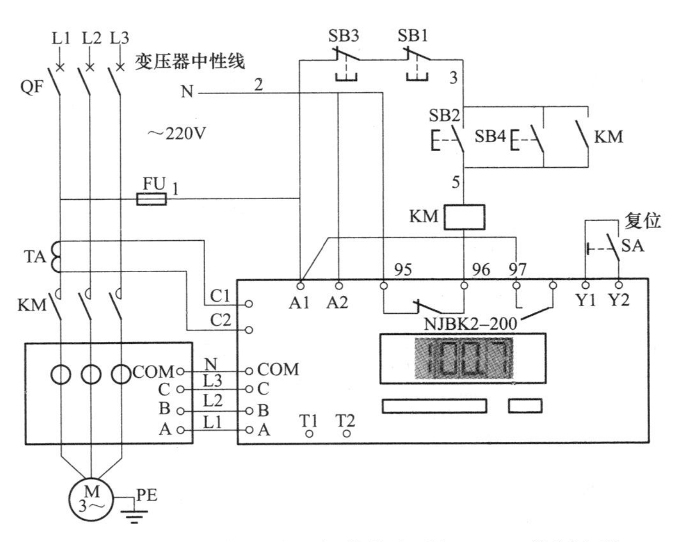


图 187 两启两停、按钮操作的电动机 220V 控制电路

## 例 180 两启三停、按钮操作的电动机 220V 控制电路

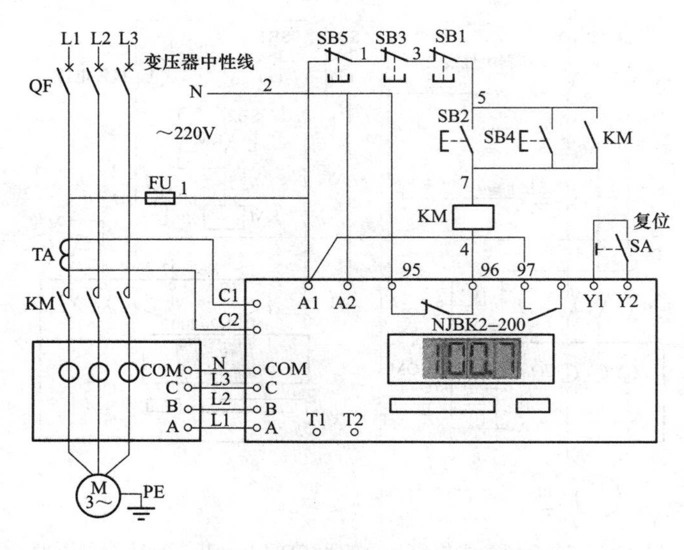


图 188　两启三停、按钮操作的电动机 220V 控制电路

## 例 181 一启三停、按钮操作的电动机 220V 控制电路

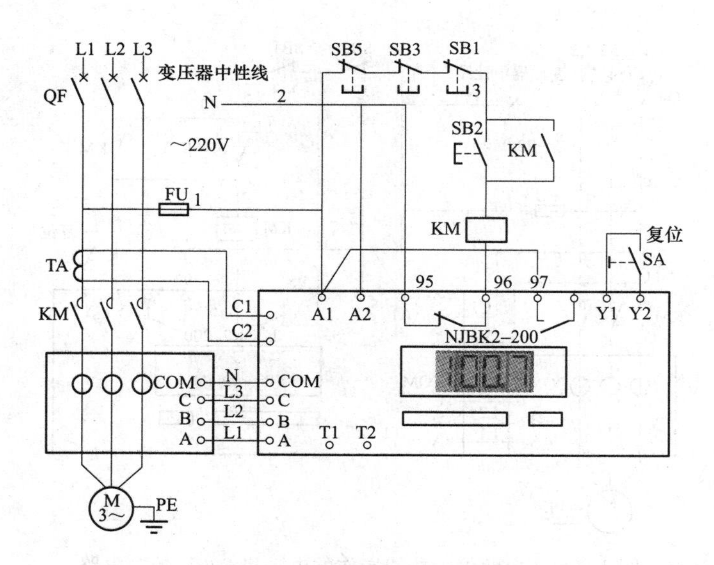


图 189　一启三停、按钮操作的电动机 220V 控制电路

## 例 182 两启两停、有启停状态信号、按钮操作的电动机 220V 控制电路

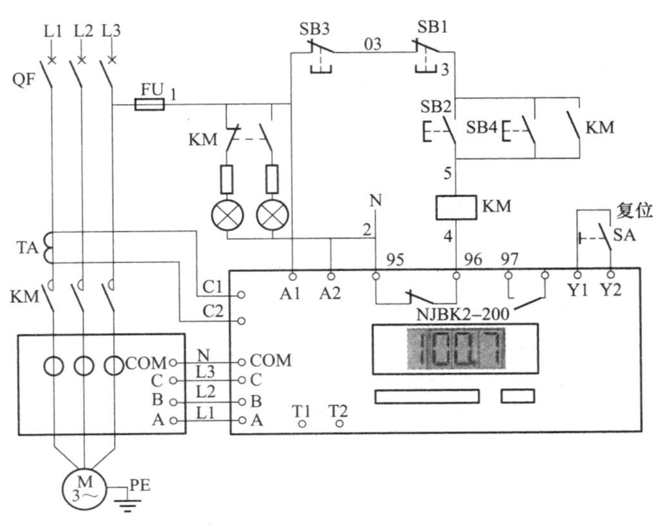


图 190 两启两停、有启停状态信号、按钮操作的电动机 220V 控制电路

## 例 183 使用转换开关启停的电动机 220V 控制电路

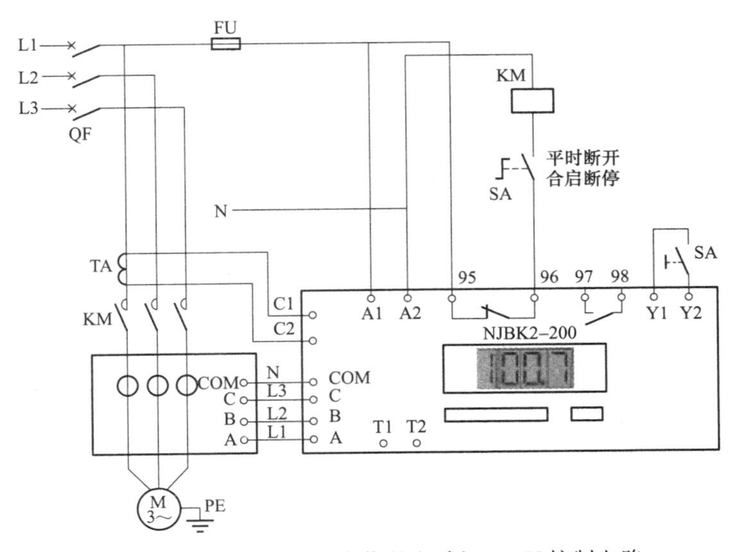


图 191 使用转换开关启停的电动机 220V 控制电路

## 例 184 有启停状态信号、转换开关启停的电动机 220V 控制电路

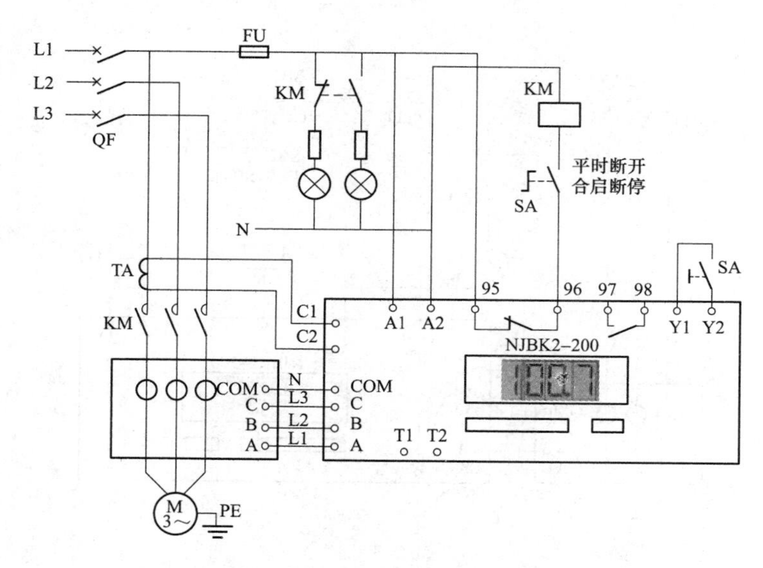


图 192 有启停状态信号、转换开关启停的电动机 220V 控制电路

## 例 185 单电流表、转换开关启停的电动机 220V 控制电路

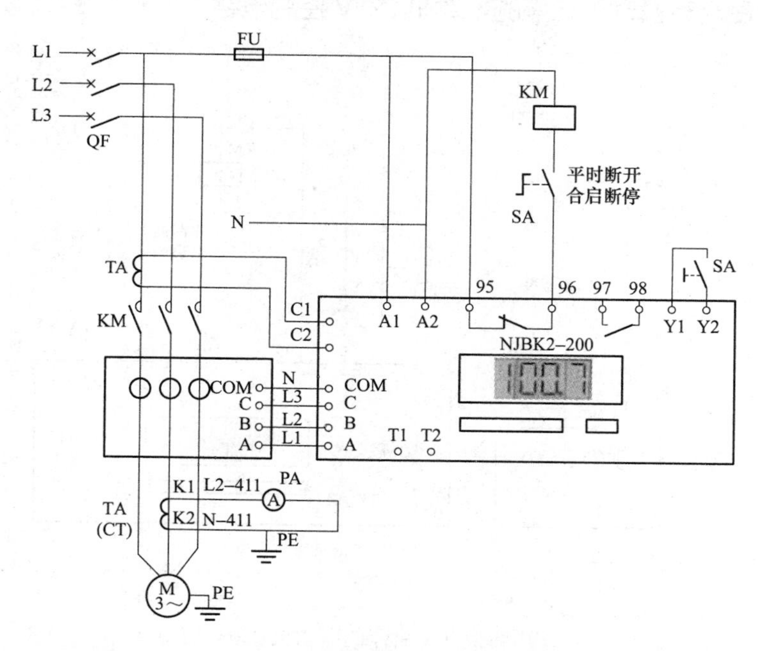


图 193 单电流表、转换开关启停的电动机 220V 控制电路

## 例 186　两启两停、有启停信号、单电流表、按钮操作的电动机 220V 控制电路

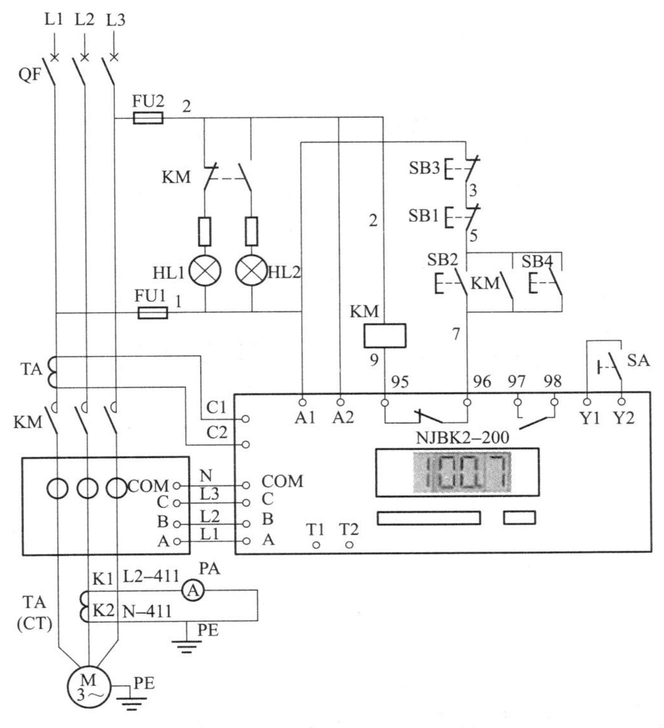


图 194　两启两停、有启停信号、单电流表、按钮操作的电动机 220V 控制电路

## 例 187　有启动通知信号两启两停的电动机控制电路

电路工作原理如下：

合上主回路中的隔离开关 QS；合上主回路中的断路器 QF；合上控制回路中的熔断器 FU1、FU2。按下启动按钮 SB2 或 SB4 动合触点闭合。电源 L1 相→控制回路熔断器 FU1→1 号线→停止按钮 SB3 动断触点→3 号线→停止按钮 SB1 动断触点→5 号线→启动按钮 SB2 或 SB4 动合触点（按下时闭合）→7 号线→保护器 NJKB2 动断触点→9 号线→接触器 KM 线圈→2 号线→控制回路熔断器 FU2→电源 L3 相。接触器 KM 线圈得电动作，动合触点 KM 闭合自保，主电路中的接触器 KM 三个主触点同时闭合，电动机得电运转驱动机械设备工作。

按下停止按钮 SB1 或 SB3 动断触点断开，接触器 KM 线圈断电释放，接触器 KM 的三个主触点同时断开，电动机绕组断电停止转动，机械设备停止工作。

电动机发生过负荷运行时，保护器 NJKB2 动作，串接于接触器 KM 线圈控制回路中的保护器 NJKB2 动断触点断开，接触器 KM 线圈电路断电，接触器 KM 三个主触点同时断开，电动机断电停转，机械设备停止工作。

启动前通知信号工作原理。合上控制开关 SA，通过信号电铃 HA 得电，铃响发出电动机即将启动信号。时间继电器 KT 得电计时 60s，整定时间到，串接电铃 HA 线圈电路中 KT 延时动断触点断开，电铃 HA 断电铃响终止。

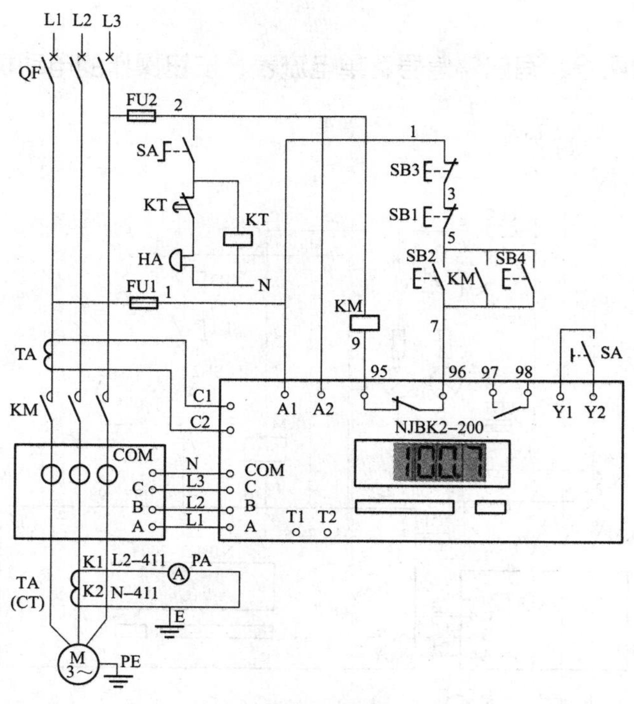


图 195　有启动通知信号两启两停的电动机控制电路

## 例 188　两启两停、双电流表、电动机 220V 控制电路

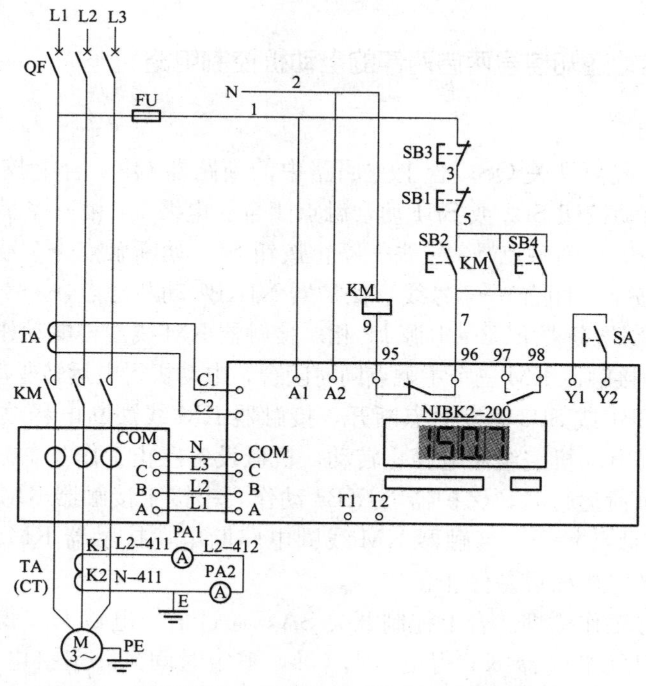


图 196　两启两停、双电流表、电动机 220V 控制电路

电路工作原理如下：

合上主回路中的隔离开关 QS；合上主回路中的断路器 QF；合上控制回路中的熔断器 FU。

按下启动按钮 SB2 或 SB4 动合触点闭合。电源 L1 相→控制回路熔断器 FU→1 号线→停止按钮 SB3 动断触点→3 号线→停止按钮 SB1 动断触点→5 号线→启动按钮 SB2 或 SB4 动合触点（按下时闭合）→7 号线→保护器 NJKB2-200 动断触点→9 号线→接触器 KM 线圈→2 号线→电源 N 极。接触器 KM 线圈得电动作，动合触点 KM 闭合自保，主电路中的接触器 KM 三个主触点同时闭合，电动机得电运转驱动机械设备工作。

按下停止按钮 SB1 或 SB3 动断触点断开，接触器 KM 线圈断电释放，接触器 KM 的三个主触点同时断开，电动机绕组断电停止转动，机械设备停止工作。

电动机发生过负荷运行时，保护器 NJKB2-200 动作，串接于接触器 KM 线圈控制回路中的保护器 NJKB2-200 动断触点断开，接触器 KM 线圈电路断电，接触器 KM 三个主触点同时断开，电动机断电停转，机械设备停止工作。

## 例 189 两启两停并能延时自启的电动机 220V 控制电路

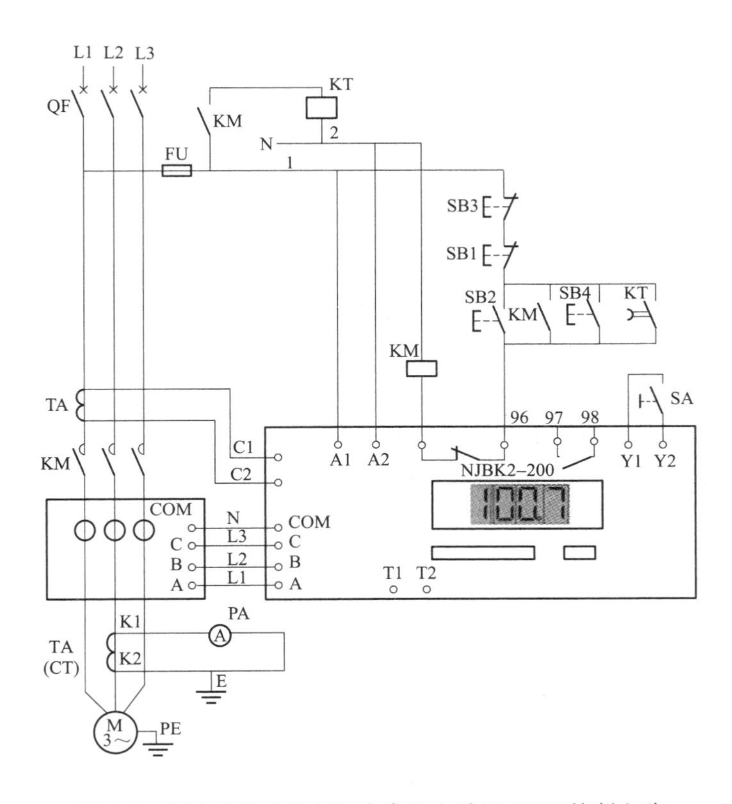


图 197 两启两停并能延时自启的电动机 220V 控制电路

## 例 190 有故障停机报警、一启两停的电动机 380V 控制电路

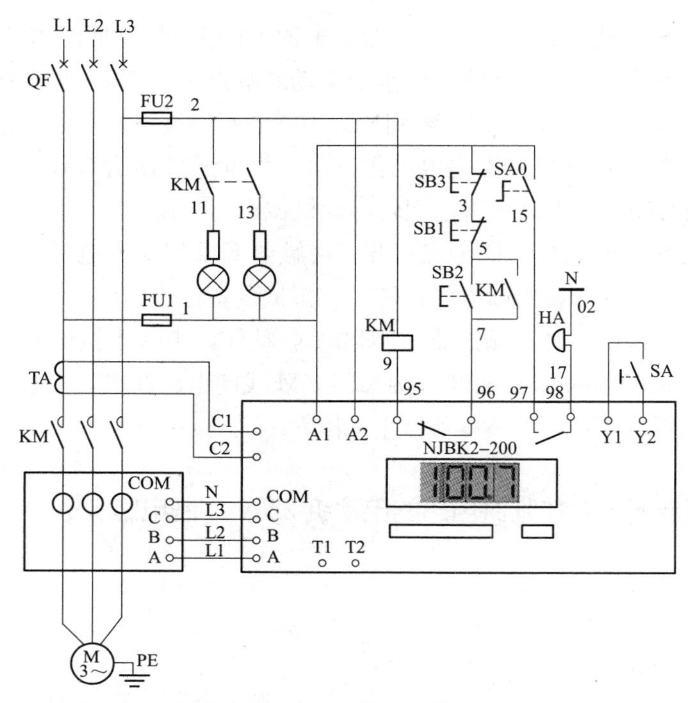


图 198 有故障停机报警、一启两停的电动机 380V 控制电路

启停电铃工作原理同例 187 所述，这里省略。

电动机发生过负荷运行时，保护器 NJKB2-200 动作，串接于接触器 KM 线圈控制回路中的保护器 NJKB2-200 动断触点断开，接触器 KM 线圈电路断电，接触器 KM 三个主触点同时断开，电动机断电停转，机械设备停止工作。

过负荷报警信号控制开关 SA 在合位时，保护器 NJKB2-200 内部的动合触点闭合。

电源 L1→控制回路熔断器 FU1→1 号线→控制开关 SA0 在合位→15 号线→闭合的保护器 NJKB2-200 内部的动合触点→17 号线→信号电铃 HA 线圈→02 号线→电源 N 极。信号电铃 HA 线圈得电，铃响发出电动机过负荷停机信号。断开控制开关 SA0，电铃 HA 断电铃响终止。

第八章

# 采用 HHD2 电动机保护器的电动机控制电路

电动机保护器的型号非常多，本章介绍的 HHD2 系列电动机保护器采用电流检测技术供电和取样，输出接口采用交流固态继电器，结构简单、动作可靠、这种保护器适用于交流 50Hz，额定工作电压 380V 或 220V 的电路中与交流接触器等开关电器组成电动机的控制电路，当电动机的主电路出现断相、过负荷非正常状态时，及时断开开关电器触头，分断电动机的三相电源，快速可靠的保护电动机。

## 例 191 采用电动机保护器没有信号灯按钮操作的 380V 控制电路

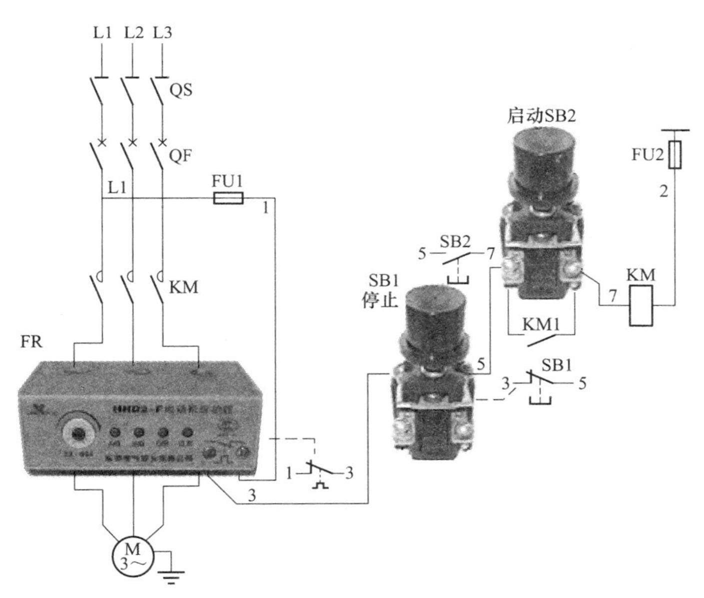


图 199 采用电动机保护器没有信号灯按钮操作的 380V 控制电路

**1. 回路送电操作顺序**

（1）合上主回路中的隔离开关 QS；

（2）合上主回路中的断路器 QF；

（3）合上控制回路中的熔断器 FU1、FU2。

**2. 电动机的启动**

按下启动按钮 SB2，电源 L1 相→控制回路熔断器 FU1→1 号线→电动机保护器 FR 动断触点→3 号线→停止按钮 SB1 动断触点→5 号线→启动按钮 SB2 动合触点（按下时闭合）→7 号线→接触器 KM 线圈→2 号线→控制回路熔断器 FU2→2 号线→电源 L3 相。

接触器KM线圈得电动作，动合触点，KM闭合自保。主电路中的接触器KM三个主触点同时闭合，电动机M绕组获得三相380V交流电源，电动机运转驱动机械设备工作。

**3. 停机**

按下停止按钮SB1，动断触点SB1断开，切断接触器KM线圈电路，接触器KM线圈断电释放，三个主触点同时断开，电动机M绕组脱离三相380V交流电源，停止转动，机械设备停止工作。

**4. 电动机保护动作停机**

当电动机主回路出现断线、断相、电动机的工作电流达到设定值的1.2倍以上时，交流固态继电器动作，其动断触点断开，切断电动机接触器的控制电路，接触器KM线圈断电释放，三个主触点同时断开，电动机M绕组脱离三相380V交流电源，停止转动，机械设备停止工作。

## 例192 采用电动机保护器有电源信号灯按钮操作的380V控制电路

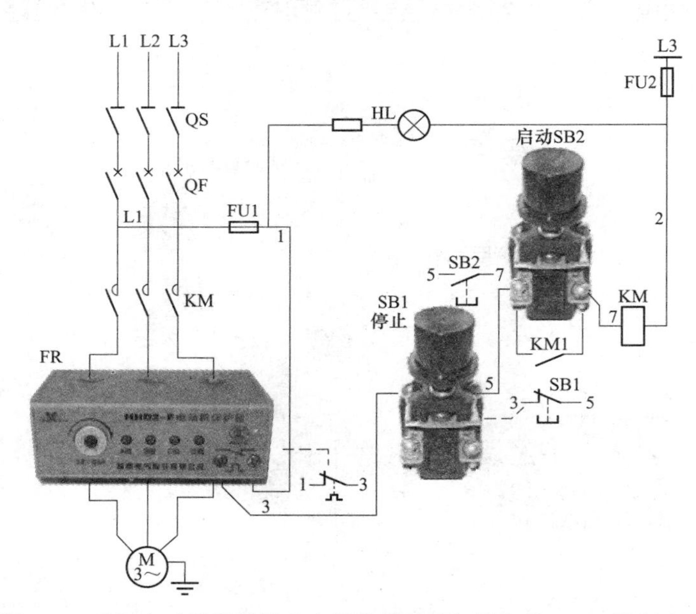


图200 采用电动机保护器有电源信号灯按钮操作的380V控制电路

**1. 回路送电操作顺序**

（1）合上主回路中的隔离开关QS；

（2）合上主回路中的断路器QF；

（3）合上控制回路中的熔断器FU1、FU2。

电源L1相→控制回路熔断器FU1→1号线→信号灯HL→2号线→控制回路熔断器FU2→电源L3相。信号灯HL得电灯亮，表示电动机处于随时可启停的状态。

**2. 电动机的启动**

按下启动按钮SB2，电源L1相→控制回路熔断器FU1→1号线→电动机保护器FR动断触点→3号线→停止按钮SB1动断触点→5号线→启动按钮SB2动合触点（按下时闭合)→7 号线→接触器 KM 线圈→2 号线→控制回路熔断器 FU2→2 号线→电源 L3 相。

接触器 KM 线圈得电动作，动合触点 KM 闭合自保。主电路中的接触器 KM 三个主触点同时闭合，电动机 M 绕组获得三相 380V 交流电源，电动机运转驱动机械设备工作。

**3. 停机**

按下停止按钮 SB1，动断触点 SB1 断开，切断接触器 KM 线圈电路，接触器 KM 线圈断电释放，三个主触点同时断开，电动机 M 绕组脱离三相 380V 交流电源，停止转动，机械设备停止工作。

**4. 电动机保护动作停机**

当电动机主回路出现断线、断相、电动机的工作电流达到设定值的 1.2 倍以上时，交流固态继电器动作，其动断触点断开，切断电动机接触器的控制电路，接触器 KM 线圈断电释放，三个主触点同时断开，电动机 M 绕组脱离三相 380V 交流电源，停止转动，机械设备停止工作。

## 例 193 采用电动机保护器有信号灯按钮操作的 380V 控制电路

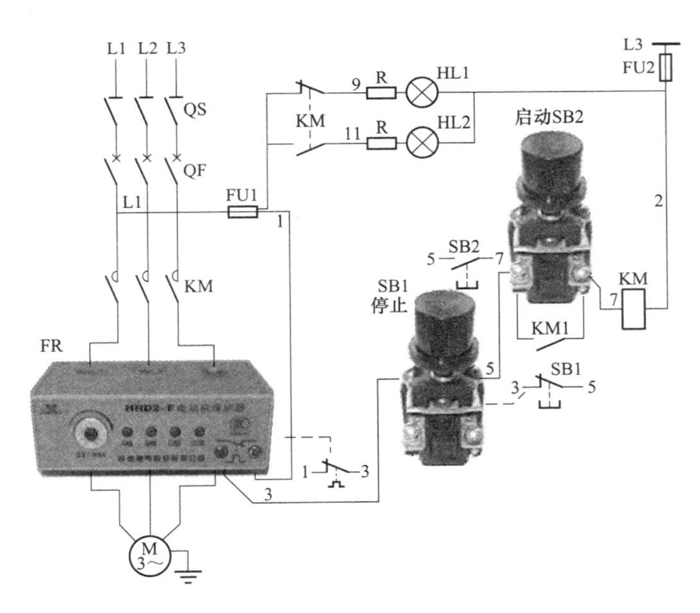


图 201 采用电动机保护器有信号灯按钮操作的 380V 控制电路

**1. 回路送电操作顺序**

(1) 合上主回路中的隔离开关 QS；

(2) 合上主回路中的断路器 QF；

(3) 合上控制回路中的熔断器 FU1、FU2。

电源 L1 相→控制回路熔断器 FU1→1 号线→接触器 KM 动断触点→9 号线→信号灯 HL1→2 号线→控制回路熔断器 FU2→电源 L3 相。信号灯 HL1 得电灯亮，表示电动机处于随时可启停的状态。

**2. 电动机的启停操作**

按下启动按钮 SB2，电源 L1 相→控制回路熔断器 FU1→1 号线→电动机保护器 FR 动断触点→3 号线→停止按钮 SB1 动断触点→5 号线→启动按钮 SB2 动合触点（按下时闭合）→7 号线→接触器 KM 线圈→2 号线→控制回路熔断器 FU2→2 号线→电源 L3 相。接触器 KM 线圈得电动作，接触器 KM 动合触点闭合自保。

主电路中的接触器 KM 三个主触点同时闭合，电动机 M 绕组获得三相 380V 交流电源，电动机运转驱动机械设备工作。

接触器 KM 动合触点闭合。电源 L1 相→控制回路熔断器 FU1→1 号线→接触器 KM 动合触点→11 号线→信号灯 HL2→2 号线→控制回路熔断器 FU2→电源 L3 相。信号灯 HL2 得电灯亮，表示电动机处于运转的工作状态。

**3. 停机**

按下停止按钮 SB1，动断触点 SB1 断开，切断接触器 KM 线圈电路，接触器 KM 线圈断电释放，三个主触点同时断开，电动机 M 绕组脱离三相 380V 交流电源，停止转动，机械设备停止工作。

**4. 电动机保护动作停机**

当电动机主回路出现断线、断相、电动机的工作电流达到设定值的 1.2 倍以上时，交流固态继电器动作，其动断触点断开，切断电动机接触器的控制电路，接触器 KM 线圈断电释放，三个主触点同时断开，电动机 M 绕组脱离三相 380V 交流电源，停止转动，机械设备停止工作。

## 例 194 采用电动机保护器有电源信号按钮操作的 220V 控制电路

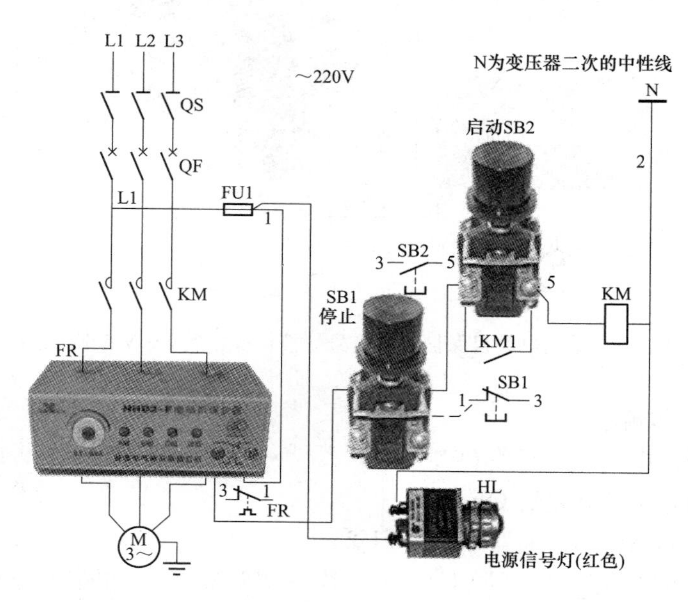


图 202 采用电动机保护器有电源信号按钮操作的 220V 控制电路

**1. 回路送电操作顺序**

(1) 合上主回路中的隔离开关 QS;

(2) 合上主回路中的断路器 QF;

(3) 合上控制回路中的熔断器 FU。电源 L1 相→控制回路熔断器 FU→1 号线→信号灯 HL→2 号→电源 N 极。信号灯 HL 得电灯亮，表示电动机处于随时可启停的状态。

**2. 电动机的启停操作**

按下启动按钮 SB2，电源 L1 相→控制回路熔断器 FU1→1 号线→电动机保护器 FR 动断触点→3 号线→停止按钮 SB1 动断触点→5 号线→启动按钮 SB2 动合触点（按下时闭合）→7 号线→接触器 KM 线圈→2 号线→电源 N 极。接触器 KM 线圈得电动作，接触器 KM 动合触点闭合自保。

主电路中的接触器 KM 三个主触点同时闭合，电动机 M 绕组获得三相 380V 交流电源，电动机运转驱动机械设备工作。

**3. 停机**

按下停止按钮 SB1，动断触点 SB1 断开，切断接触器 KM 线圈电路，接触器 KM 线圈断电释放，三个主触点同时断开，电动机 M 绕组脱离三相 380V 交流电源，停止转动，机械设备停止工作。

**4. 电动机保护动作停机**

当电动机主回路出现断线、断相、电动机的工作电流达到设定值的 1.2 倍以上时，交流固态继电器动作，其动断触点断开，切断电动机接触器的控制电路，接触器 KM 线圈断电释放，三个主触点同时断开，电动机 M 绕组脱离三相 380V 交流电源，停止转动，机械设备停止工作。

## 例 195 采用电动机保护器先发出启动信号延时自启动 220V 控制电路

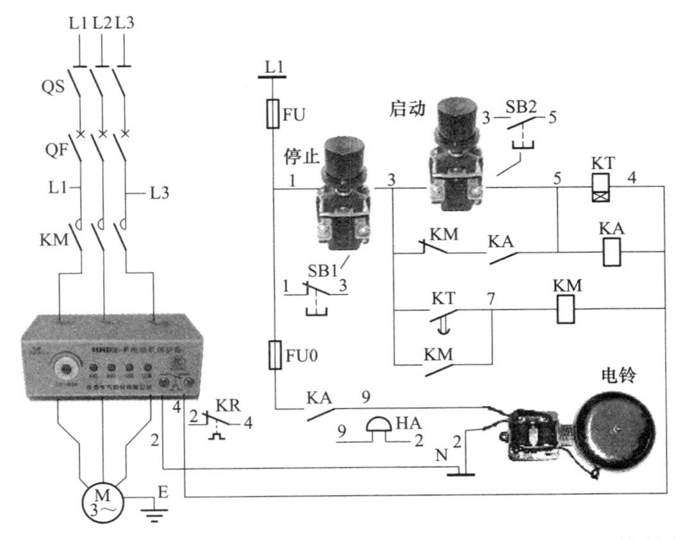


图 203 采用电动机保护器先发出启动信号延时自启动 220V 控制电路

注：熔断器 FUO 熔体（熔丝）额定电流选择 1A 的。

**1. 回路送电操作顺序**

(1) 合上主回路中的隔离开关 QS;

(2) 合上主回路中的断路器 QF;

(3) 合上控制回路中的熔断器 FU。电动机处于随时可启停的状态。

**2. 电动机的启动**

按下启动按钮 SB2，电源 L1 相→控制回路熔断器 FU→1 号线→停止按钮 SB1 动断触点→3 号线→启动按钮 SB2 动合触点（按下时闭合)→5 号线→分两路：

(1) 时间继电器 KT 线圈→4 号线→电动机保护器 FR 动断触点→2 号线→电源 N 极。时间继电器 KT 线圈得电动作，开始计时。

(2) 中间继电器 KA 线圈→4 号线→电动机保护器 FR 动断触点→2 号线→电源 N 极。中间继电器 KA 线圈得电动作，动合触点 KA 闭合自保。同时将中间继电器 KA 和时间继电器 KT 维持在工作状态。中间继电器 KA 的动合触点 KA 闭合→9 号线→电铃 HA 得电，铃响发出电动机即将启动预告信号。

时间继电器 KT 计时 60s 时间到，延时闭合的动合触点 KT 闭合。

电源 L1 相→控制回路熔断器 FU→1 号线→停止按钮 SB1 动断触点→3 号线→KT 延时闭合的动合触点→7 号线→接触器 KM 线圈→4 号线→电动机保护器 FR 动断触点→2 号线→电源 N 极。接触器 KM 线圈得电动作，接触器 KM 动合触点闭合自保。主电路中的接触器 KM 三个主触点同时闭合，电动机 M 绕组获得三相 380V 交流电源，电动机运转驱动机械设备工作。

**3. 启动预告信号终结时间继电器 KT、中间继电器 KA 同时退出**

接触器 KM 的动作吸合，启动按钮 SB2 下面的动断触点 KM 断开，同时切断时间继电器 KT、中间继电器 KA 线圈控制电路，KT 和 KA 同时退出工作状态。KT 和 KA 的动合触点断开，将时间继电器 KT、中间继电器 KA 线圈电路隔离，时间继电器 KT 延时动合触点断开，通过下面闭合的接触器 KM 动合触点，维持接触器 KM 的工作状态。

**4. 停机**

按下停止按钮 SB1，动断触点 SB1 断开，切断接触器 KM 线圈电路，接触器 KM 线圈断电释放，三个主触点同时断开，电动机 M 绕组脱离三相 380V 交流电源，停止转动，机械设备停止工作。

**5. 电动机保护动作停机**

当电动机主回路出现断线、断相、电动机的工作电流达到设定值的 1.2 倍以上时，交流固态继电器动作，其动断触点断开，切断电动机接触器的控制电路，接触器 KM 线圈断电释放，三个主触点同时断开，电动机 M 绕组脱离三相 380V 交流电源，停止转动，机械设备停止工作。

## 例 196 采用电动机保护器没有信号灯单电流表按钮操作的 380V 控制电路

**1. 回路送电操作顺序**

(1) 合上主回路中的隔离开关 QS;

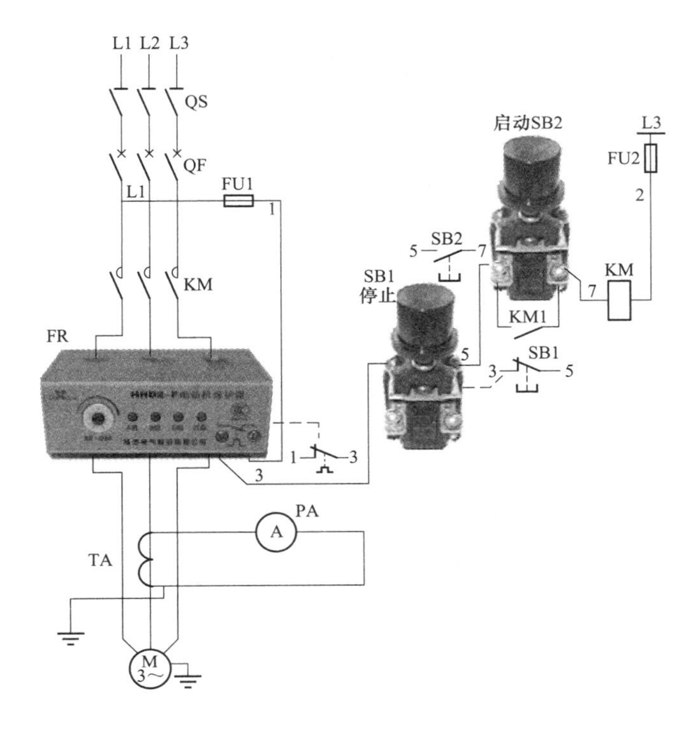


图 204 采用电动机保护器没有信号灯按钮操作的 380V 控制电路

（2）合上主回路中的断路器 QF；

（3）合上控制回路中的熔断器 FU1、FU2。

**2. 电动机的启动**

按下启动按钮 SB2，电源 L1 相→控制回路熔断器 FU1→1 号线→电动机保护器 FR 动断触点→3 号线→停止按钮 SB1 动断触点→5 号线→启动按钮 SB2 动合触点（按下时闭合）→7 号线→接触器 KM 线圈→2 号线→控制回路熔断器 FU2→2 号线→电源 L3 相。接触器 KM 线圈得电动作，接触器 KM 动合触点闭合自保。

主电路中的接触器 KM 三个主触点同时闭合，电动机 M 绕组获得三相 380V 交流电源，电动机运转驱动机械设备工作。

**3. 停机**

按下停止按钮 SB1，动断触点 SB1 断开，切断接触器 KM 线圈电路，接触器 KM 线圈断电释放，三个主触点同时断开，电动机 M 绕组脱离三相 380V 交流电源，停止转动，机械设备停止工作。

**4. 电动机保护器动作停机**

当电动机主回路出现断线、断相、电动机的工作电流达到设定值的 1.2 倍以上时，交流固态继电器动作，其动断触点断开，切断电动机接触器的控制电路，接触器 KM 线圈断电释放，三个主触点同时断开，电动机 M 绕组脱离三相 380V 交流电源，停止转动，机械设备停止工作。

## 例197 有启动预告信号的采用电动机保护器有信号灯按钮操作的380V控制电路

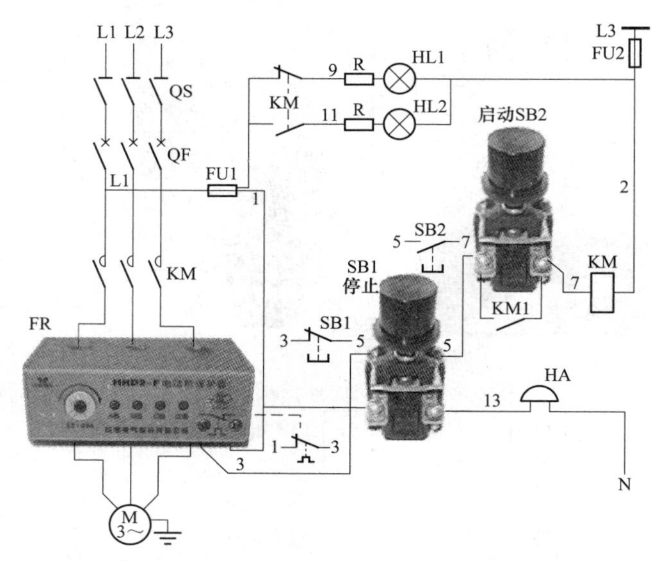


图205 有启动预告信号的采用电动机保护器有信号灯按钮操作的380V控制电路

**1. 回路送电操作顺序**

（1）合上主回路中的隔离开关QS；

（2）合上主回路中的断路器QF；

（3）合上控制回路中的熔断器FU1、FU2。

电源L1相→控制回路熔断器FU1→1号线→接触器KM动断触点→9号线→信号灯HL1→2号线→控制回路熔断器FU2→电源L3相。信号灯HL1得电灯亮，表示电动机处于随时可启停的状态。

**2. 电动机启动前的通知信号**

按下停止按钮SB1（按到SB1动合触点接通）。电源L1相→控制回路熔断器FU1→1号线→停止按钮SB1动合触点闭合状态→13号线→启动预告电铃HA线圈→电源N极。预告电铃HA线圈得电，铃响发出预告信号。手离开停止按钮SB1动合触点断开，电铃HA线圈断电，铃响停止。

**3. 电动机的启动**

按下启动按钮SB2，电源L1相→控制回路熔断器FU1→1号线→电动机保护器FR动断触点→3号线→停止按钮SB1动断触点→5号线→启动按钮SB2动合触点（按下时闭合）→7号线→接触器KM线圈→2号线→控制回路熔断器FU2→2号线→电源L3相。接触器KM线圈得电动作，接触器KM动合触点闭合自保。

主电路中的接触器KM三个主触点同时闭合，电动机M绕组获得三相380V交流电源，电动机运转驱动机械设备工作。

**4. 停机**

按下停止按钮SB1，动断触点SB1断开，切断接触器KM线圈电路，接触器KM线圈断电释放，三个主触点同时断开，电动机 M 绕组脱离三相 380V 交流电源，停止转动，机械设备停止工作。

**5. 电动机保护动作停机**

当电动机主回路出现断线、断相、电动机的工作电流达到设定值的 1.2 倍以上时，交流固态继电器动作，其动断触点断开，切断电动机接触器的控制电路，接触器 KM 线圈断电释放，三个主触点同时断开，电动机 M 绕组脱离三相 380V 交流电源，停止转动，机械设备停止工作。

## 例 198 采用电动机保护器的保护的电动机额定功率 90kW 以上的 380V 控制电路

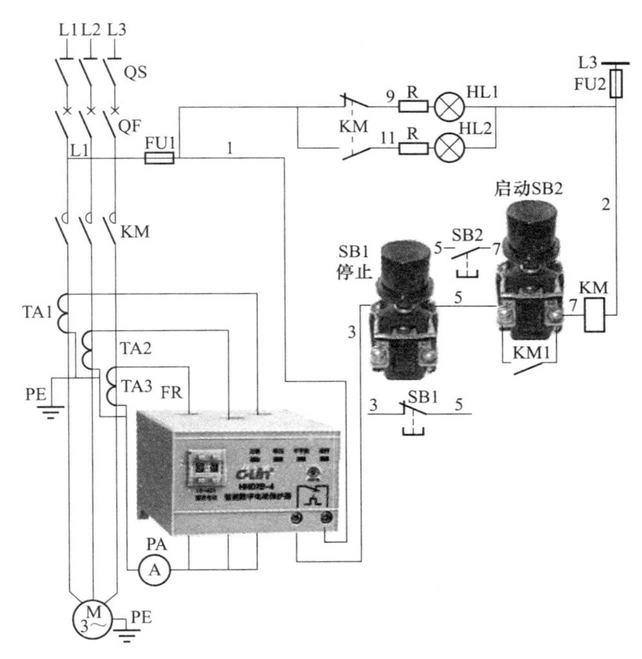


图 206 采用电动机保护器的保护的电动机额定功率 90kW 以上的 380V 控制电路

**1. 回路送电操作顺序**

(1) 合上主回路中的隔离开关 QS；

(2) 合上主回路中的断路器 QF；

(3) 合上控制回路中的熔断器 FU1、FU2；

电源 L1 相→控制回路熔断器 FU1→1 号线→接触器 KM 动断触点→9 号线→信号灯 HL1→2 号线→控制回路熔断器 FU2→电源 L3 相。信号灯 HL1 得电灯亮，表示电动机处于随时可启停的状态。

**2. 电动机的启动**

按下启动按钮 SB2，电源 L1 相→控制回路熔断器 FU1→1 号线→电动机保护器 FR 动断触点→3 号线→停止按钮 SB1 动断触点→5 号线→启动按钮 SB2 动合触点（按下时闭合)→7 号线→接触器 KM 线圈→2 号线→控制回路熔断器 FU2→2 号线→电源 L3 相。接触器 KM 线圈得电动作，接触器 KM 动合触点闭合自保。

主电路中的接触器 KM 三个主触点同时闭合，电动机 M 绕组获得三相 380V 交流电源，电动机运转驱动机械设备工作。

接触器 KM 动合触点闭合，电源 L1 相→控制回路熔断器 FU1→1 号线→接触器 KM 动合触点→11 号线→信号灯 HL2→2 号线→控制回路熔断器 FU2→电源 L3 相。信号灯 HL2 得电灯亮，表示电动机处于运转工作的状态。

**3. 停机**

按下停止按钮 SB1，动断触点 SB1 断开，切断接触器 KM 线圈电路，接触器 KM 线圈断电释放，三个主触点同时断开，电动机 M 绕组脱离三相 380V 交流电源，停止转动，机械设备停止工作。

**4. 电动机保护动作停机**

当电动机主回路出现断线、断相、电动机的工作电流达到设定值的 1.2 倍以上时，交流固态继电器动作，其动断触点断开，切断电动机接触器的控制电路，接触器 KM 线圈断电释放，三个主触点同时断开，电动机 M 绕组脱离三相 380V 交流电源，停止转动，机械设备停止工作。

## 例 199 有压力控制保护的、采用电动机保护器、有启停按钮操作的 380V 控制电路

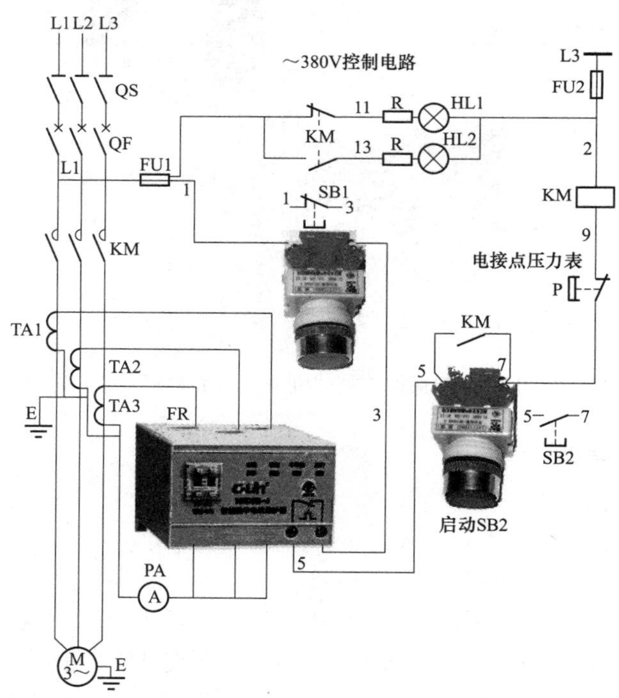


图 207 有压力控制的、采用电动机保护器、有启停按钮操作的 380V 控制电路（2）

注：安装在现场的控制按钮开关 SB1、SB2，红色的一侧是动断触点，绿色的是动合触点。

**1. 回路送电操作顺序**

（1）合上主回路中的隔离开关 QS；

（2）合上主回路中的断路器 QF；

(3) 合上控制回路中的熔断器FU。

电源L1相→控制回路熔断器FU1→1号线→接触器KM动断触点→11号线→信号灯HL1→2号线→控制回路熔断器FU2→电源L3相。信号灯HL1得电灯亮，表示电动机处于随时可启停的状态。

**2. 电动机的启动**

按下启动按钮SB2，电源L1相→控制回路熔断器FU1→1号线→停止按钮SB1动断触点→3号线→电动机保护器FR动断触点→5号线→启动按钮SB2动合触点（按下时闭合）→7号线→压力控制保护P接通的触点→9号线→接触器KM线圈→2号线→控制回路熔断器FU2→2号线→电源L3相。接触器KM线圈得电动作，接触器KM动合触点闭合自保。

主电路中的接触器KM三个主触点同时闭合，电动机M绕组获得三相380V交流电源，电动机运转驱动机械设备工作。

接触器KM动合触点闭合，电源L1相→控制回路熔断器FU1→1号线→接触器KM动合触点→11号线→信号灯HL1→2号线→控制回路熔断器FU2→电源L3相。信号灯HL2得电灯亮，表示电动机处于运转的状态。

**3. 停机**

按下停止按钮SB1，动断触点SB1断开，切断接触器KM线圈电路，接触器KM线圈断电释放，三个主触点同时断开，电动机M绕组脱离三相380V交流电源，停止转动，机械设备停止工作。

**4. 电动机保护动作停机**

当电动机主回路出现断线、断相、电动机的工作电流达到设定值的1.2倍以上时，交流固态继电器动作，其动断触点断开，切断电动机接触器的控制电路，接触器KM线圈断电释放，三个主触点同时断开，电动机M绕组脱离三相380V交流电源，停止转动，机械设备停止工作。

## 例200 有启动前通知信号、采用电动机保护器的保护的电动机额定功率90kW以上的220V控制电路

**1. 回路送电操作顺序**

(1) 合上主回路中的隔离开关QS；

(2) 合上主回路中的断路器QF；

(3) 合上控制回路中的熔断器FU。

电源L1相→控制回路熔断器FU→1号线→接触器KM动断触点→9号线→信号灯HL1→2号线→电源N极。信号灯HL1得电灯亮，表示电动机处于随时可启停的状态。

**2. 电动机启动前的通知信号**

按下停止按钮SB1（按到SB1动合触点接通）。电源L1相→控制回路熔断器FU→1号线→停止按钮SB1动合触点闭合状态→13号线→启动预告电铃HA线圈→电源N极。预告电铃HA线圈得电，铃响发出预告信号。手离开停止按钮SB1动合触点断开，电铃HA线圈断电，铃响停止。

**3. 电动机的启动**

按下启动按钮SB2，电源L1相→控制回路熔断器FU1→1号线→电动机保护器FR动

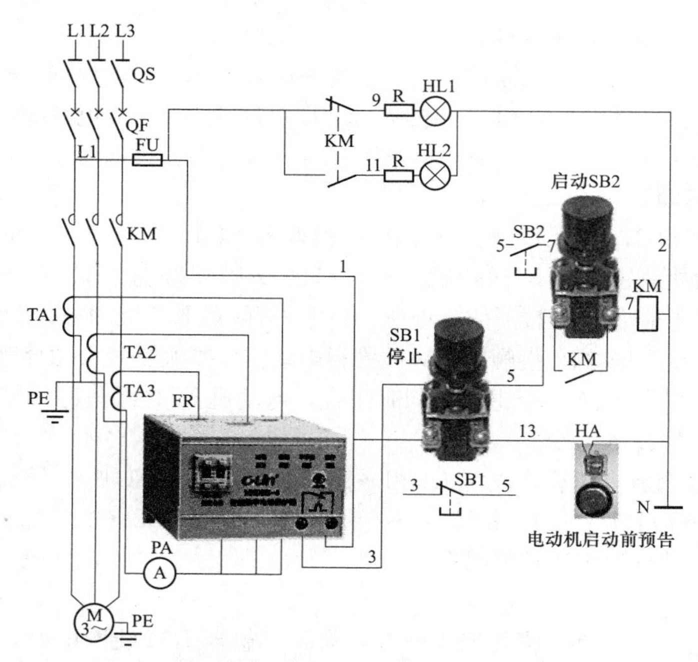


图 208　有启动前通知信号、采用电动机保护器的保护的电动机额定功率 90kW 以上的 220V 控制电路（3）

断触点→3 号线→停止按钮 SB1 动断触点→5 号线→启动按钮 SB2 动合触点（按下时闭合）→7 号线→接触器 KM 线圈→2 号线→电源 N 极。

接触器 KM 线圈得电动作，接触器 KM 动合触点闭合自保。主电路中的接触器 KM 三个主触点同时闭合，电动机 M 绕组获得三相 380V 交流电源，电动机运转驱动机械设备工作。

接触器 KM 动合触点闭合，电源 L1 相→控制回路熔断器 FU1→1 号线→接触器 KM 动合触点→11 号线→信号灯 HL1→2 号线→电源 N 极。信号灯 HL2 得电灯亮，表示电动机处于运转的状态。

**4. 停机**

按下停止按钮 SB1，动断触点 SB1 断开，切断接触器 KM 线圈电路，接触器 KM 线圈断电释放，三个主触点同时断开，电动机 M 绕组脱离三相 380V 交流电源，停止转动，机械设备停止工作。

**5. 电动机保护动作停机**

当电动机主回路出现断线、断相、电动机的工作电流达到设定值的 1.2 倍以上时，交流固态继电器动作，其动断触点断开，切断电动机接触器的控制电路，接触器 KM 线圈断电释放，三个主触点同时断开，电动机 M 绕组脱离三相 380V 交流电源，停止转动，机械设备停止工作。

# 采用 JD—8 系列电动机保护器的电动机控制电路

## 例 201 采用 JD—8 电动机保护器、双重联锁的电动机正反转 220V 控制电路

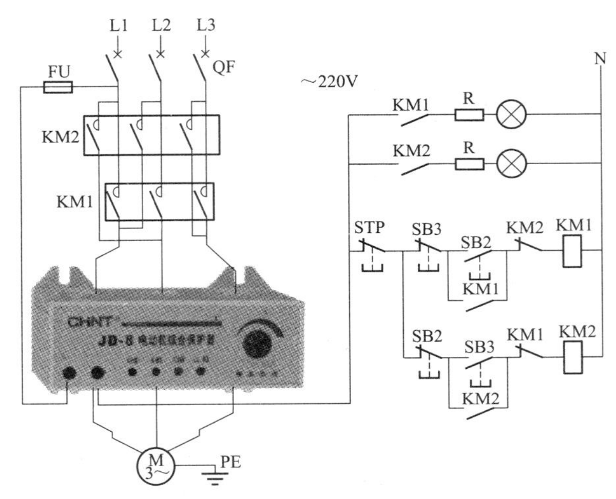


图 209 采用 JD—8 电动机保护器、双重联锁的电动机正反转 220V 控制电路

## 例 202 采用 JD—8 电动机保护器、按钮联锁的电动机正反转 220V 控制电路

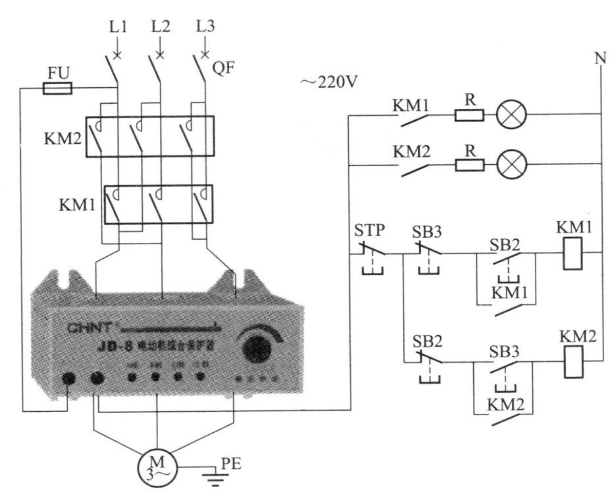


图 210 采用 JD—8 电动机保护器、按钮联锁的电动机正反转 220V 控制电路

## 例 203 采用 JD—8 电动机保护器、接触器触点联锁的电动机正反转 220V 控制电路

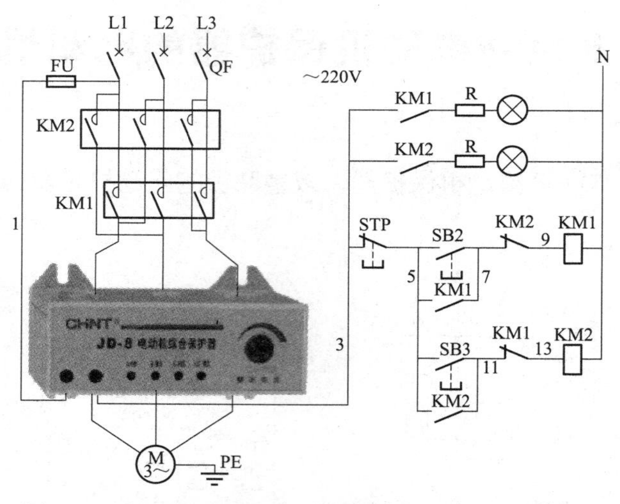


图 211 采用 JD—8 电动机保护器、接触器触点联锁的电动机正反转 220V 控制电路

## 例 204 采用 JD—8 电动机保护器、一启两停的电动机 220V 控制电路

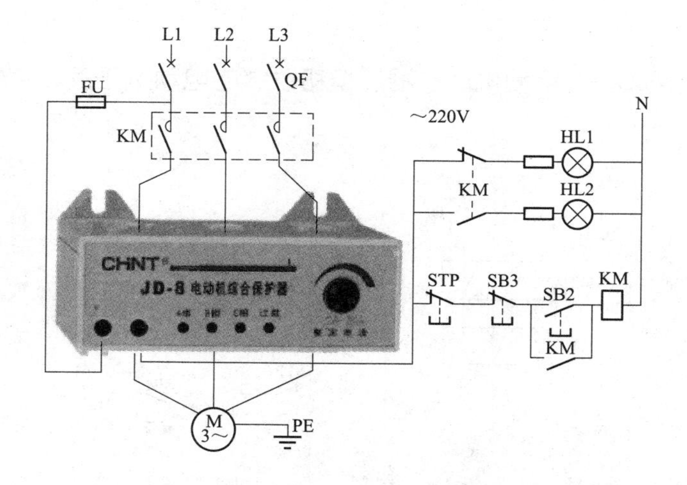


图 212 采用 JD—8 电动机保护器、一启两停的电动机 220V 控制电路

## 例 205 两启两停、按钮操作的电动机 220V 控制电路

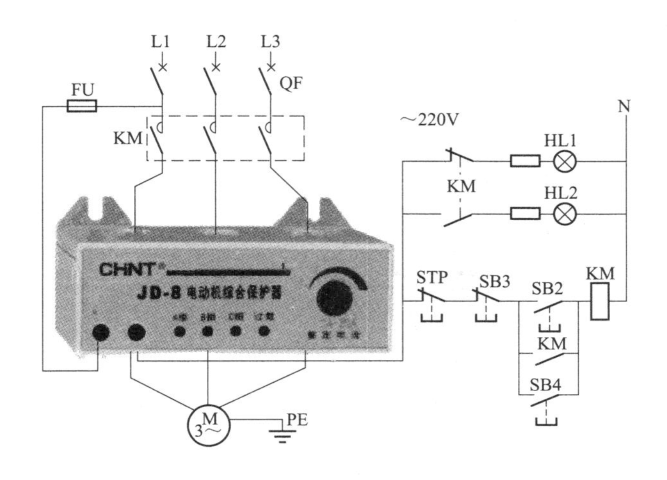


图 213 两启两停、按钮操作的电动机 220V 控制电路

## 例 206 两启一停、按钮操作的电动机 220V 控制电路

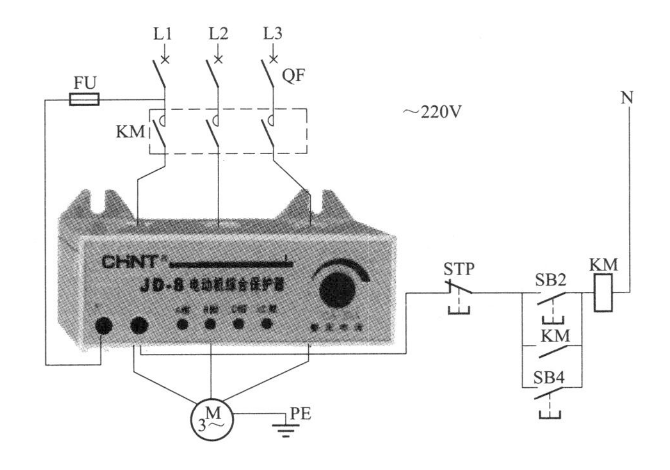


图 214 两启一停、按钮操作的
电动机 220V 控制电路

## 例 207 两启一停、有启停信号灯、按钮操作的电动机 380V 控制电路

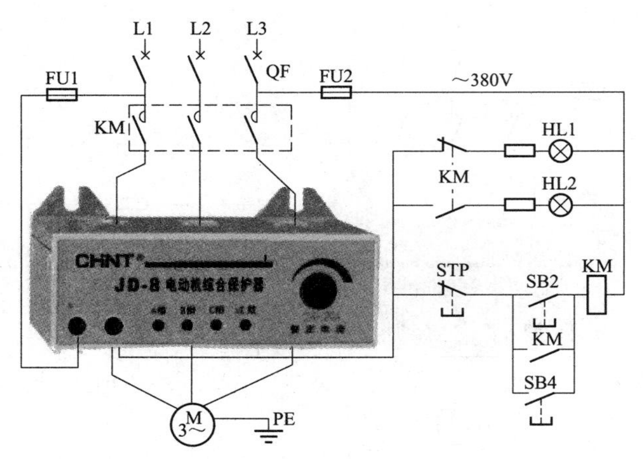


图 215 两启一停、有启停信号灯、按钮操作的电动机 380V 控制电路

## 例 208 采用 CDS11 电动机保护器、按钮操作的电动机 220V 控制电路

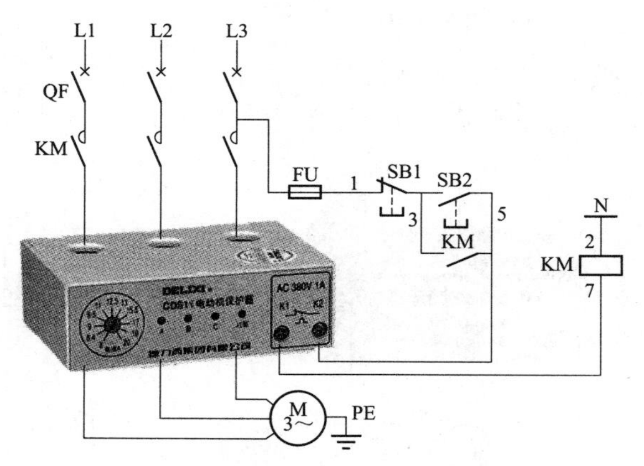


图 216 采用 CDS11 电动机保护器、按钮操作的电动机 220V 控制电路

## 例 209 采用CDS11电动机保护器、有启停信号、按钮启停的电动机220V控制电路（1）

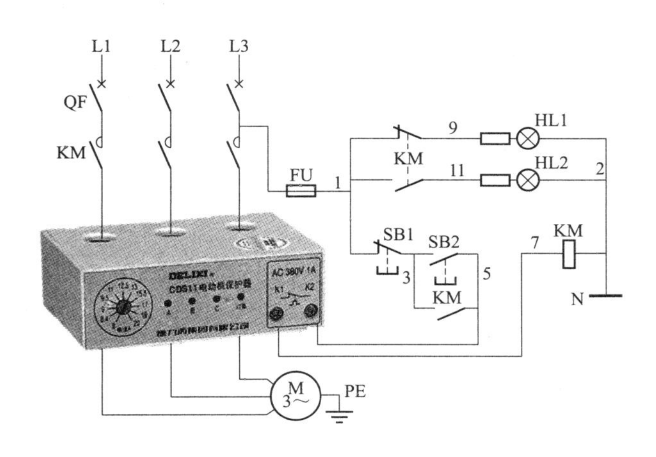


图 217 采用CDS11电动机保护器、有启停信号、按钮启停的电动机220V控制电路（1）

## 例 210 采用CDS11电动机保护器、有启停信号、一启两停的电动机220V控制电路(2)

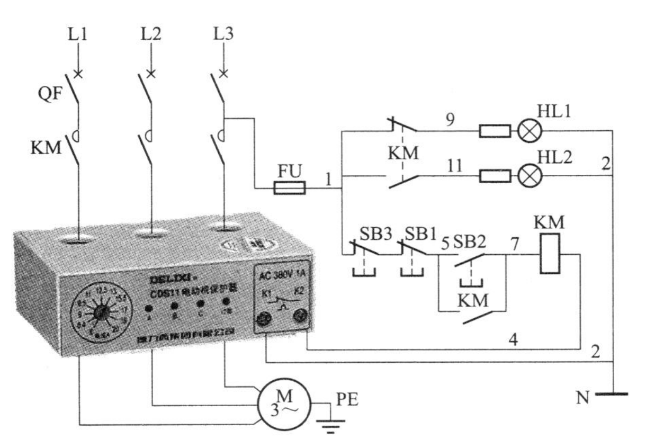


图 218 采用CDS11电动机保护器、有启停信号、一启两停的电动机220V控制电路（2）

## 例 211 采用 CDS11 电动机保护器、一启两停的电动机 380V 控制电路

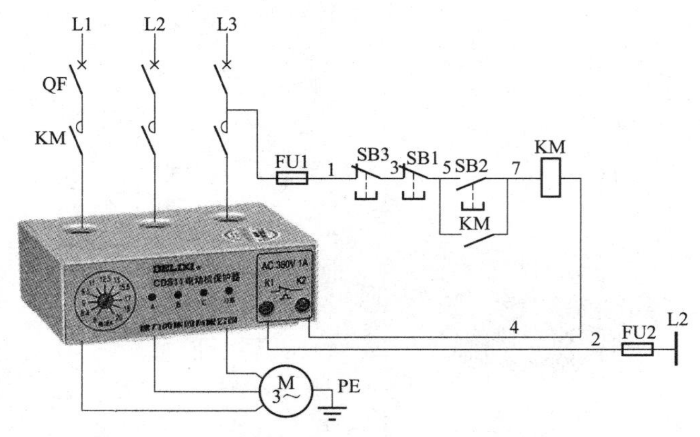


图 219 采用 CDS11 电动机保护器、一启两停的电动机 380V 控制电路

## 例 212 采用 CDS11 电动机保护器、单电流表、一启两停的电动机 380V 控制电路

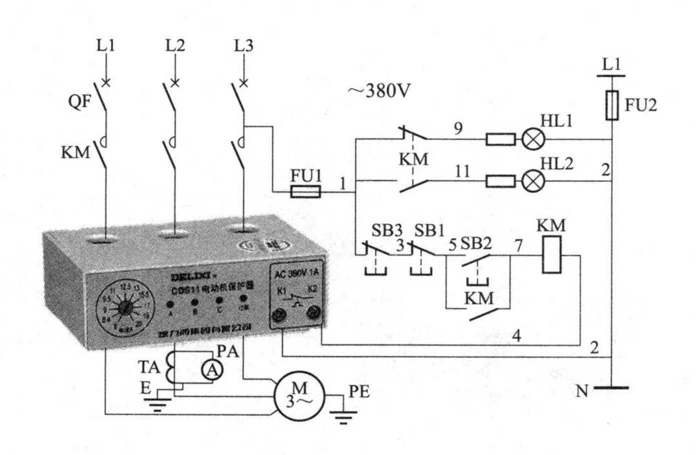


图 220 采用 CDS11 电动机保护器、单电流表、一启两停的电动机 380V 控制电路

## 例 213 采用 JD—8 电动机保护器、按钮启停的电动机 220V 控制电路

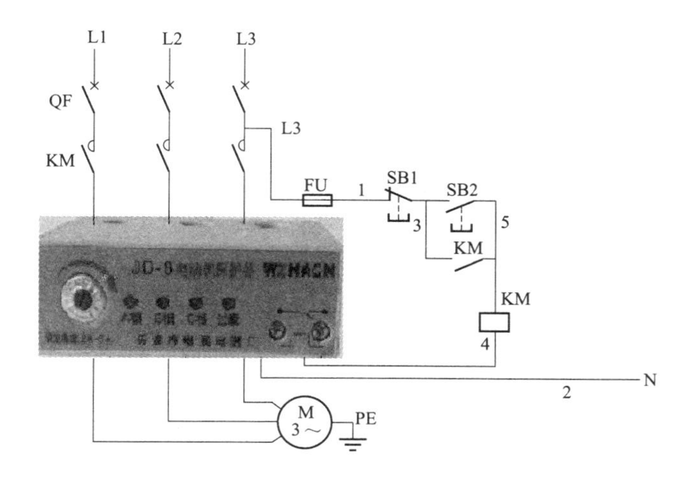


图 221 采用 JD—8 电动机保护器、按钮启停的电动机 220V 控制电路

## 例 214 采用 JD—5 电动机保护器、按钮启停的电动机 220V 控制电路

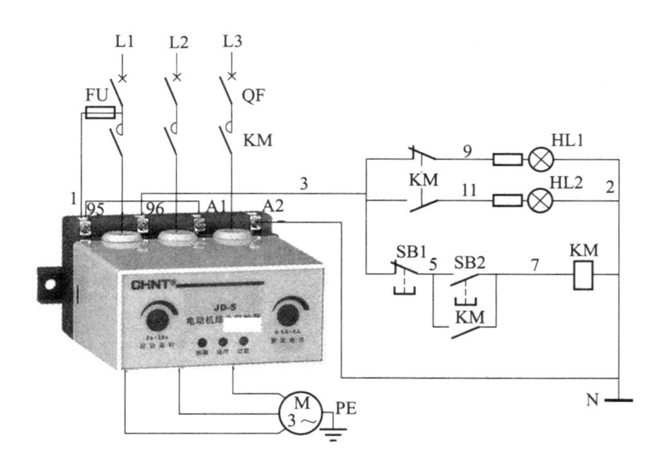


图 222 采用 JD—5 电动机保护器、按钮启停的电动机 220V 控制电路

## 例 215 采用 JD—5 电动机保护器、一启两停的电动机 220V 控制电路

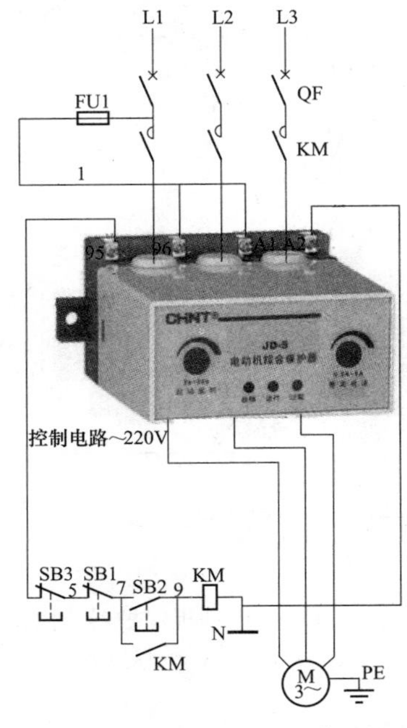


图 223　采用 JD—5 电动机保护器、一启两停的电动机 220V 控制电路

## 例 216 采用 JD—5 电动机保护器、有启停信号、一启两停的电动机 380V 控制电路

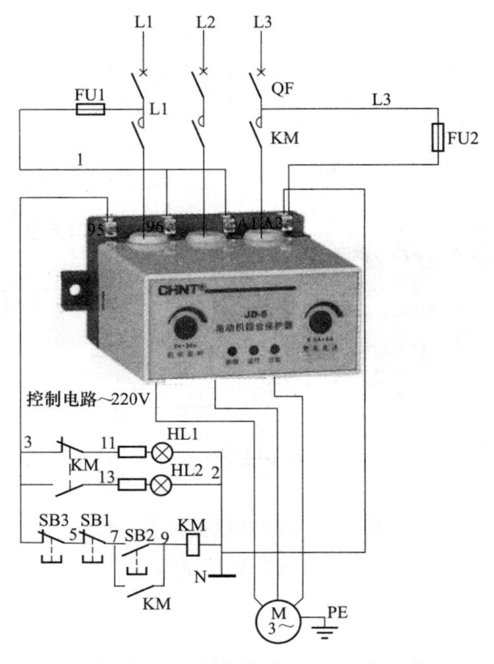


图 224　采用 JD—5 电动机保护器、有启停信号、一启两停的电动机 380V 控制电路

## 例 217 采用 JD—5 电动机保护器、无状态信号、按钮启停的电动机 220V 控制电路

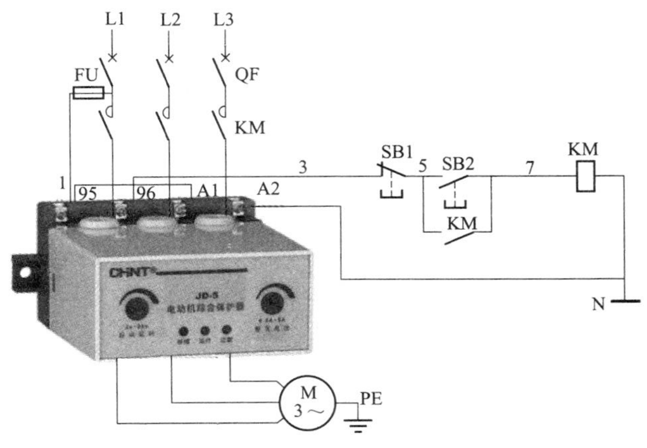


图 225 采用 JD—5 电动机保护器、无状态信号、按钮启停的电动机 220V 控制电路

## 例 218 采用 JD—5 电动机保护器、按钮启停的电动机 380V 控制电路

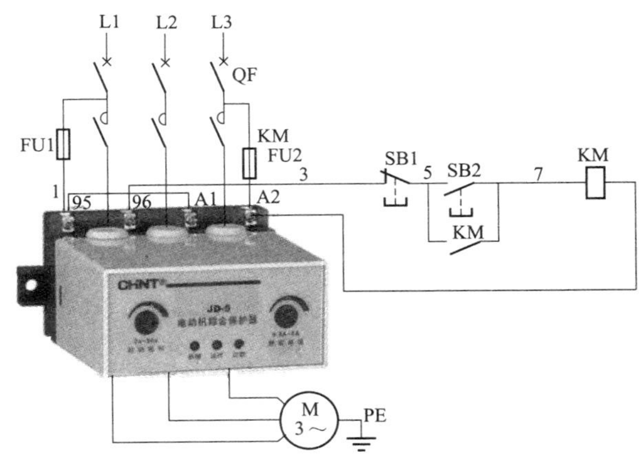


图 226 采用 JD—5 电动机保护器、按钮启停的电动机 380V 控制电路

## 例 219 采用 CDS11 电动机保护器、两启两停的电动机 380V 控制电路

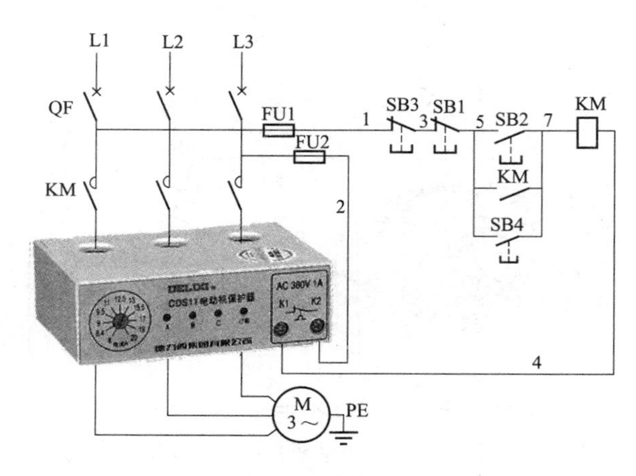


图 227 采用 CDS11 电动机保护器、两启两停的电动机 380V 控制电路

## 例 220 采用 CDS11 电动机保护器、有状态信号、一启两停的电动机 380V 控制电路

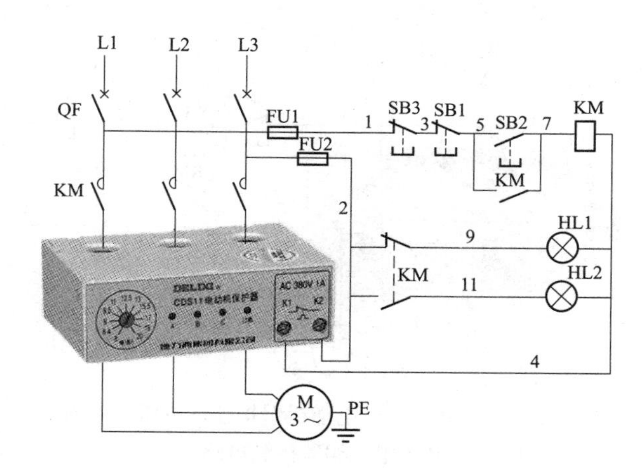


图 228 采用 CDS11 电动机保护器、有状态信号、一启两停的电动机 380V 控制电路

## 例 221 HHD2-F 电动机保护器与行程开关直接启停的电动机控制电路接线

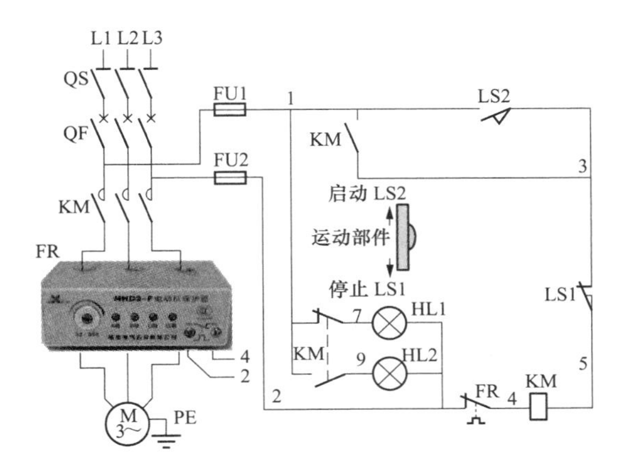


图 229 HHD2-F 电动机保护器与行程开关直接启停的电动机控制电路接线

## 例 222 CDS11 电动机保护器与延时停机的电动机控制电路

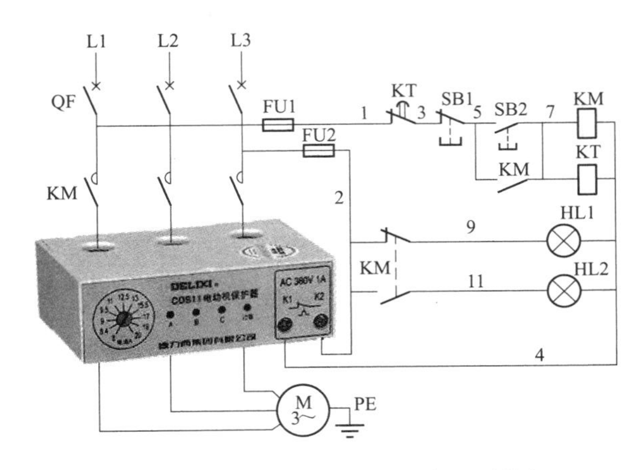


图 230 CDS11 电动机保护器与延时停机的电动机控制电路

## 例 223 采用 JD—5 电动机保护器、有电源信号灯、按钮启停的电动机 220V 控制电路

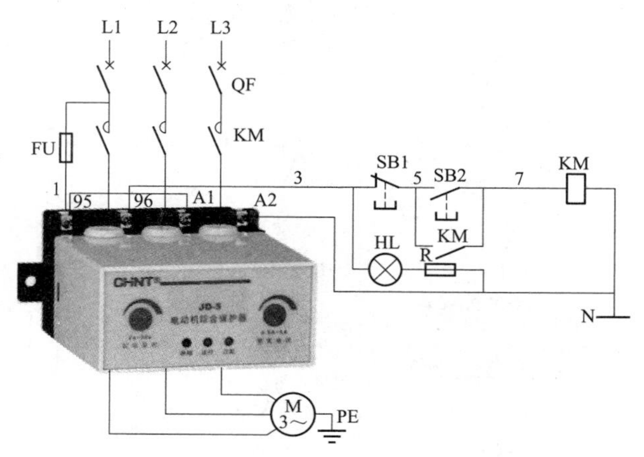


图 231　采用 JD—5 电动机保护器、有电源信号灯、按钮启停的电动机 220V 控制电路

## 例 224 采用 JD—5 电动机保护器、按钮启停、延时停机的电动机 380V 控制电路

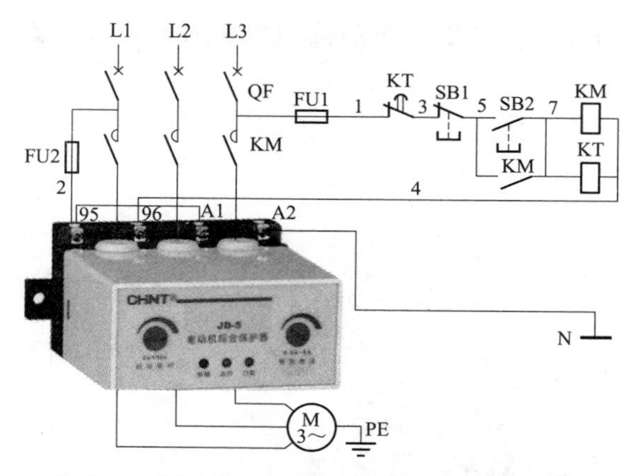


图 232　采用 JD—5 电动机保护器、按钮启停、延时停机的电动机 380V 控制电路

# 第十章

# 接触器实物与控制电路图

交流接触器属于一种有记忆功能的低压开关设备。它的主触点用来接通或断开各种用电设备的主电路。如用于电动机线路中，主触点闭合电动机通电运转，主触点断开，电动机断电停止运转，接触器的型号特多，外观不同，通过本章认识了解接触器的基本接线。

## 第一节　接触器在电路中零压保护

在电路中，通过采用接触器对用电设备进行控制能够实现零压保护（也称失压保护）。

生产机械在工作时，如果使用空气断路器 QF 直接控制电动机时，由于某种原因而发生电网系统突然停电，电动机停止运行，但空气断路器 QF 在合闸的位置，那么在电源电压恢复时，电动机便会自行启动运转，有时可能导致人身和设备事故，并引起电网过电流和瞬时电压下降。为了防止在此种情况下出现电动机自行启动而实施的保护叫作零电压保护。

常用的失压保护电器是接触器和以电压启动的各种继电器。当电网系统停电时，如接触器 KM 和中间继电器 KA 触点复位，切断主电路和控制电源。当电网恢复供电时，若不重新按下启动按钮，电动机就不会自行启动，实现了失压保护的作用。

当电网停电或波动时，接触器 KM 就会失压释放，生产设备因断电而停止运转，对于某些非常重要的生产设备是不能中断运行的，作为备用的生产设备，一旦电网恢复供电，通过接触器 KM、中间继电器 KA 和时间继电器 KT 等相互接线，构成备用的生产设备自启动的控制接线。当电网恢复供电时，不用重新按下启动按钮，电动机就会自行启动，满足生产需要。

接触器不仅能实现远距离自动操作和欠电压释放保护功能，而且具有控制容量大、工作可靠、操作频率高、使用寿命长等优点，因而得到广泛应用。

## 第二节　接触器的基本结构部件名称

### 一、MYC10（CJ10-100A）交流接触器

MYC10（CJ10-100A）交流接触器部件名称，如图 233 所示。它是由以下几个部分组成：

（1）电磁机构，由线圈、动铁芯（衔铁）和静铁芯组成，其作用是将电磁能转换成机械能，产生电磁吸力带动触点动作。

（2）触点系统，包括主触点和辅助触点。主触点用于通断主电路，通常分为三、四、五对常开触点。辅助触点用于控制电路，起电气联锁等作用，不同型号的接触器辅助触点的对

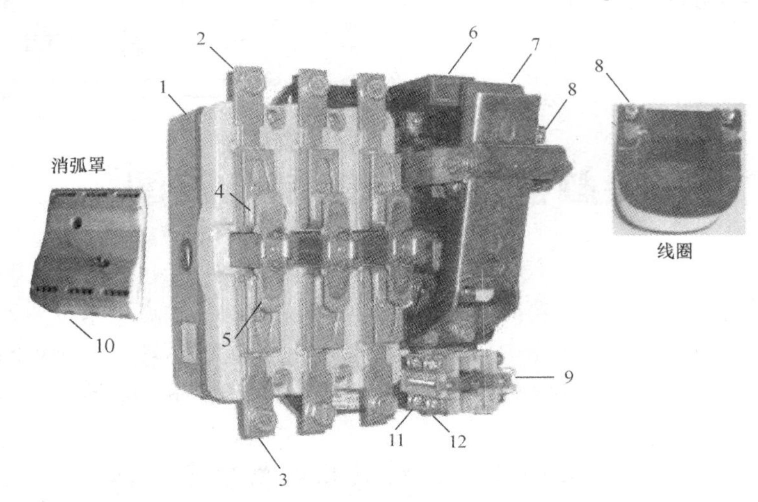


图 233　MYC10(CJ10-100A) 交流接触器部件名称

1—底座；2—电源端子；3—负荷端子；4—静触点；5—动触点；6—静铁芯；7—动铁芯；8—线圈；9—辅助开关；10—灭弧装置；11—动断触点；12—动合触点

数是不同的。CJ20-63接触器部件名称，如图234所示。辅助触点安装在接触器两侧，左侧一常开（动合）触点、一动断（常闭）触点；右侧也是一常开（动合）触点，一动断（常闭）触点。也有常开（动合）触点、常闭（动断）各三对的，如CJ24系列接触器如图238所示。

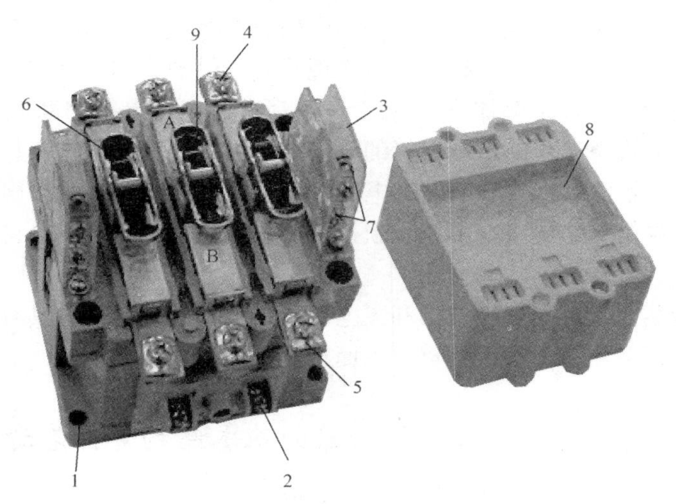


图 234　CJ20-63 交流接触器部件名称

1—固定孔；2—线圈接线端子；3—辅助开关；4—电源侧端子；5—负荷侧端子；6—主动触点；7—辅助开关触点；8—消弧罩；9—主动触点压力弹簧片

（3）灭弧装置，容量在10A以上的接触器都有灭弧装置，对于小容量的接触器，常采用双断口触点灭弧、电动力灭弧、相间弧板隔弧及陶土灭弧罩灭弧。对于大容量的接触器，采用纵缝灭弧罩及栅片灭弧。

（4）其他部件，包括反作用弹簧、缓冲弹簧、触点压力弹簧、传动机构及外壳等。

## 二、CJ20-63（额定工作电流63A）以上的交流接触器

将CJ20-63（额定工作电流63A）的交流接触器，将其消弧罩也称灭弧罩取下，能够看到的部件名称，如图234所示。

将CJ20-63（额定工作电流63A）交流接触器，其中某些部分进行分解，以便了解CJ20交流接触器的结构，如图235所示。

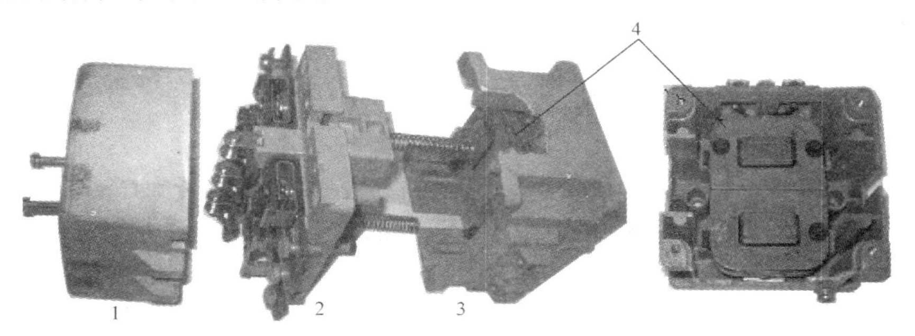


图235 CJ20-63（额定工作电流63A）交流接触器主要部件名称

1—灭弧装置；2—触点系统；3—电磁机构；4—线圈

## 三、LCl系列交流接触器

LCl系列交流接触器（以下简称接触器），如图236所示，主要用于交流50Hz或60Hz，交流电压380～660V（690V），在AC-3使用类别下工作电压为380V时，额定工作电流9～170A的电路中，供远距离接通和分断电路之用，并可与相应规格的热继电器组合成磁力起动器以保护可能发生过负荷的电路，接触器适宜于频繁地启动和控制交流电动机。

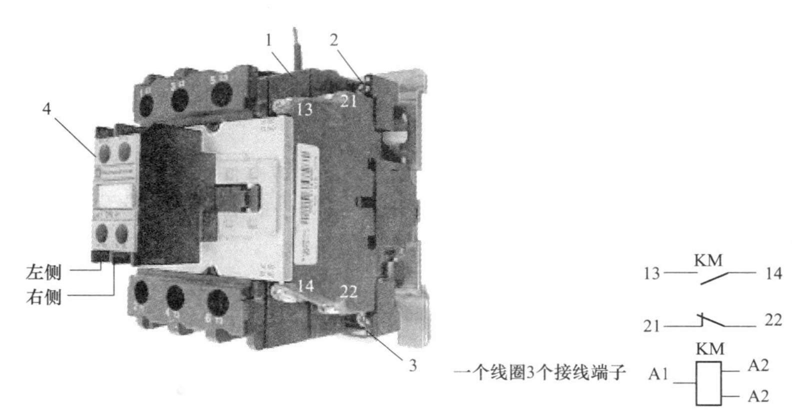


图236 LC1系列交流接触器

1—线圈A1接线端子；2—线圈A2接线端子；3—线圈A2接线端子；

4—辅助模块；左侧—动合触点；右侧—动断触点

13、14—动合触点；21、22—动断触点

## 四、CJ24系列交流接触器

CJ24系列交流接触器主要用于交流50Hz（派生后可用于60Hz）、额定电压为660V，

额定电流由 100～630A 的电力系统中供冶金、轧钢及起重机等电气设备作为远距离频繁地接通、分断电路和启动、停止、反向及反接制动电动机等之用。CJ24 系列三极式交流接触器的外形，如图 237 所示。CJ24 系列五极式交流接触器的外形，如图 238 所示。

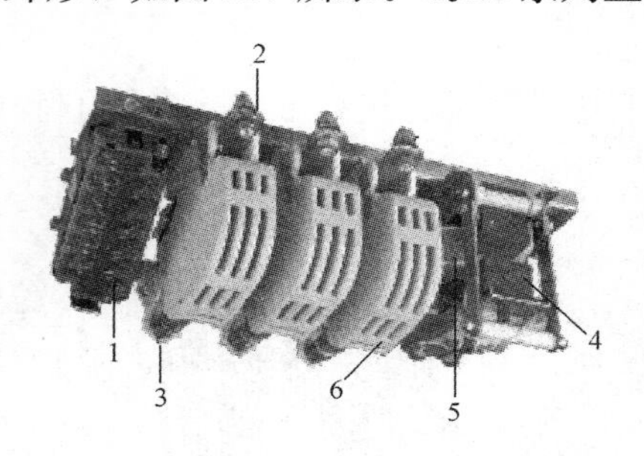


图 237　CJ24 系列三极式交流接触器的外形
1—辅助开关（触点）；2—电源侧接线端子；
3—负荷侧接线端子；4—接触器动铁芯；
5—线圈；6—消弧罩

图 238　CJ24 系列五极式交流接触器的外形
1—辅助开关（触点）；2—负荷侧接线端子；
3—接触器动铁芯；4—线圈；
5—消弧罩；6—软连片

## 第三节　接触器线圈触点在电路图中的标志

接触器线圈及触点在电路图中的标志内容如下：

### 一、线圈接线端子代号

线圈有两个接线端子，端子代号为 A1 和 A2，如图 239 所示。线圈有三个接线端子，端子代号分别为 A1、A2、A2，如图 240 所示。

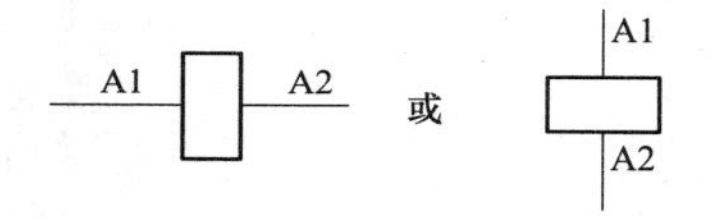


图 239　一个线圈两个接线端子

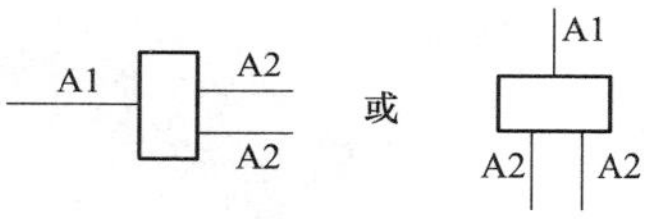

图 240　一个线圈三个接线端子

### 二、主电路接线端子代号

主电路接线端子代号采用一位数字来表示，三极（三相）的接触器主电路接线端子代号，如图 241 所示。四极（四相）的接触器主电路接线端子代号如图 242 所示。

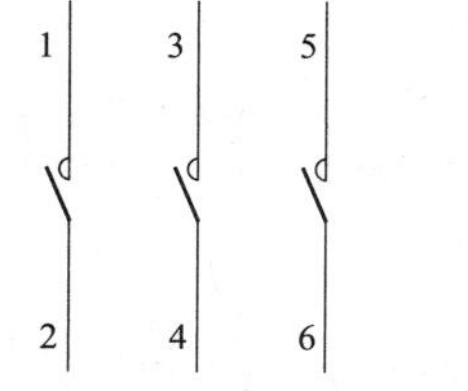


图 241　三极（三相）的接触器
主电路接线端子代号

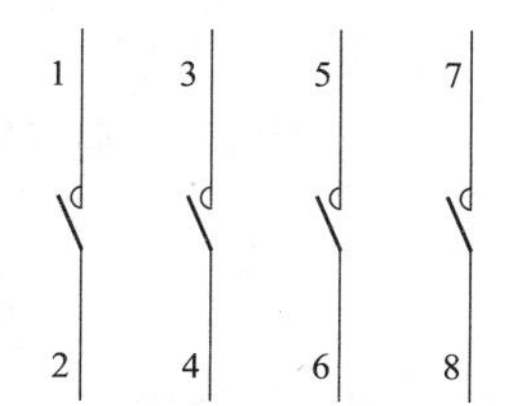


图 242　四极（四相）的接触器
主电路接线端子代号

## 三、辅助电路接线端子代号

辅助电路接线端子代号采用两位数字表示，名称如图 243 所示。

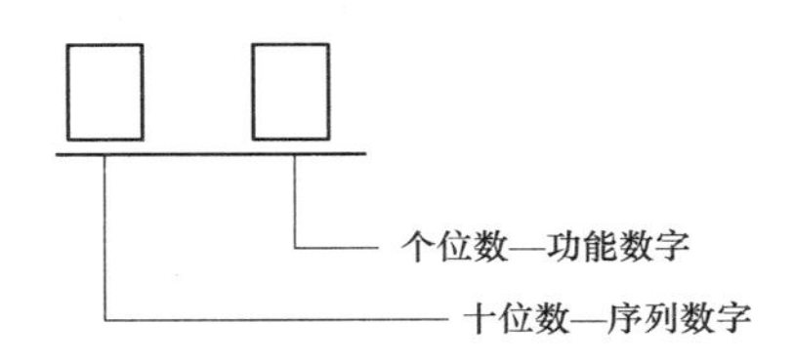


图 243 两位数字标志名称

功能数字 1、2 表示动断触点，如图 244（a）所示。3、4 表示动合触点，如图 244（b）所示。

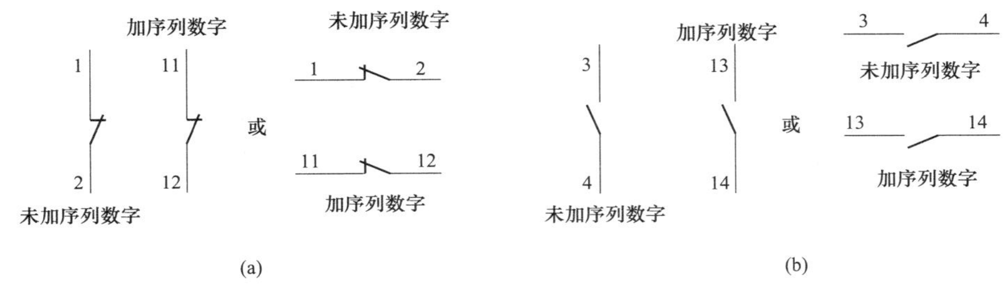


图 244 两位数字标志

（a）动断触点；（b）动合触点

注：功能数字 1、2 表示动断触头，如图 244（a）所示。3、4 表示动合触头，如图 244（b）所示。1、2、3、4 表示带转换触头的辅助电路中的接线端子代号；5、6 表示带特殊功能动断触头（如延时）的接线端子代号；7、8 表示带特殊功能常开触头（如延时）的接线端子代号；5、6、8 表示带有转换触头且转换触头具有特殊功能的接线端子代号。示例如图 254（a）所示。属同一触头的接线端子的序列数字相同；同一元件的所有触头具有不同的序列数字，示例如图 245（b）所示。辅助电路接线端子代号的编制，示例如图 245（c）所示。

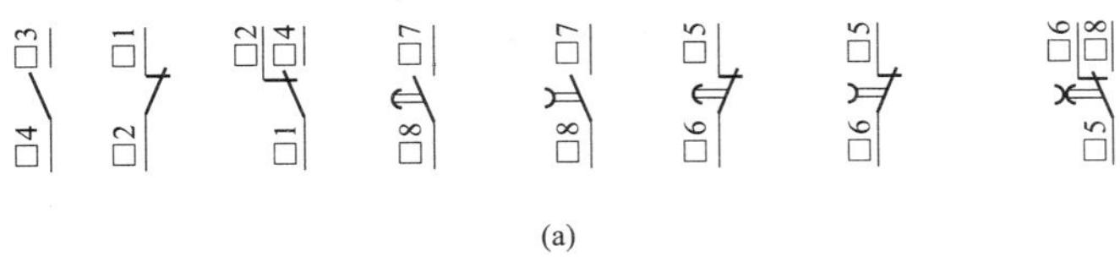


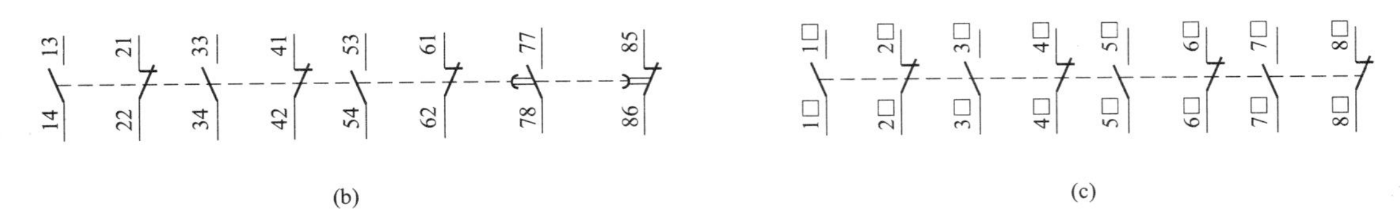


图 245 辅助触点的标志

（a）带有转换触头且转换触头具有特殊功能的接线端子代号；

（b）属同一触头的接线端子的序列数字相同，同一元件的所有触头具有不同的序列数字示例；

（c）辅助电路接线端子代号的编制示例

## 第四节　接触器的表面文字的含义

接触器表面上没有字母和数字标志，如图 233 所示的 MYC10（CJ10-100A）交流接触器。接触器表面上有字母和数字符号的如图 236、图 246、图 247 所示。

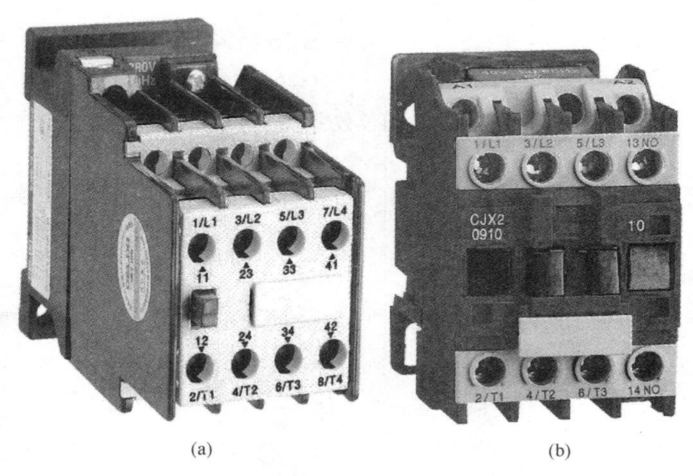


(a)　　　　(b)

图 246　接触器的表面上有字母和数字

接触器部件位置标注示意图，如图 247 所示。

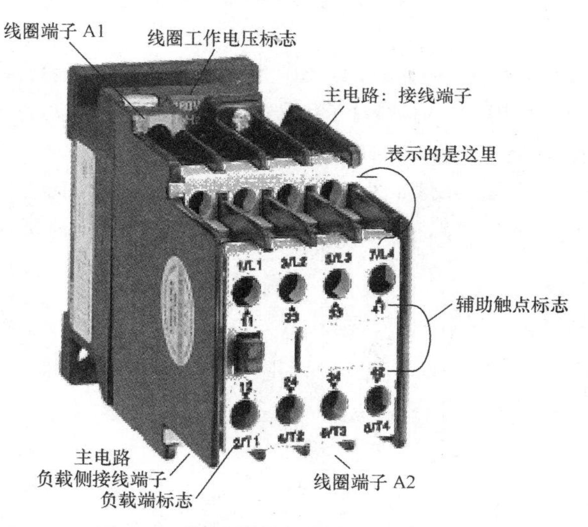


图 247　接触器部件位置标志示意图

**1. 图 246（a）所示的接触器表面上字母和数字含义**

（1）主电路电源侧端子标志：1/L1、3/L2、5/L3、7/L4。

（2）主电路负载侧端子标志：2/T1、4/T2、6/T3、8/T4。

（3）辅助触点的标志：21、22 是一对动断触点。41、42 是一对动断触点。

23、24 是一对动合触点。33、34 是一对动合触点。

这台接触器自身带有两对动合触点，两对动断触点。

**2. 图 246（b）所示 CJX2 接触器上的文字含义**

CJX2 表示交流接触器型号；09 表示接触器额定工作电流；10 表示只有一对动合触点。

## 第五节　不同型号接触器与电动机回路的接线实例

### 例 225　GMC-40（4）接触器与启停电动机的 220V 控制电路基本接线

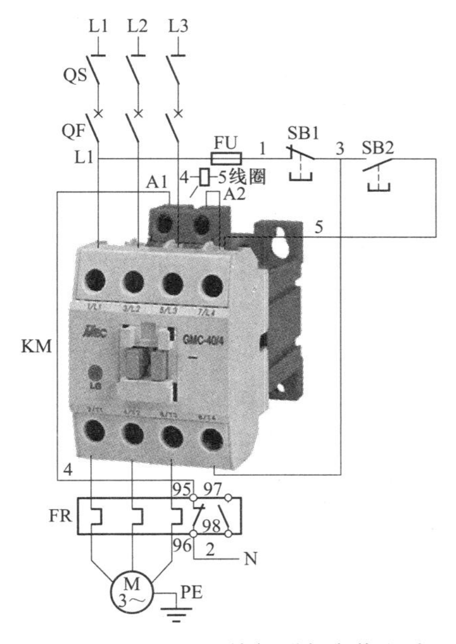


图 248　GMC-40（4）接触器与启停电动机的
220V 控制电路基本接线

注：GMC-40（4）型接触器，GMC—接触器型号、40—接触器额定电流，（4）—是 4 相。根据经验用于 15kW 以下的三相交流电动机比较好。

### 例 226　NC6-0610 接触器与启停电动机的 220V 控制电路基本接线

电路工作原理：①合上主回路中的隔离开关 QS；②合上主回路中的断路器 FQ；③合上控制回路中的熔断器 FU。按下启动按钮 SB2，电源 L1 相→控制回路熔断器 FU→1 号线→停止按钮 SB1 动断触点→3 号线→启动按钮 SB2 动合触点（按下时闭合）→5 号线→接触器 KM 线圈→4 号线→热继电器 FR 的动断触点→2 号线→电源 N 极。接触器 KM 线圈得电动作，动合触点 KM 闭合自保，主电路中的接触器 KM 三个主触点同时闭合，电动机得电运转驱动机械设备工作。

按下停止按钮 SB1，动断触点断开，接触器 KM 线圈断电释放，KM 的三个主触点同时断开，电动机绕组断电停止转动，机械设备停止工作。

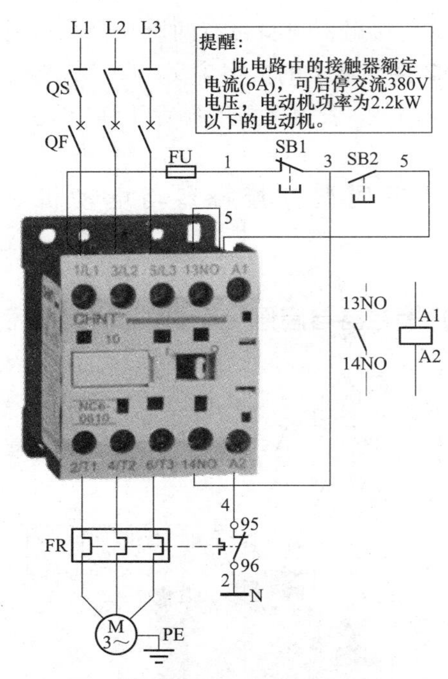


图 249　NC6-0610 接触器与启停电动机的 220V 控制电路基本接线

电动机发生过负荷运行时，主电路中的热继电器 FR 动作，串接于接触器 KM 线圈控制回路中的热继电器 FR 动断触点断开，接触器 KM 线圈电路断电，接触器 KM 三个主触点同时断开，电动机断电停转，机械设备停止工作。

## 例 227　LC1-D6511 接触器与启停电动机的 220V 控制电路基本接线

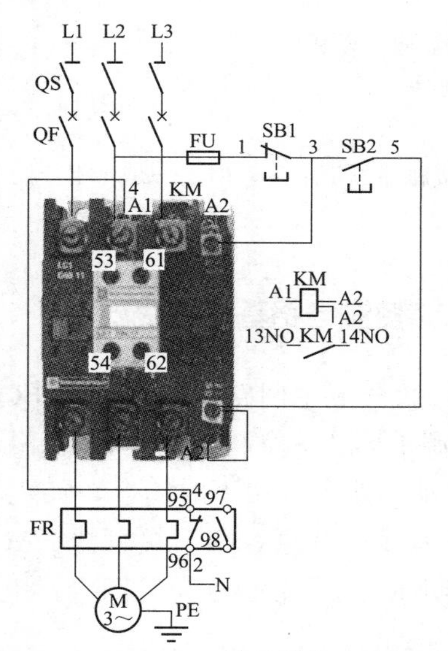


图 250　LC1-D6511 接触器与启停电动机的 220V 控制电路基本接线

电路的工作原理：

按下启动按钮 SB2，电源 L1 相→控制回路熔断器 FU→1 号线→停止按钮 SB1 动断触点→3 号线→启动按钮 SB2 动合触点（按下时闭合)→5 号线→接触器 KM 线圈→4 号线→端子 95、(热继电器 FR 的动断触点）端子 96→2 号线→电源 N 极。接触器 KM 线圈得电动作，动合触点 KM 闭合自保，主电路中的接触器 KM 三个主触点同时闭合，电动机得电运转驱动机械设备工作。

按下停止按钮 SB1，动断触点断开，接触器 KM 线圈断电释放，KM 的三个主触点同时断开，电动机绕组断电停止转动，机械设备停止工作。

## 例 228 GMC-12 接触器与两启一停电动机的 220V 控制电路接线

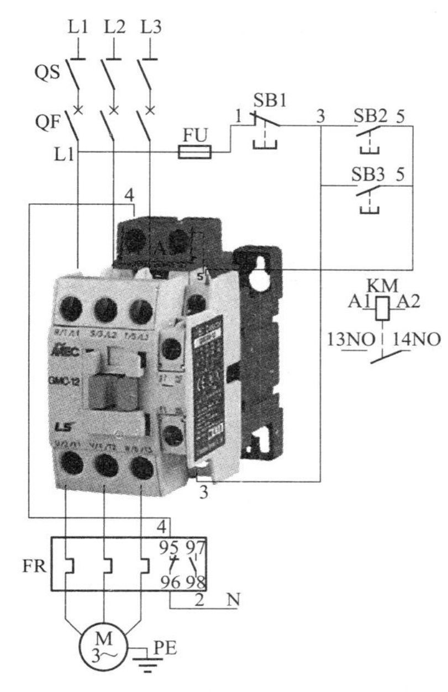


图 251 GMC-12 接触器与两启一停电动机的 220V 控制电路接线

## 例 229 SP-25 接触器与启停电动机的 220V 控制电路基本接线

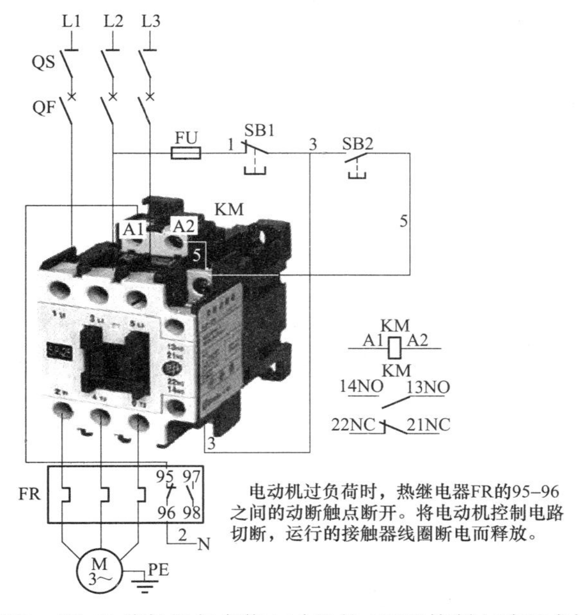


图 252 SP-25 接触器与启停电动机的 220V 控制电路基本接线

启停电路工作原理：按下启动按钮 SB2，电源 L1 相→控制回路熔断器 FU→1 号线→停止按钮 SB1 动断触点→3 号线→启动按钮 SB2 动合触点（按下时闭合）→5 号线→接触器 KM 线圈→4 号线→热继电器 FR 的动断触点→2 号线→电源 N 极。接触器 KM 线圈得电动作动合触点 KM 闭合自保，主电路中的接触器 KM 三个主触点同时闭合，电动机得电运转驱动机械设备工作。

按下停止按钮 SB1，动断触点 SB1 断开，接触器 KM 线圈断电释放，KM 的三个主触点同时断开，电动机绕组断电停止转动，机械设备停止工作。

## 例 230 NC6-0610 接触器与启停电动机的 380V 控制电路基本接线

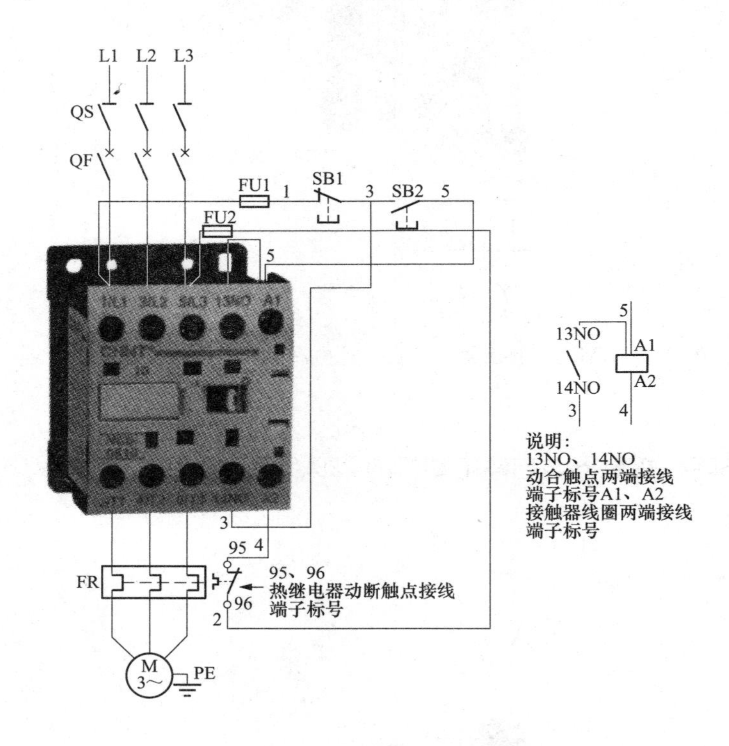


图 253 NC6-0610 接触器与启停电动机的 380V 控制电路基本接线

电路工作原理：①合上主回路中的隔离开关 QS；②合上主回路中的断路器 QF；③合上控制回路中的熔断器 FU1、FU2。按下启动按钮 SB2，电源 L1 相→控制回路熔断器 FU1→1 号线→停止按钮 SB1 动断触点→3 号线→启动按钮 SB2 动合触点（按下时闭合）→5 号线→接触器 KM 线圈→4 号线→热继电器 FR 的动断触点→2 号线→控制回路熔断器 FU2→电源 L3 相。接触器 KM 线圈得电动作，动合触点 KM 闭合自保，主电路中的接触器 KM 三个主触点同时闭合，电动机得电运转驱动机械设备工作。

按下停止按钮 SB1，动断触点 SB1 断开，接触器 KM 线圈断电释放，KM 的三个主触点同时断开，电动机绕组断电停止转动，机械设备停止工作。

电动机发生过负荷运行时，主电路中的热继电器FR动作，串接于接触器KM线圈控制回路中的热继电器FR动断触点断开，接触器KM线圈电路断电，接触器KM三个主触点同时断开，电动机断电停转，机械设备停止工作。

## 例231 SP-25接触器与一启两停电动机的380V控制电路基本接线

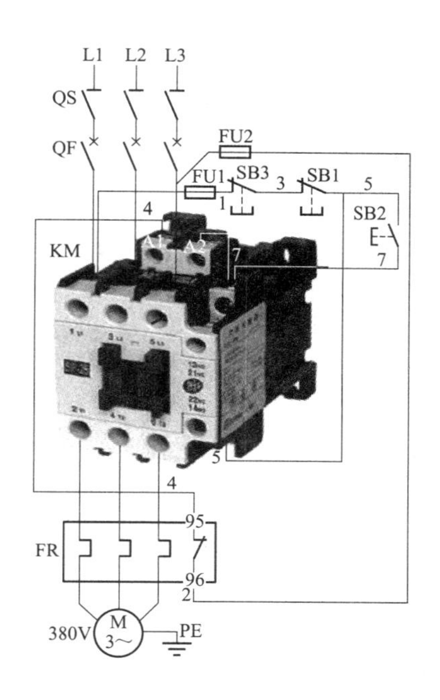


图254 SP-25接触器与一启两停电动机的380V控制电路基本接线

注：SP-25是接触器的型号，25表示接触器的额定电流是25A。根据经验可用于额定功率7.5kW以下的电动机。

电路工作原理：按下启动按钮SB2，电源L1相→控制回路熔断器FU1→1号线→停止按钮SB3动断触点→3号线→停止按钮SB1动断触点→5号线→启动按钮SB2动合触点（按下时闭合）→7号线→接触器KM线圈→4号线→热继电器FR的动断触点→2号线→控制回路熔断器FU2→电源L3相。接触器KM线圈得电动作，动合触点KM闭合自保，主电路中的接触器KM三个主触点同时闭合，电动机得电运转驱动机械设备工作。

按下停止按钮SB1，动断触点SB1断开，接触器KM线圈断电释放，KM的三个主触点同时断开，电动机绕组断电停止转动，机械设备停止工作。

## 例 232 SP-25 接触器与一启两停电动机的 220V 控制电路基本接线

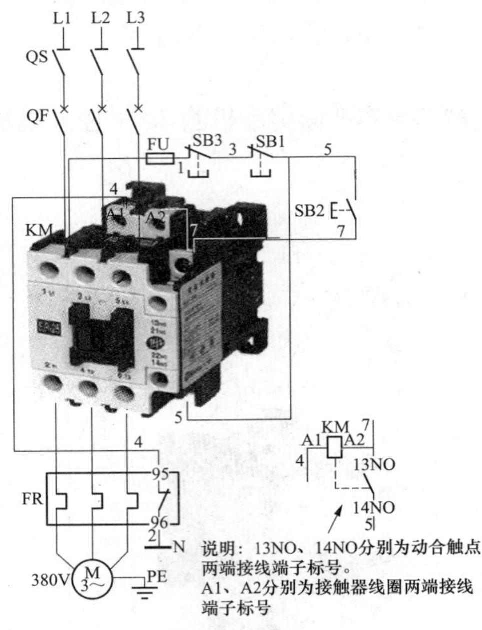


图 255 SP-25 接触器与一启两停电动机的 220V 控制电路基本接线

## 例 233 CJX2-0910 接触器与一启一停电动机的 220V 控制电路基本接线

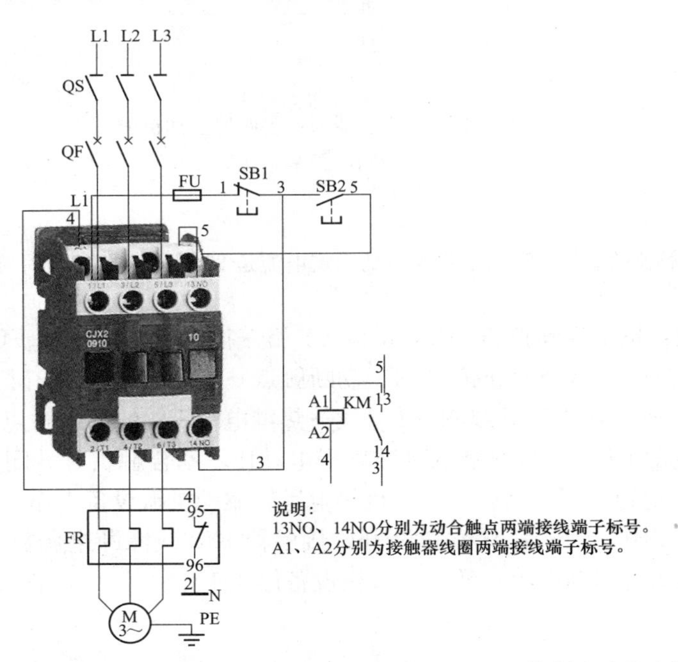


图 256 CJX2-0910 接触器与一启一停电动机的 220V 控制电路基本接线

电路工作原理：按下启动按钮 SB2，电源 L1 相→控制回路熔断器 FU→1 号线→停止按钮 SB1 动断触点→3 号线→启动按钮 SB2 动合触点（按下时闭合）→5 号线→接触器 KM 线圈→4 号线→热继电器 FR 的动断触点→2 号线→电源 N 极。接触器 KM 线圈得电动作，动合触点 KM 闭合自保，主电路中的接触器 KM 三个主触点同时闭合，电动机得电运转驱动机械设备工作。

按下停止按钮 SB1，动断触点 SB1 断开，接触器 KM 线圈断电释放，KM 的三个主触点同时断开，电动机绕组断电停止转动，机械设备停止工作。

## 例 234　CJT1-10 接触器与启停电动机、有信号灯的 220V 控制电路接线

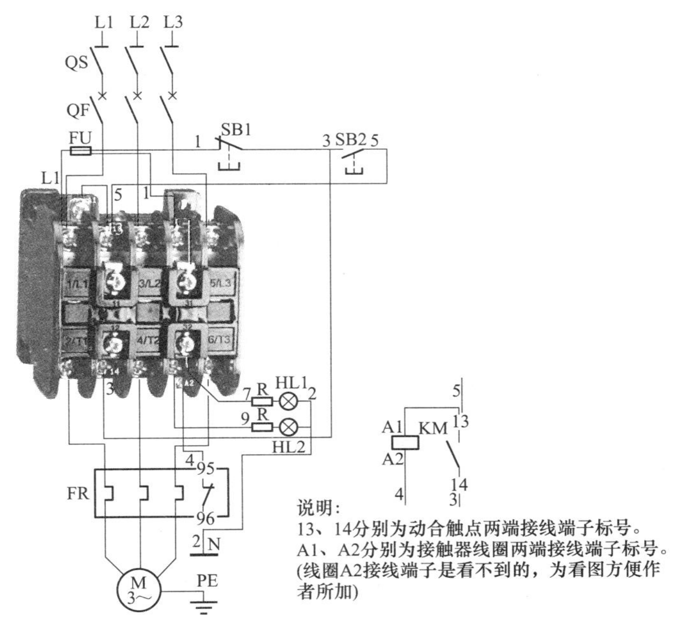


图 257　CJT1-10 接触器与启停电动机、有信号灯的 220V 控制电路接线

## 例 235　CJX2-D5011 接触器与启停电动机的控制电路接线

电路工作原理：①合上主回路中的隔离开关 QS；②合上主回路中的断路器 QF；③合上控制回路中的熔断器 FU。按下启动按钮 SB2，电源 L1 相→控制回路熔断器 FU→1 号线→停止按钮 SB1 动断触点→3 号线→启动按钮 SB2 动合触点（按下时闭合）→5 号线→接触器 KM 线圈→4 号线→热继电器 FR 的动断触点→2 号线→电源 N 极。接触器 KM 线圈得电动作，动合触点 KM 闭合自保，主电路中的接触器 KM 三个主触点同时闭合，电动机得电运转驱动机械设备工作。

按下停止按钮 SB1，动断触点 SB1 断开，接触器 KM 线圈断电释放，KM 的三个主触点同时断开，电动机绕组断电停止转动，机械设备停止工作。

电动机发生过负荷运行时，主电路中的热继电器 FR 动作，串接于接触器 KM 线圈控制

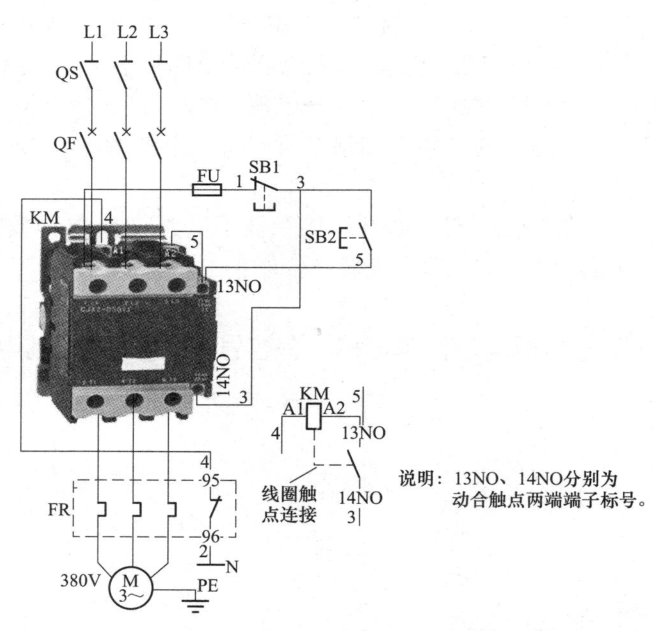


图 258　CJX2-D5011 接触器与启停电动机的控制电路接线

注：根据实际经验 CJX2-D5011 用于 18.5～22kW 的电动机比较好。

回路中的热继电器 FR 动断触点断开，接触器 KM 线圈电路断电，接触器 KM 三个主触点同时断开，电动机断电停转，机械设备停止工作。

## 例 236　SP-25 接触器与过负荷报警、按钮启停电动机 220V 控制电路的连接

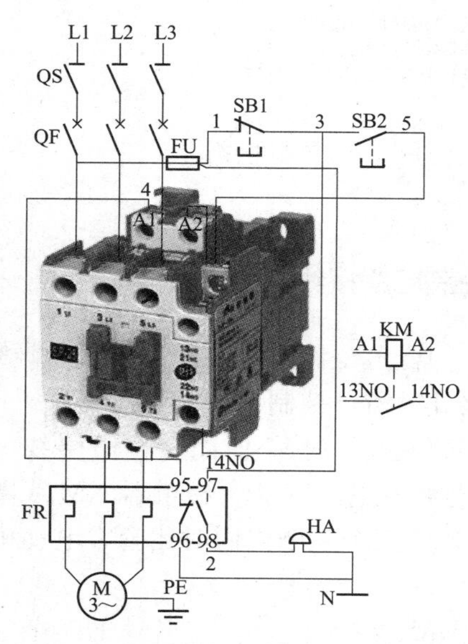


图 259　SP-25 接触器与过负荷报警、按钮启停电动机 220V 控制电路的连接

电路工作原理：按下启动按钮 SB2，电源 L1 相→控制回路熔断器 FU→1 号线→停止按钮 SB1 动断触点→3 号线→启动按钮 SB2 动合触点（按下时闭合）→5 号线→接触器 KM 线圈→4 号线→热继电器 FR 的动断触点→2 号线→电源 N 极。接触器 KM 线圈得电动作，动合触点 KM 闭合自保，主电路中的接触器 KM 三个主触点同时闭合，电动机得电运转驱动机械设备工作。

按下停止按钮 SB1，动断触点 SB1 断开，接触器 KM 线圈断电释放，KM 的三个主触点同时断开，电动机绕组断电停止转动，机械设备停止工作。

电动机发生过负荷运行时，主电路中的热继电器 FR 动作动断触点断开，KM 线圈电路断电，KM 三个主触点同时断开，电动机断电停转，机械设备停止工作。动合触点 FR 闭合，报警电铃

HA 得电，铃响报警。

## 例 237 GMC-40-4 交流接触器与一启两停的电动机 220V 控制电路的连接

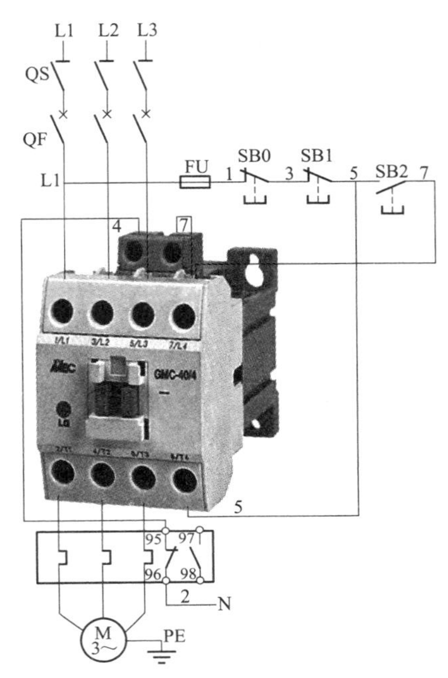


图 260 GMC-40-4 交流接触器与一启两停的电动机 220V 控制电路的连接

注：根据实际经验 GMC-40-4 用于 15kW 功率以下的电动机。

电路工作原理：①合上主回路中的隔离开关 QS；②合上主回路中的断路器 QF；③合上控制回路中的熔断器 FU。按下启动按钮 SB2 动合触点闭合。电源 L1 相→控制回路熔断器 FU→1 号线→停止按钮 SB1 动断触点→3 号线→启动按钮 SB2 动合触点（按下时闭合)→5 号线→接触器 KM 线圈→4 号线→热继电器 FR 的动断触点→2 号线→电源 N 极。接触器 KM 线圈得电动作，动合触点 KM 闭合自保，主电路中的接触器 KM 三个主触点同时闭合，电动机得电运转驱动机械设备工作。

按下停止按钮 SB1，动断触点 SB1 断开，接触器 KM 线圈断电释放，KM 的三个主触点同时断开，电动机绕组断电停止转动，机械设备停止工作。

## 例 238 SP-30 接触器与启停电动机 380V 控制电路的连接

电路工作原理：①合上主回路中的隔离开关 QS；②合上主回路中的断路器 QF；③合上控制回路中的熔断器 FU1、FU2。按下启动按钮 SB2，电源 L2 相→控制回路熔断器 FU1→1 号线→停止按钮 SB1 动断触点→3 号线→启动按钮 SB2 动合触点（按下时闭合)→5 号线→接触器 KM 线圈→4 号线→热继电器 FR 的动断触点→2 号线→控制回路熔断器 FU2→电源 L3 相。接触器 KM 线圈得电动作，动合触点 KM 闭合自保，主电路中的接触器 KM 三个主触点同时闭合，电动机得电运转驱动机械设备工作。

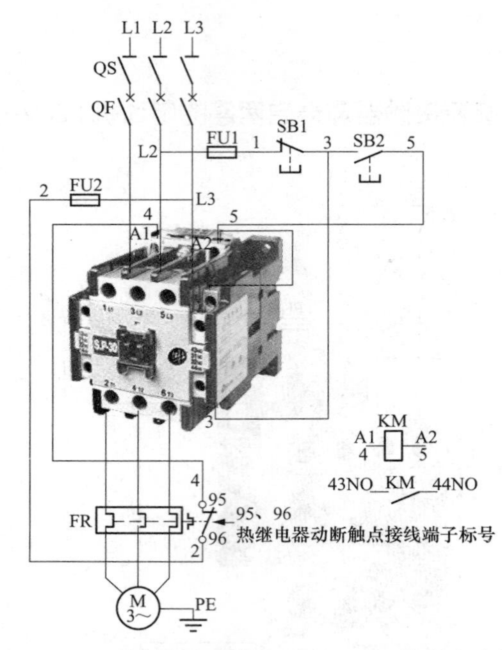


图 261　SP-30 接触器与启停电动机 380V 控制电路的连接

按下停止按钮 SB1，动断触点 SB1 断开，接触器 KM 线圈断电释放，KM 的三个主触点同时断开，电动机绕组断电停止转动，机械设备停止工作。

电动机发生过负荷运行时，主电路中的热继电器 FR 动作，串接于接触器 KM 线圈控制回路中的热继电器 FR 动断触点断开，接触器 KM 线圈电路断电，接触器 KM 三个主触点同时断开，电动机断电停转，机械设备停止工作。

## 例 239　LC1D6511 接触器与两启一停电动机控制电路的连接

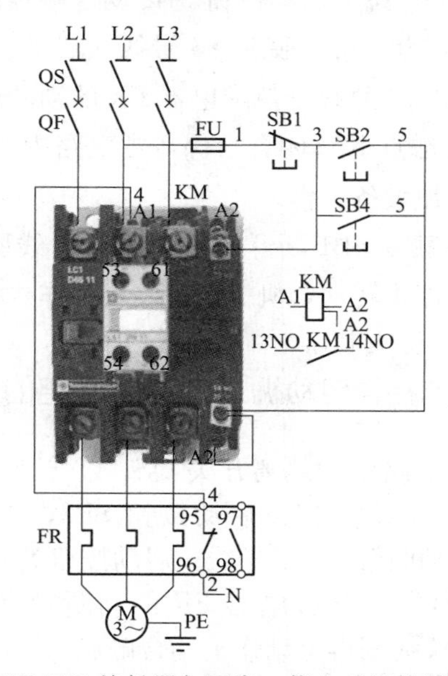


图 262　LC1D6511 接触器与两启一停电动机控制电路的连接

## 例240 GMC-12接触器与单电流表、按钮启停的电动机控制电路的连接

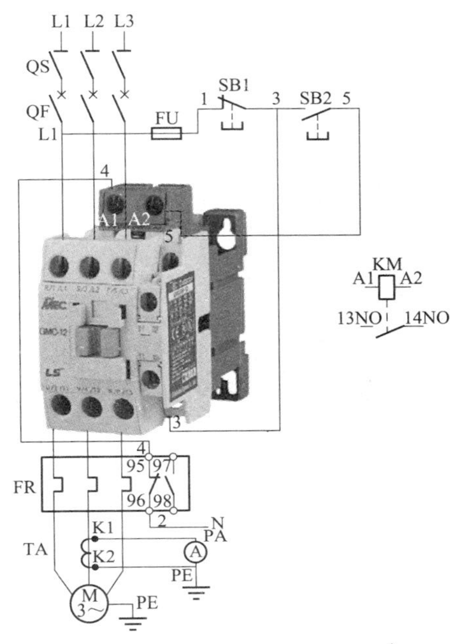


图263 GMC-12接触器与单电流表、按钮启停的电动机控制电路的连接

## 例241 SP-25接触器与启停电动机控制电路的连接

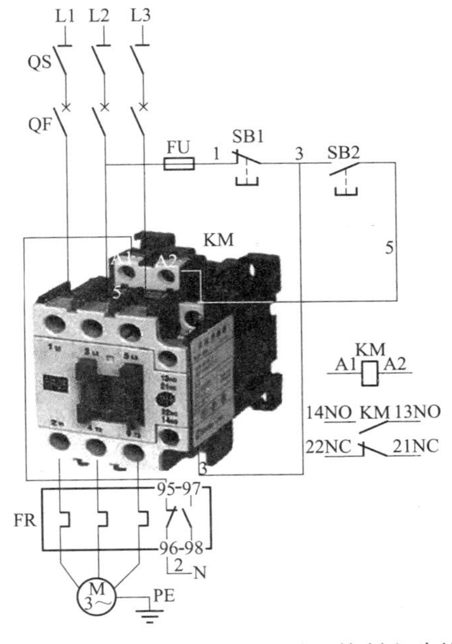


图264 SP-25接触器与启停电动机控制电路的连接

## 例 242 SP-30 接触器与按钮启停、有信号灯的电动机控制电路的连接

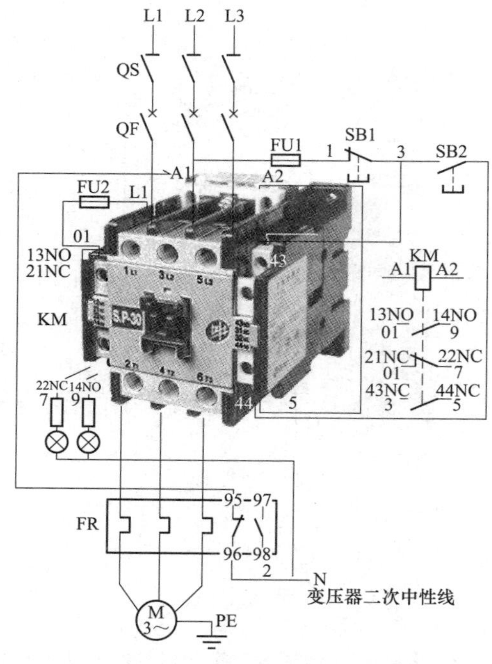


图 265 SP-30 接触器与按钮启停、有信号灯的电动机控制电路的连接

电路工作原理：①合上主回路中的隔离开关 QS；②合上主回路中的断路器 QF；③合上控制回路中的熔断器 FU1。按下启动按钮 SB2，电源 L1 相→控制回路熔断器 FU1→1 号线→停止按钮 SB1 动断触点→3 号线→启动按钮 SB2 动合触点（按下时闭合）→5 号线→接触器 KM 线圈→4 号线→热继电器 FR 的动断触点→2 号线→电源 N 极。接触器 KM 线圈得电动作，动合触点 KM 闭合自保，主电路中的接触器 KM 三个主触点同时闭合，电动机得电运转驱动机械设备工作。

按下停止按钮 SB1，动断触点 SB1 断开，接触器 KM 线圈断电释放，KM 的三个主触点同时断开，电动机绕组断电停止转动，机械设备停止工作。

## 例 243 NC8-0910 接触器与电动机启停按钮的连接

电路工作原理：①合上主回路中的隔离开关 QS；②合上主回路中的断路器 QF；③合上控制回路中的熔断器 FU。按下启动按钮 SB2，电源 L1 相→控制回路熔断器 FU→1 号线→停止按钮 SB1 动断触点→3 号线→启动按钮 SB2 动合触点（按下时闭合）→5 号线→接触器 KM 线圈→4 号线→热继电器 FR 的动断触点→2 号线→电源 N 极。接触器 KM 线圈得电动作，动合触点 KM 闭合自保，主电路中的接触器 KM 三个主触点同时闭合，电动机得电运转驱动机械设备工作。

按下停止按钮 SB1，动断触点 SB1 断开，接触器 KM 线圈断电释放，KM 的三个主触点同时断开，电动机绕组断电停止转动，机械设备停止工作。

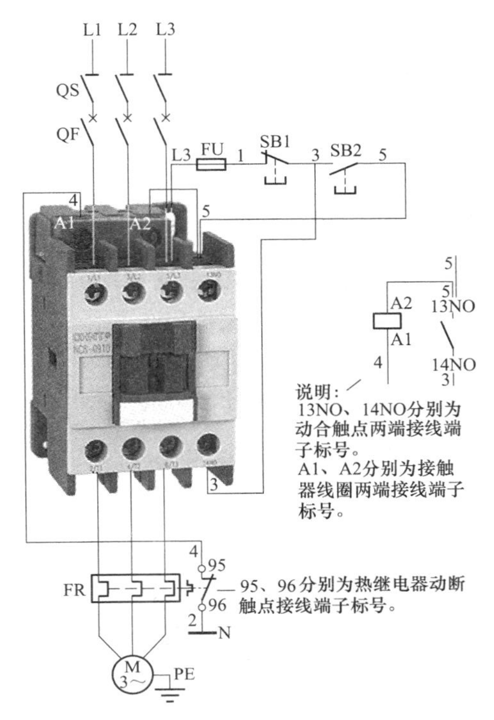


图 266　NC8-0910 接触器与电动机启停按钮的连接

## 例 244　SP-25 接触器与两启一停的电动机控制电路接线

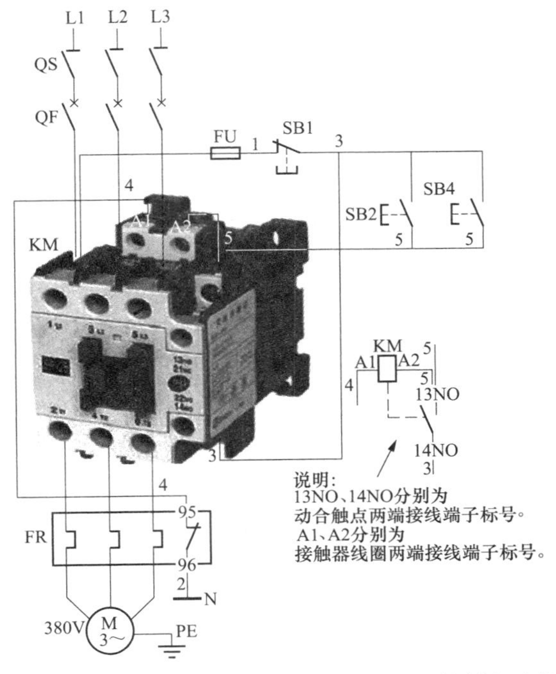


图 267　SP-25 接触器与两启一停的电动机控制电路接线

电路工作原理：①合上主回路中的隔离开关 QS；②合上主回路中的断路器 QF；③合上控制回路中的熔断器 FU。按下启动按钮 SB2 或 SB4，电源 L1 相→控制回路熔断器 FU→1 号线→停止按钮 SB1 动断触点→3 号线→启动按钮 SB2 或 SB4 动合触点（按下时闭合）→5 号线→接触器 KM 线圈→4 号线→热继电器 FR 的动断触点→2 号线→电源 N 极。接触器 KM 线圈得电动作，动合触点 KM 闭合自保，主电路中的接触器 KM 三个主触点同时闭合，电动机得电运转驱动机械设备工作。

按下停止按钮 SB1，动断触点 SB1 断开，接触器 KM 线圈断电释放，KM 的三个主触点同时断开，电动机绕组断电停止转动，机械设备停止工作。

## 例 245 NC6-0610 接触器与一启两停的电动机控制电路基本接线

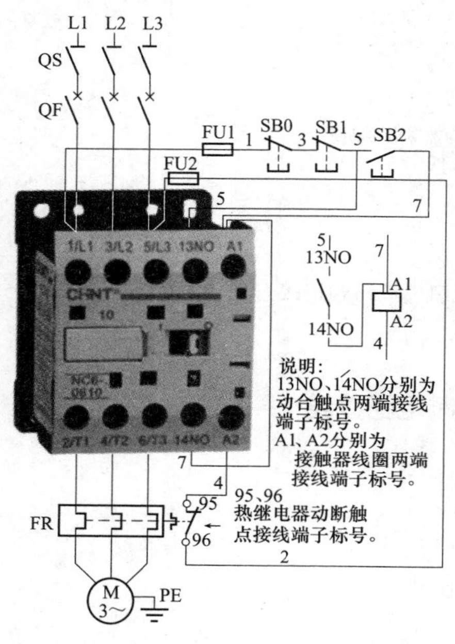


图 268　NC6-0610 接触器与一启两停的电动机控制电路基本接线

电路工作原理：按下启动按钮 SB2，电源 L1 相→控制回路熔断器 FU1→1 号线→停止按钮 SB0 动断触点→3 号线→停止按钮 SB1 动断触点→5 号线→启动按钮 SB2 动合触点（按下时闭合）→7 号线→接触器 KM 线圈→4 号线→热继电器 FR 的动断触点→2 号线→控制回路熔断器 FU2 电源 L3 相。接触器 KM 线圈得电动作，动合触点 KM 闭合自保，主电路中的接触器 KM 三个主触点同时闭合，电动机得电运转驱动机械设备工作。

按下停止按钮 SB1 或停止按钮 SB0，动断触点 SB1 断开，接触器 KM 线圈断电释放，KM 的三个主触点同时断开，电动机绕组断电停止转动，机械设备停止工作。

电动机发生过负荷运行时，主电路中的热继电器 FR 动作，串接于接触器 KM 线圈控制回路中的热继电器 FR 动断触点断开，接触器 KM 线圈电路断电，接触器 KM 三个主触点同时断开，电动机断电停转，机械设备停止工作。

## 例 246 CJT1-10 接触器与启停电动机 220V 控制电路的基本接线

电路工作原理：①合上主回路中的隔离开关 QS；②合上主回路中的断路器 QF；③合上控制回路中的熔断器 FU。按下启动按钮 SB2，电源 L1 相→控制回路熔断器 FU→1 号线→停止按钮 SB1 动断触点→3 号线→启动按钮 SB2 动合触点（按下时闭合）→5 号线→接触器 KM 线圈→4 号线→热继电器 FR 的动断触点→2 号线→电源 N 极。接触器 KM 线圈得电动作，动合触点 KM 闭合自保，主电路中的接触器 KM 三个主触点同时闭合，电动机得电运转驱动机械设备工作。

按下停止按钮 SB1，动断触点 SB1 断开，接触器 KM 线圈断电释放，KM 的三个主触点同时断开，电动机绕组断电停止转动，机械设备停止工作。

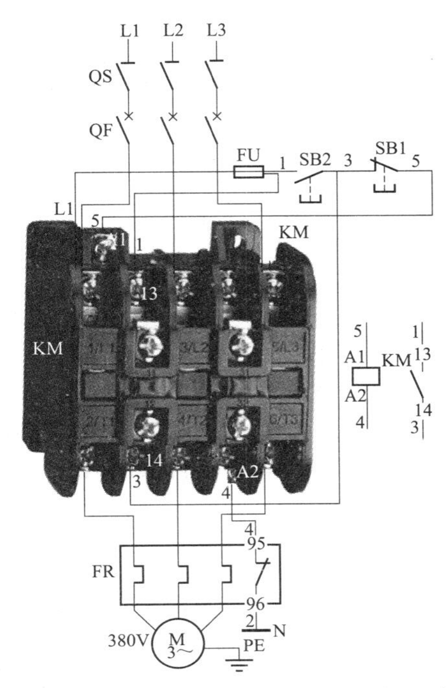


图 269 CJT1-10 接触器与启停电动机 220V 控制电路的基本接线

## 例 247 CJT1-10 接触器与有启停状态信号灯的电动机控制电路接线

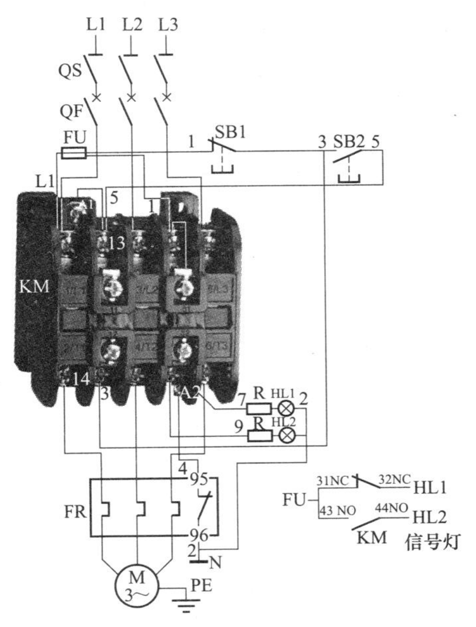


图 270 CJT1-10 接触器与有启停状态信号灯的电动机控制电路接线

## 例 248 CJX2-D5011 接触器与按钮启停的电动机 220V 控制电路接线

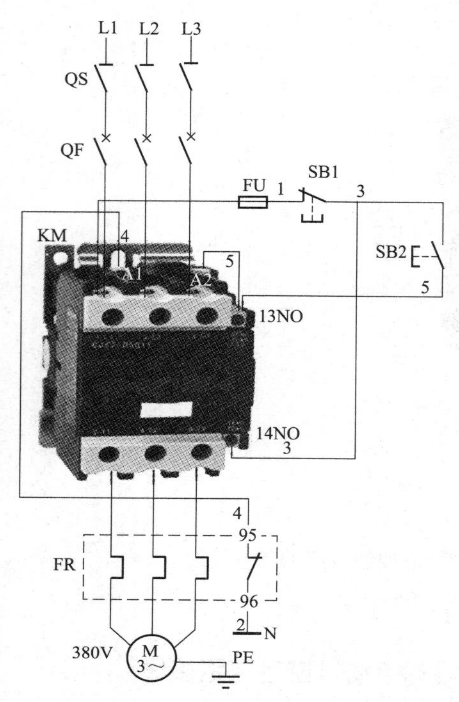


图 271 CJX2-D5011 接触器与按钮启停的电动机 220V 控制电路接线

电路工作原理：①合上主回路中的隔离开关 QS；②合上主回路中的断路器 QF；③合上控制回路中的熔断器 FU。按下启动按钮 SB2，电源 L1 相→控制回路熔断器 FU→1 号线→停止按钮 SB1 动断触点→3 号线→启动按钮 SB2 动合触点（按下时闭合）→5 号线→接触器 KM 线圈→4 号线→热继电器 FR 的动断触点→2 号线→电源 N 极。接触器 KM 线圈得电动作，动合触点 KM 闭合自保，主电路中的接触器 KM 三个主触点同时闭合，电动机得电运转驱动机械设备工作。

按下停止按钮 SB1，动断触点 SB1 断开，接触器 KM 线圈断电释放，KM 的三个主触点同时断开，电动机绕组断电停止转动，机械设备停止工作。

电动机发生过负荷运行时，主电路中的热继电器 FR 动作，串接于接触器 KM 线圈控制回路中的热继电器 FR 动断触点断开，接触器 KM 线圈电路断电，接触器 KM 三个主触点同时断开，电动机断电停转，机械设备停止工作。

## 例 249 CJ20-100 接触器与按钮启停的控制电路基本接线

电路工作原理：①合上主回路中的隔离开关 QS；②合上主回路中的断路器 QF；③合上控制回路中的熔断器 FU。按下启动按钮 SB2，电源 L1 相→控制回路熔断器 FU→1 号线→停止按钮 SB1 动断触点→3 号线→启动按钮 SB2 动合触点（按下时闭合）→5 号线→接触器 KM 线圈→4 号线→热继电器 FR 的动断触点→2 号线→电源 N 极。接触器 KM 线圈得电动作，主电路中的接触器 KM 三个主触点同时闭合，电动机得电运转驱动机械设备工作。

按下停止按钮 SB1，动断触点 SB1 断开，接触器 KM 线圈断电释放，KM 的三个主触点同时断开，电动机绕组断电停止转动，机械设备停止工作。

电动机发生过负荷运行时，主电路中的热继电器 FR 动作，串接于接触器 KM 线圈控制回路中的热继电器 FR 动断触点断开，接触器 KM 线圈电路断电，接触器 KM 三个主触点同时断开，电动机断电停转，机械设备停止工作。

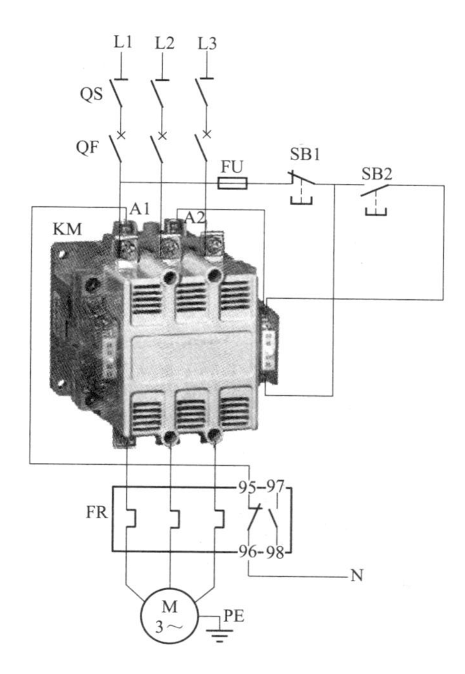


图 272　CJ20-100 接触器与按钮启停的控制电路基本接线

## 例 250　CJX2-0910 接触器与两启一停电动机 380V 控制电路基本接线

电路工作原理：①合上主回路中的隔离开关 QS；②合上主回路中的断路器 QF；③合上控制回路中的熔断器 FU1、熔断器 FU2。按下启动按钮 SB2 或启动按钮 SB3 动合触点闭合，电源 L1 相→控制回路熔断器 FU1→1 号线→停止按钮 SB1 动断触点→3 号线→启动按钮 SB2 或启动按钮 SB3 动合触点（按下时闭合）→5 号线→接触器 KM 线圈→4 号线→热继电器 FR 的动断触点→2 号线→控制回路中的熔断器 FU2→电源 L3 相。接触器 KM 线圈得电动作，动合触点 KM 闭合自保，主电路中的接触器 KM 三个主触点同时闭合，电动机得电运转驱动机械设备工作。

按下停止按钮 SB1，动断触点 SB1 断开，接触器 KM 线圈断电释放，KM 的三个主触点同时断开，电动机绕组断电停止转动，机械设备停止工作。

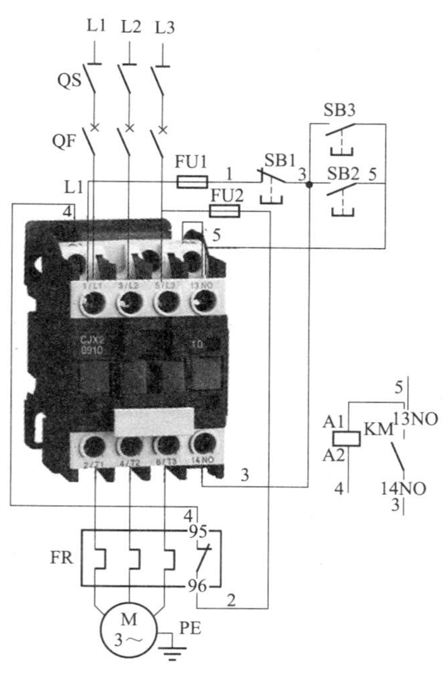


图 273　CJX2-0910 接触器与两启一停电动机 380V 控制电路基本接线

## 例 251 CJ10-100-(150) 接触器与两启一停状态信号灯的电动机控制电路接线

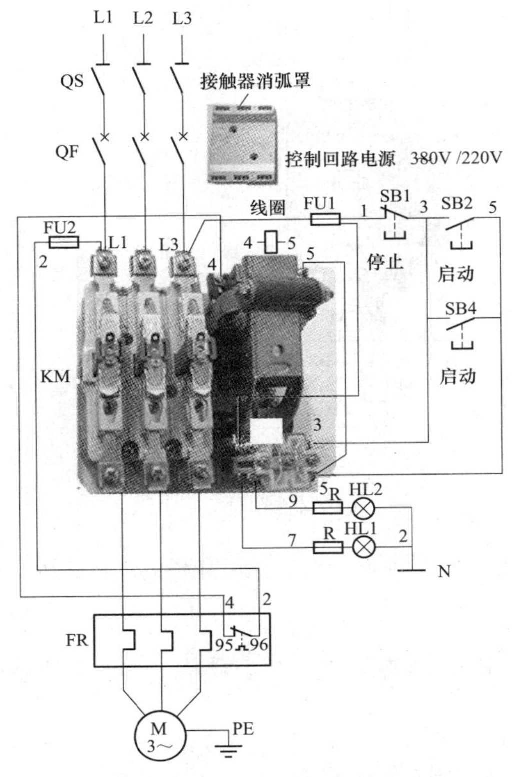


图 274 CJ10-100-(150) 接触器与两启一停状态信号灯的电动机控制电路接线

电路工作原理：①合上主回路中的隔离开关 QS；②合上主回路中的断路器 QF；③合上控制回路中的熔断器 FU1、FU2。按下启动按钮 SB2，电源 L1 相→控制回路熔断器 FU1→1 号线→停止按钮 SB1 动断触点→3 号线→启动按钮 SB2 动合触点（按下时闭合）→5 号线→接触器 KM 线圈→4 号线→热继电器 FR 的动断触点→2 号线→控制回路熔断器 FU2→电源 L3 相。接触器 KM 线圈得电动作，主电路中的接触器 KM 三个主触点同时闭合，电动机得电运转驱动机械设备工作。

按下停止按钮 SB1，动断触点 SB1 断开，接触器 KM 线圈断电释放，KM 的三个主触点同时断开，电动机绕组断电停止转动，机械设备停止工作。

## 例 252 只有一对动合触点的 NC6-0610 接触器，加运转信号灯的电动机 380V 控制电路

电路工作原理：①合上主回路中的隔离开关 QS；②合上主回路中的断路器 QF；③合上控制回路中的熔断器 FU1、FU2。按下启动按钮 SB2，电源 L1 相→控制回路熔断器 FU1→1 号线→停止按钮 SB1 动断触点→3 号线→启动按钮 SB2 动合触点（按下时闭合）→5 号线→接触器 KM 线圈→4 号线→热继电器 FR 的动断触点→2 号线→控制回路熔断器

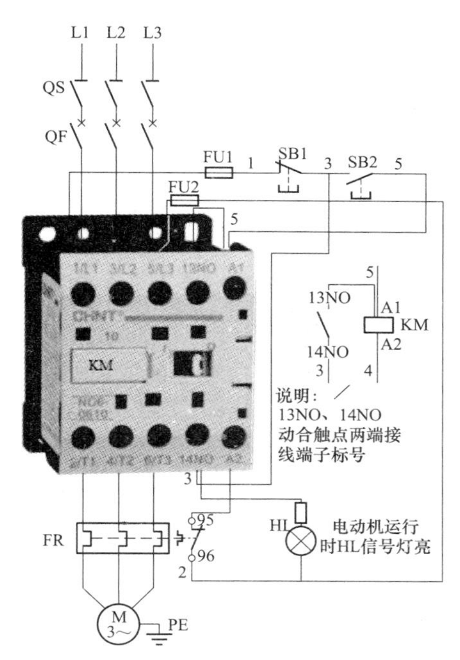


图 275 只有一对动合触点的 NC6-0610 接触器，加运转信号灯的电动机 380V 控制电路

FU2→电源 L3 相。接触器 KM 线圈得电动作，主电路中的接触器 KM 三个主触点同时闭合，电动机得电运转驱动机械设备工作。

按下停止按钮 SB1，动断触点 SB1 断开，接触器 KM 线圈断电释放，KM 的三个主触点同时断开，电动机绕组断电停止转动，机械设备停止工作。

电动机发生过负荷运行时，主电路中的热继电器 FR 动作，串接于接触器 KM 线圈控制回路中的热继电器 FR 动断触点断开，接触器 KM 线圈电路断电，接触器 KM 三个主触点同时断开，电动机断电停转，机械设备停止工作。

## 例 253 CJ12-400 交流接触器与有启停状态信号灯的电动机 380V 控制电路接线

电路工作原理：

（1）回路送电。①合上主回路中的隔离开关 QS；②合上主回路中的断路器 QF；③合上控制回路中的熔断器 FU。

（2）启动电动机。按下启动按钮 SB2，电源 L1 相→控制回路熔断器 FU1→1 号线→停止按钮 SB1 动断触点→3 号线→启动按钮 SB2 动合触点（按下时闭合）→5 号线→接触器 KM 线圈→4 号线→热继电器 FR 的动断触点→2 号线→控制回路熔断器 FU2 电源 L3 相。接触器 KM 线圈得电动作，主电路中的接触器 KM 三个主触点同时闭合，电动机得电运转驱动机械设备工作。

（3）停机。按下停止按钮 SB1，动断触点 SB1 断开，接触器 KM 线圈断电释放，KM 的三个主触点同时断开，电动机绕组断电停止转动，机械设备停止工作。

（4）过负荷保护。电动机发生过负荷运行时，主电路中的热继电器 FR 动作，串接于接触器 KM 线圈控制回路中的热继电器 FR 动断触点断开，接触器 KM 线圈电路断电，接触器

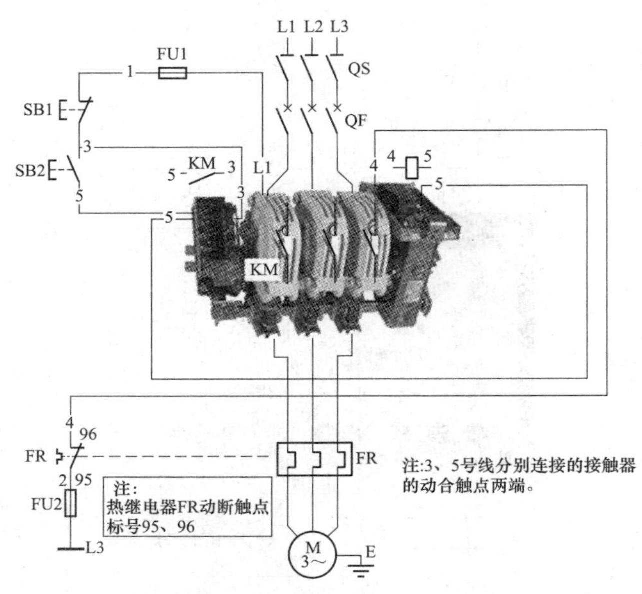


图 276　CJ12-400 交流接触器与有启停状态信号灯的电动机 380V 控制电路接线

KM 三个主触点同时断开，电动机断电停转，机械设备停止工作。

## 例 254　CJT1(CJ10)-100 交流接触器与按钮，行程开关启停的电动机 220V 控制电路的连接

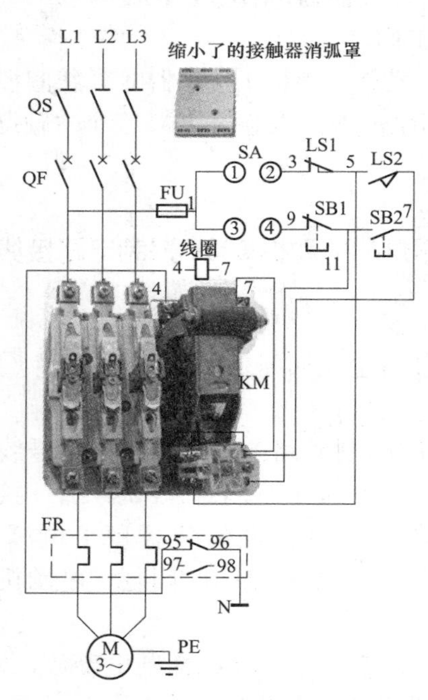


图 277　CJT1(CJ10)-100 交流接触器与按钮，行程开关启停的电动机 220V 控制电路的连接

电路工作原理：

(1) 按钮启停电动机。控制开关 SA 置于③、④接通位置，按下启动按钮 SB2，电源 L1 相→控制回路熔断器 FU→1 号线→SA 的触点③、④接通→9 号线→停止按钮 SB1 动断触点→11 号线→启动按钮 SB2 动合触点（按下时闭合）→7 号线→接触器 KM 线圈→4 号线→热继电器 FR 的动断触点→2 号线→电源 N 极。接触器 KM 线圈得电动作，主电路中的接触器 KM 三个主触点同时闭合，电动机得电运转驱动水泵工作。

按下停止按钮 SB1 动断触点断开，接触器 KM 线圈断电释放，KM 的三个主触点同时断开，电动机绕组断电停止转动，水泵停止工作。

(2) 行程开关启停电动机。控制开关 SA 置于①、②接通位置，行程开关 LS2 动合触点闭合。

电源 L1 相→控制回路熔断器 FU→1 号线→SA 的触点①、②接通→3 号线→行程开关 LS1 动断触点→5 号线→闭合的行程开关 LS2 动合触点→7 号

线→接触器 KM 线圈→4 号线→热继电器 FR 的动断触点→2 号线→电源 N 极。接触器 KM 线圈得电动作，主电路中的接触器 KM 三个主触点同时闭合，电动机得电运转驱动水泵工作。

当行程开关 LS1 动作时，动断触点断开。串接于接触器 KM 线圈控制回路中的行程开关 LS1 的动断触点断开，接触器 KM 线圈电路断电释放，KM 的三个主触点同时断开，电动机断电停转，水泵电动机停止工作。

(3) 电动机发生过负荷运行时，主电路中的热继电器 FR 动作，串接于接触器 KM 线圈控制回路中的热继电器 FR 动断触点断开，接触器 KM 线圈电路断电，接触器 KM 三个主触点同时断开，电动机断电停转，机械设备停止工作。

控制按钮的种类非常多，有几百个不同型号。不同的型号适用于不同的场所。你认识下面的几种控制按钮吗？几种常见的控制按钮，如图 278 所示。

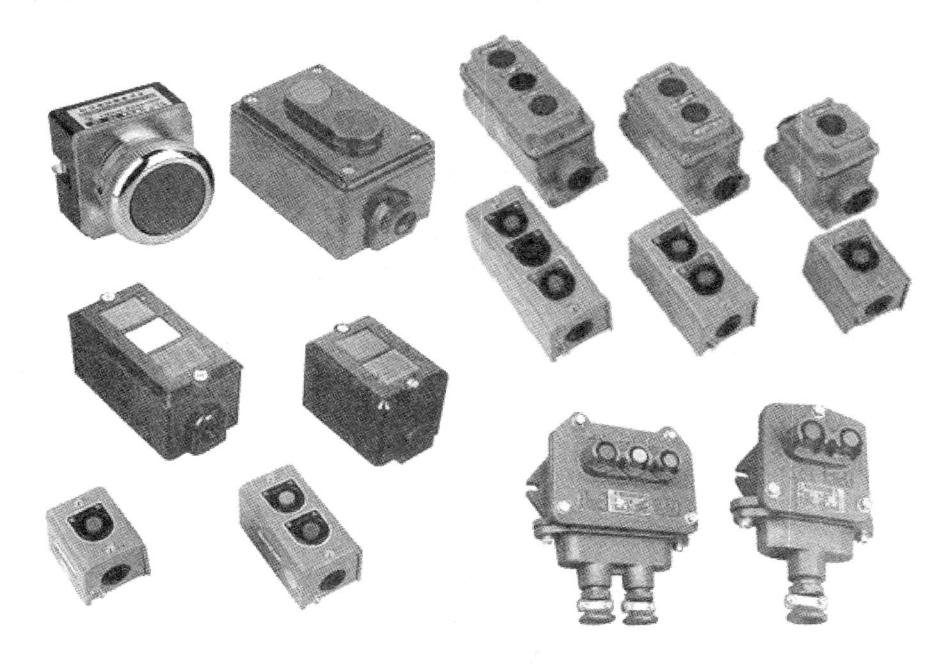

图 278 几种常见的控制按钮

## 例 255 CJT1(CJ10)-100 交流接触器启停的电动机 380V 控制电路接线

电路工作原理：①合上主回路中的隔离开关 QS；②合上主回路中的断路器 QF；③合上控制回路中的熔断器 FU1、FU2。按下启动按钮 SB2 动合触点闭合，电源 L1 相→控制回路熔断器 FU1→1 号线→停止按钮 SB1 动断触点→3 号线→启动按钮 SB2 动合触点（按下时闭合）→5 号线→接触器 KM 线圈→4 号线→热继电器 FR 的动断触点→2 号线→控制回路熔断器 FU2→电源 L3 相。接触器 KM 线圈得电动作，动合触点 KM 闭合自保，主电路中的接触器 KM 三个主触点同时闭合，电动机得电运转驱动机械设备工作。

按下停止按钮 SB1，动断触点 SB1 断开，接触器 KM 线圈断电释放，KM 的三个主触点同时断开，电动机绕组断电停止转动，机械设备停止工作。

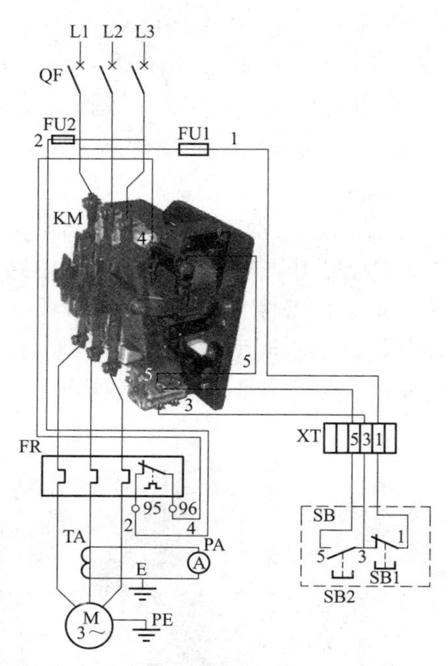


图 279　CJT1（CJ10)-100 交流接触器启停的电动机 380V 控制电路接线

## 例 256　CJT1（CJ10)-150 交流接触器、一启两停的电动机 220V 控制电路接线

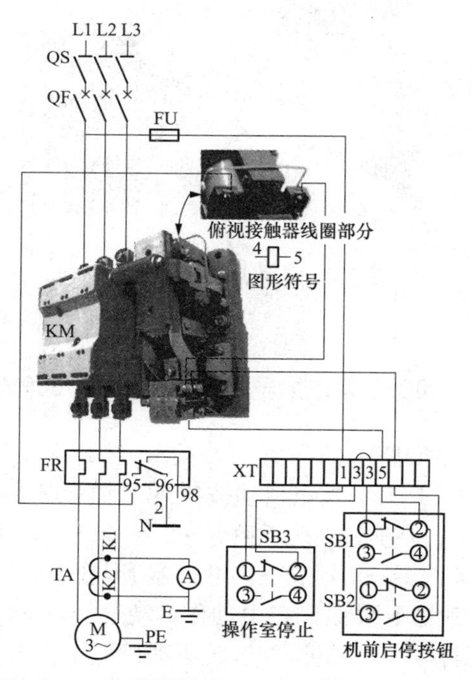


图 280　CJT1（CJ10)-150 交流接触器、一启两停的电动机 220V 控制电路接线

电路工作原理：①合上主回路中的隔离开关 QS；②合上主回路中的断路器 QF；③合上控制回路中的熔断器 FU。按下启动按钮 SB2，电源 L1 相→控制回路熔断器 FU→1 号线→停止按钮 SB3 动断触点→3 号线→停止按钮 SB1 动断触点→5 号线→启动按钮 SB2 动合触点（按下时闭合）→7 号线→接触器 KM 线圈→4 号线→热继电器 FR 的动断触点→2 号线→电源 N 极。接触器 KM 线圈得电动作，主电路中的接触器 KM 三个主触点同时闭合，电动机得电运转驱动机械设备工作。

按下停止按钮 SB1 或停止按钮 SB3 动断触点断开，接触器 KM 线圈断电释放，KM 的三个主触点同时断开，电动机绕组断电停止转动，机械设备停止工作。

电动机发生过负荷运行时，主电路中的热继电器 FR 动作，串接于接触器 KM 线圈控制回路中的热继电器 FR 动断触点断开，接触器 KM 线圈电路断电，接触器 KM 三个主触点同时断开，电动机断电停转，机械设备停止工作。

## 例 257 CJT1-100 交流接触器与按钮启停的电动机 380V 控制电路接线

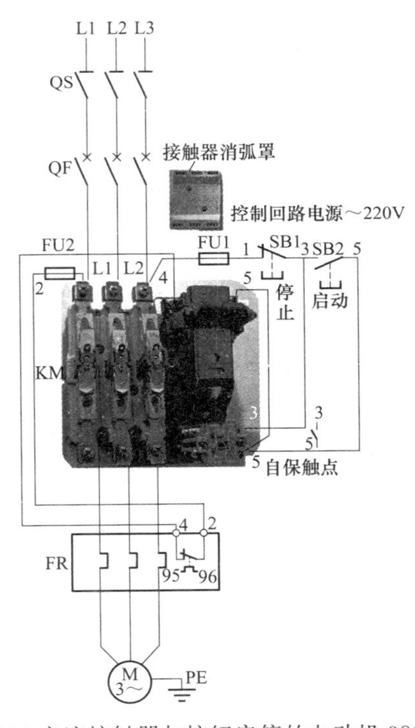


图 281 CJT1-100 交流接触器与按钮启停的电动机 380V 控制电路接线

## 例 258 CJX2-0910 交流接触器与一启两停的电动机 220V 控制电路接线

电路工作原理：①合上主回路中的隔离开关 QS；②合上主回路中的断路器 QF；③合上控制回路中的熔断器 FU。按下启动按钮 SB2，电源 L1 相→控制回路熔断器 FU→1 号线→停止按钮 SB 动断触点→3 号线→停止按钮 SB1 动断触点→5 号线→启动按钮 SB2 动合

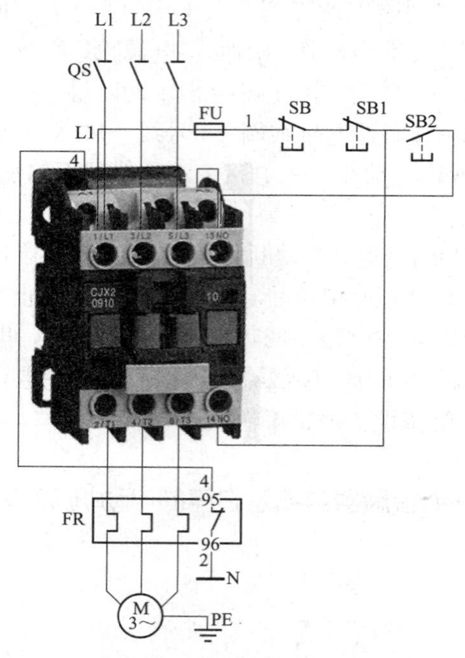


图 282　CJX2 交流接触器与一启两停的电动机 220V 控制电路接线

触点（按下时闭合）→7 号线→接触器 KM 线圈→4 号线→热继电器 FR 的动断触点→2 号线→电源 N 极。接触器 KM 线圈得电动作，主电路中的接触器 KM 三个主触点同时闭合，电动机得电运转驱动机械设备工作。

按下停止按钮 SB1，动断触点 SB1 断开，接触器 KM 线圈断电释放，KM 的三个主触点同时断开，电动机绕组断电停止转动，机械设备停止工作。

电动机发生过负荷运行时，主电路中的热继电器 FR 动作，串接于接触器 KM 线圈控制回路中的热继电器 FR 动断触点断开，接触器 KM 线圈电路断电，接触器 KM 三个主触点同时断开，电动机断电停转，机械设备停止工作。

# 第十一章

# 经验心算方法与电动机配用电器规格选择

## 第一节 经验心算

经验心算就是不用复杂的计算形式，通过简单的心算就能知道电气设备的额定电流，如电动机额定电流的技术数据。

经验心算方法：

电气设备的额定容量乘或除以一个系数，所得出的结果是需要的数据。按此计算得到的数据来选用设备型号、规格，同设计要求及名牌上标注的数据相近。

这些计算方法简单、通俗、易懂，一旦记熟，就可随时随地运用，通过心算和简要笔算（不用翻阅一些手册），能算出需要的数据。检验其正确与否、误差程度，可以和有关图书和设计手册中的数据相比较。

### 一、三相 6kV 交流电动机额定电流的经验心算

**1. 三相交流 6kV 高压同步电动机额定电流的心算方法**

经验心算公式为

$$电动机额定容量(kW)\times 0.12=电动机额定电流 \tag{1}$$

**【例 1】** 一台 250kW 的同步电动机，电压 6kV 用速算方法算出额定电流。

根据式（1）：

$$250\times 0.12=30A$$

经过心算计算，该同步电动机的额定电流是 30A，实际名牌标注电流为 30A。

**2. 三相交流 6kV 高压异步电动机**

经验心算公式同式（1）。

**【例 2】** 一台三相交流 6kV，额定容量为 380kW 鼠笼型异步电动机，用心算方法计算额定电流是多少？

根据式（1）：

$$380\times 0.12=45.6A$$

经过计算，该鼠笼型异步电动机额定电流是 45.6A，电动机名牌上标注电流为 46A。

### 二、三相交流 380V 低压电动机额定电流的经验心算

三相交流 380V 低压电动机额定电流的经验心算公式：

$$电动机额定容量(kW)\times 1.85=电动机额定电流 \tag{2}$$

**【例 3】** 一台 380V 三相交电动机（BJO2-92-2），额定容量（功率）为 75kW，用心算方法求出额定电流。

根据式（2）：

$$75\times1.85=138.75\text{A}$$

查电器手册，查看75kW电动机的额定电流数值，见表2。

**表2　　75kW电动机的额定电流**

| 电动机型号 | BJO-92-4 | JO93-4 | JO93-2 | BJO-92-2 | JQO93-4 |
|---|---|---|---|---|---|
| 额定电压（V） | 380 | 380 | 380 | 380 | 380 |
| 额定电流（A） | 141 | 137 | 136 | 130.5 | 138 |

## 三、6kV/0.4kV三相电力变压器一、二次额定电流的速算经验心算

### 1. 变压器一次额定电流

经验心算公式为

1000kVA－(3.5～4)＝一次额定电流　　(3)

（额定容量数值从个位去零减去3.5或4所得的差为变压器一次的额定电流）

### 2. 变压器二次额定电流

经验速算公式：

变压器一次额定电流×15＝二次额定电流　　(4)

**【例4】** 一台三相电力变压器（SL-1000/6），变压比是6kV/0.4kV，额定容量为1000kVA用经验心算方法求出一、二次电流。

根据式（3）按减3.5计算：

100－3.5＝96.5A（变压器一次额定电流）

96.5×15＝1447.5（变压器二次额定电流）

变压器名牌标注：一次电流是96.2A，二次电流1445A。

## 四、6kV移相电容器额定电流与线路补偿移相电容器容量的心算

### 1. 移相电容器额定电流的经验心算公式

电容器容量(kvar)×0.09＝电容器额定电流　　(5)

**【例5】** 电压为6kV，100kvar移相电容器用经验心算方法求出其额定电流。

根据式（5）：100×0.09＝9

经过计算100（kvar）的电容器额定电流是9A。

### 2. 提高6kV系统功率因数时选用移相电容器（三相）容量的经验心算

经验心算公式：

用电量(kW)×(每提高功率因数0.1时系数为0.25)＝移相电容器的容量(三相)　　(6)

**【例6】** 6kV高压变电站一般正常供电量为6000kW，现功率因数为0.8，要求提高到0.9，应选用的移相电容器的容量。

根据式（6）：6000×0.25＝1500kvar。

经过计算选用的补偿移相电容器容量是1500kvar。

## 五、三相交流380V异步电动机熔丝额定电流的选择心算

### 1. 直接起动的异步电动机

直接起动的异步电动机的经验心算公式为

电动机额定容量(kW)×(4～4.5)＝选用的熔丝额定电流　　(7)

**【例7】** 一台75kW电动机，拖动水泵时、应用多大的熔丝？

根据式（7）：

75×4＝300A，应选用300A的熔丝。

### 2. 降压起动的鼠笼异步电动机或绕线式电动机

降压起动的鼠笼异步电动机或绕线式电动机的经验心算公式为

电动机额定容量(kW)×3＝所要选用的熔丝额定电流值　　(8)

**【例8】** 一台绕线式电动机电压为380V，额定容量为130kW，拖动压缩机时，应选用多大的熔丝？

根据式（8）：

130×3＝390A

注：熔丝内没有390这一规格，应选用400A的。

## 六、选择热继电器（热元件）额定电流的经验心算

### 1. 直接串入电动机主回路中的热继电器

直接串入电动机主回路中的热继电器的经验心算公式为

按电动机额定电流 ×(0.95～1.0)＝热继电器额定电流　　(9)

### 2. 串入电流互感器二次回路中的热继电器

当容量超过40kW以上时，采用二次保护，就是将热继电器的热元件，串入电流互感器二次回路中。

经验心算公式为

电动机额定电流/(TA变比倍数)＝选用的热继电器额定电流　　(10)

**【例9】** 一台40kW电动机，TA为100/5，电动机额定电流73A，应选用多大的热继电器？

根据式（10）：

73/(100/5)＝73/20＝3.65A

经过计算应选用3.65A的热继电器。

查热继电器产品使用说明书中的规格表，查出JR2－20/3，调节范围3.2～5A，将其调整到3.6A处。

### 3. 看电流表指示数值，计算流过电流互感器二次线圈的电流心算方法

电流表指示数值/（TA变比倍数）＝流过TA的二次电流

**【例10】** 3号水泵电流表指示是300A，表盘标注配用的TA为600/5，用心算方法求出流经TA的二次电流。

根据式（11）：

300/(600/5)＝300/120 ＝2.5A

经计算流经 TA 二次回路中的电流是 2.5A。

## 第二节 电动机配用电器规格选择

电动机获得电源并且能够按照人的意志来进行操作、控制，是通过电源设备启动、控制保护电器相互作用实现的，而且这些电器设备选择又是根据驱动的机械设备作用与目的，与结合电动机额定功率与电器开关设备型号规格进行的。

正确选择配和的开关电器是保证电动机（包括对机械设备保护，同样是通过电路中各种不同保护电器开关，继电器完成的）安全运行的基础。

保证电动机（驱动的机械设备）安全运行在故障下自动停机，如机械负荷的超载或损坏而使电动机工作电流超过额定值引起电动机绕组发热至烧毁，因而选择过负荷保护用的热继电器，应按电动机额定电流进行选择。当过负荷时，热继电器动作而将电动机控制电路切断，而使之回路中的接触器释放电动机脱离电源而停止，起到对电动机的保护作用。

对于热继电器额定电流与整定电流的选择必须与电动机工作电流相匹配才会起到保护作用。选择的热继电器额定电流小于电动机额定电流，电动机的启动电流会使热继电器动作，造成电动机不能启动；选择的热继电器额定电流过大，电动机过负荷时，热继电器不能动作，可能导致电动机超载烧毁。因此热继电器额定电流，整定，应为电动机额定电流的 0.95～1.05 范围内。

对于电路中导线截面的选择，尽可能选择的导线截面允许的安全工作电流大于电动机的额定电流，并且有一定的余量，可以保证导线不发热（超过导线的允许工作温度）……

对于电路中的保护方面的电器必须正确选择，能保护在故障下可靠动作，电动机配用电器开关、导线型号、选择，是处于上述目的并且结合实际经验确定的。

各种电器开关设备都有一定的使用范围与要求，而且近年来许多开关设备的型号是厂家确定的，因而现在同一种开关电器型号非常多，因而电动机配用电器开关型号规格选择表不可能全部列出，因而只能选择一些其中的型号。

导线截面的选择要求为：

（1）选用的导线截面应能满足用电设备的需要，使其在最大允许连续的负荷电流不发热，温度不超允许值。

（2）无论明设暗敷直埋地中，要有足够的机械强度，保证安全运行。

（3）线路电压降应在允许的范围内。

（4）电缆直埋地下时，其电缆沟深 0.7m，电缆周围要用砂子作为保护，上面要入上红砖，每米长电缆沟用砂 0.05m$^3$，红砖 8 块，电缆穿越道路等要加钢管保护，电缆过墙及到电动机接线盒处的地面都要穿管，管头应超机座基础 10cm 以上。

（5）控制电缆芯线的选择，最好要比实际用的芯线数多 1～3 根作为备用。

（6）表中的导线截面积单位为平方毫米（mm$^2$）。

在已经知道电动机的额定电流后，根据电动机回路控制方式要求，按电动机额定功率从表 3～表 20 中可以选择出电路所需要的隔离开关、断路器、组合开关、接触器、控制按钮、电力电缆、控制电缆、二次线（独芯的塑料线）等。表中的各种开关，接触器、电缆、继电器、断路器、母线、熔断器等型号、规格、数据选择、参考了各生产厂（公司）的产品样本或产品使用说明书中的技术数据。

**表 3　　电动机额定功率（3kW）配用开关电器型号规格选择表**

| 电动机型号 | Y100L-2（4） | Y132S-6 | Y132M-8 | YB100L-2 | YA132S-6 |
|---|---|---|---|---|---|
| 额定电流 | 6.4A（6.8A） | 7.2A | 7.7A | 6.4A | 7.2A |
| 电器名称 | 用于场所 | 型号规格 | 电器名称 | 用于场所 | 型号规格 |
| 隔离开关（刀形隔离器） | 安装在配电箱．屏．盘，柜内 | HD13-100/3(100A)<br>HD11-100/39(100A) | 交流接触器 | 安装在配电箱．屏．盘，柜内 | NC1-12(12A) |
| 空气断路器 | 安装在配电箱．屏．盘，柜内 | DZ4-25/330/10A<br>DZ6-60/330/15A | 熔断器（主回路） | 安装在配电箱．屏．盘，柜内 | RTO-30/15A<br>RM10-60/15A |
| 变频器 | 用于风机、泵类<br>用于一般工业机械设备 | FRN3.7P9S-4JE<br>8R3.7F3 或 8R5.5F3<br>FRN3.7G9S-4JE<br>8R3.7G3 或 8R5.5G3 | 热继电器（串接于 TA 二次电路中） | 安装在配电箱．屏．盘，柜内 | 3UA50e<br>JR16-20(5A)<br>调节范围：<br>3.2 -4-5A |
| 漏电断路器 | 安装在配电箱．屏．盘，柜内 | NB1L-40/10 10A | 铜母线 | 安装在配电箱．屏．盘，柜内 | MY-3×25mm |
| 交流接触器 | 安装在配电箱．屏．盘，柜内 | CJ10-10（10A）<br>NC8-12（12A） | | | |
| 电流互感器 | 安装在配电箱．屏．盘，柜内 | LMZ1-0.5kV<br>变比为 10：5 | 电流表 | 安装在配电箱，屏．柜．盘表面上 | 1T1-A<br>量程 0～10A |
| 热继电器（主回路） | 安装在配电箱．屏．盘，柜内 | JR16-11(11A)<br>调节范围 6.8-9-11A | 电磁调速控制器 | 安装在操作方便且安全的地方（机前） | JD1A-11<br>（11kW） |
| 绝缘电线 | 穿管<br>明设<br>盘内二次配线 | BBLX-0.5kV　2.5mm²<br>BV-0.5kV　2.5mm²<br>BV-0.5kV61.5mm² | 端子排 | 安装在配电箱．屏．盘，柜内与外部设备连接 | B1-10　10A<br>D1-10<br>TB-10 |
| 控制熔断器（操作回路）或熔断隔离器 | 安装在配电箱，柜内的端子排上或配电箱上 | RL-15/2A<br>GF-16/2A<br>RT18-32-/2A | 负荷开关 | 控制临时用的砂轮机、电钻、潜水泵等 | |
| 电力电缆（主回路） | 直埋地下；<br>明敷设，桥架上；<br>易燃易爆 | VV29-1kV-3×2.5mm²<br>VV-1kV-3×2.5mm²<br>DYFBVV-1kV-3×2.5mm² | 线鼻子（连接端子） | 电缆的两端与（电源设备连接）用电设备连接 | |
| 保护管<br>防爆操作柱 | 机前电缆保护；<br>机前操作 | 铁管 $\phi$20mm<br>LZ1-3W 有电流表<br>TA（变比为 10：5） | 控制按钮 | 防水防尘场所、易燃易爆场所、一般场所盘用 | LA10-2S<br>LA5-2，LA81-2<br>LA2 |
| 信号灯 | 箱、盘、柜表面上 | ND11　380V　$\phi$25mm | 转换开关（万能） | 操作方式选择装在配电箱．屏．盘内 | LW5-16<br>HZ5B-10 |
| 控制电缆（操作线） | 直埋地下；<br>明敷设，桥架上；<br>易燃易爆 | KVV-0.5kV-5×1.5mm²<br>KXV-0.5kV-5×1.5mm²<br>DYFBKVV-0.5kV-6×1.5mm² | 磁力起动器<br>电磁开关<br>交流接触器 | 安装在配电箱．屏．盘，柜内<br>正反转设备用<br>（有机械联锁） | QC12-2/10<br>额定电流 10A<br>CJ10-20(10A) |

表 4　　电动机额定功率（4～5.5kW）配用开关电器型号规格选择表

| 电动机型号 | Y112M-2 (4) | Y132M1-6，Y160M1-8 | Y112M -2 | Y132S1-2 | YA132S1-2 |
|---|---|---|---|---|---|
| 额定电流 | 8.2A (8.8A) | 9.4A，9.9A | 10A | 11.1A | 10.7A |
| 电器名称 | 用于场所 | 型号规格 | 电器名称 | 用于场所 | 型号规格 |
| 隔离开关（刀形隔离器） | 安装在配电箱．屏．盘，柜内 | HD13-100/3(100A)<br>HD11-100/39(100A) | 交流接触器 | 安装在配电箱．屏．盘，柜内 | NC1-12　NC1-18 |
| 空气断路器 | 安装在配电箱．屏．盘，柜内 | DZ4-25/330/10A<br>DZ6-60/330/15A | 熔断器（主回路） | 安装在配电箱．屏．盘，柜内 | RTO-30/25A<br>RM10-60/25A |
| 变频器 | 用于风机、泵类<br>用于一般工业机械设备 | FRN5.5 (7.5) P9S-4JE<br>8R5.5F3 或 8R7.5F3<br>FRN5.5 (7.5) G9S-4JE<br>8R5.5G3 或 8R7.5G3 | 热继电器（串接于 TA 二次电路中） | 安装在配电箱．屏．盘，柜内 | 3UA50e<br>JR16-20 (7.2A)<br>调节范围：<br>4.5-6.0-7.2A |
| 漏电断路器 | 安装在配电箱．屏．盘，柜内 | NB1L-40/16 16A | 铜母线 | 安装在配电箱．屏．盘，柜内 | TMY-3×25mm |
| 交流接触器 | 安装在配电箱．屏．盘，柜内 | CJ10-20/ 20A<br>NC8-12/ 12A | 热继电器（主回路） | 安装在配电箱．屏．盘，柜内 | JR36-20<br>调节范围 8～12.5A |
| 电流互感器 | 安装在配电箱．屏．盘，柜内 | LMZ1-0.5kV<br>LQG-0.5kV<br>变比为 20：5 | 电流表 | 安装在配电箱，屏．柜．盘表面上 | 1T1-A<br>量程 0～20A |
| 热继电器（主回路） | 安装在配电箱．屏．盘，柜内 | 3UA50-12.5<br>调节范围：8.0～12.5A | 电磁调速控制器 | 安装在操作方便且安全的地方（机前） | JD1A-11(11kW) |
| 绝缘电线 | 穿管<br>明设<br>盘内二次配线 | BBLX-0.5kV　6mm²<br>BV-0.5kV　4mm²<br>BV-0.5kV　1.5mm² | 端子排 | 安装在配电箱．屏．盘，柜内与外部设备连接 | B1-10　10A<br>D1-10<br>TB-10 |
| 控制熔断器（操作回路）或熔断隔离器 | 安装在配电箱，柜内的端子排上或配电箱上 | RL-15/2A<br>GF-16/2A<br>RT18-32/2A | 负荷开关 | | |
| 电力电缆（主回路） | 直埋地下；<br>明敷设，桥架上；<br>易燃易爆 | VV29-1kV-3×4mm²<br>VV-1kV-3×4mm²<br>DYFBVV-1kV-3× 4mm² | 线鼻子（连接端子） | 电缆的两端与（电源设备连接）用电设备连接 | 内径　mm<br>外径　mm |
| 保护管<br>防爆操作柱 | 机前电缆保护；机前操作 | 铁管 ϕ25.4mm<br>LZ1-3W 有电流表<br>TA（变比为 20：5） | 控制按钮 | 防水防尘场所、易燃易爆场所、一般场所盘用 | LA10-2S<br>LA52-2<br>LA2 |
| 信号灯 | 箱、盘、柜表面上 | ND11　380V　ϕ25mm<br>XD8-380V 变压器式 | 转换开关（万能） | 操作方式选择装在配电箱．屏．盘内 | LW5-16<br>HZ5B-10 |
| 控制电缆（操作线） | 直埋地下；<br>明敷设，桥架上；<br>易燃易爆 | KVV-0.5kV-5×1.5mm²<br>KXV-0.5kV-5×1.5mm²<br>DYFBKVV-0.5kV-6×1.5mm² | 磁力起动器<br>电磁开关 | 安装在配电箱．屏．盘，柜内<br>正反转设备用（有机械联锁） | QC10-2/6<br>额定电流 10A<br>CJ10-20 |

表 5 **电动机额定功率（7.5 kW）配用开关电器型号规格选择表**

| 电动机型号 | Y160L-8 | Y160M-6 | YA132S2-2 | YA132M-4 | YA160M-6 |
|---|---|---|---|---|---|
| 额定电流 | 17.7A | 17A | 14.3A | 15.2A | 17A |
| 电器名称 | 用于场所 | 型号规格 | 电器名称 | 用于场所 | 型号规格 |
| 隔离开关（刀形隔离器） | 安装在配电箱．屏．盘，柜内 | HD13-100/3(100A)<br>HD11-100/39(100A) | 自耦减压起动箱 | 安装在操作方便且安全的地方，机前 | XJ01-14<br>JJ1-11 |
| 空气断路器 | 安装在配电箱．屏．盘，柜内 | DZ15-40/2902 25A<br>DZ12-60/3 30A | 熔断器（主回路） | 安装在配电箱．屏．盘，柜内 | RTO-50/40A<br>RM10-60/40A |
| 变频器 | 用于风机、泵类；<br>用于一般工业机械设备 | FRN7.5(11) P9S-4JE<br>8R7.5F3 或 8R11F3<br>FRN7.5(11) G9S-4JE<br>8R7.5G3 或 8R11G3 | 热继电器（串接于 TA 二次电路中） | 安装在配电箱．屏．盘，柜内 | 3UA50e<br>JR16-20/5A<br>调节范围：<br>3.2-4-5(5A) |
| 漏电断路器 | 安装在配电箱．屏．盘，柜内 | DZ20L-40(20～25A) | 铜母线 | 安装在配电箱．屏．盘，柜内 | TMY-3×25mm |
| 交流接触器 | 安装在配电箱．屏．盘，柜内 | CJ10-20（20A） | 交流接触器 | 安装在配电箱．屏．盘，柜内 | NC1-25，NC1-32 |
| 电流互感器 | 安装在配电箱．屏．盘，柜内 | LMZ1-0.5kV，LQG-0.5<br>变比为 20：5 | 电流表 | 安装在配电箱，屏．柜．盘表面上 | 1T1-A<br>量程 0～20A |
| 热继电器（主回路） | 安装在配电箱．屏．盘，柜内 | JR36-20<br>调节范围：14（1820A） | 电磁调速控制器 | 安装在操作方便且安全的地方（机前） | JD1A-11(11kW) |
| 绝缘电线 | 穿管；<br>明设；<br>盘内二次配线 | BBLX-0.5kV 6mm²<br>BV-0.5kV 4mm²<br>BV-0.5kV 1.5mm² | 端子排 | 安装在配电箱．屏．盘，柜内与外部设备连接 | B1-10 10A<br>D1-10<br>TB-10 |
| 控制熔断器（操作回路）或熔断隔离器 | 安装在配电箱，柜内的端子排上或配电箱上 | RL-15/2A<br>GF-16/2A<br>RT18-32/2A | 负荷开关 | 根据现场实际，安装在操作方便且安全的地方 | HH3-60/3 |
| 电力电缆（主回路） | 直埋地下；<br>明敷设，桥架上；<br>易燃易爆 | VV29-1kV-3× 6mm²<br>VV-1kV-3× 6mm²<br>DYFBVV-1kV-3 × 6mm² | 线鼻子（连接端子） | 电缆的两端与（电源设备连接）用电设备连接 | 内径 mm<br>外径 mm |
| 保护管<br>防爆操作柱 | 机前电缆保护；<br>机前操作 | 铁管 $\phi$20mm<br>LZ1-3W 有电流表<br>TA（变比为 20：5） | 控制按钮 | 防水防尘场所、易燃易爆场所、一般场所盘用 | LA10-2S<br>LA52-2 LA81-2<br>LA2 |
| 信号灯 | 箱、盘、柜表面上 | ND11 380V $\phi$25.4mm<br>XD8-220V 变压器式 | 转换开关（万能） | 操作方式选择装在配电箱．屏．盘内 | LW5-16<br>HZ5B-10 |
| 控制电缆（操作线） | 直埋地下；<br>明敷设，桥架上；<br>易燃易爆 | KVV-0.5kV-5×1.5mm²<br>KXV-0.5kV-5×1.5mm²<br>DYFBKVV-0.5kV-6×1.5mm² | 磁力起动器<br>电磁开关<br>电流互感器 | 安装在配电箱．屏．盘，柜内<br>正反转设备用（有机械联锁） | QC12-3/K<br>CJ10-40(40A) |

表 6　　电动机额定功率（11kW）配用开关电器型号规格选择表

| 电动机型号 | Y160M1-2 | Y160M-4 | Y160L-6 | Y180L-8 | YA180L-8 |
|---|---|---|---|---|---|
| 额定电流 | 21.8A | 22.6A | 24.6A | 25.1A | 25.4A |
| 电器名称 | 用于场所 | 型号规格 | 电器名称 | 用于场所 | 型号规格 |
| 隔离开关（刀形隔离器） | 安装在配电箱．屏．盘，柜内 | HD13-100/3(100A)<br>HD11-100/39(100A) | 自耦减压起动箱 | 安装在操作方便且安全的地方，机前 | XJ01-14(14kW)<br>JJ1-11(15kW) |
| 空气断路器 | 安装在配电箱．屏．盘，柜内 | DZ20J-100/330(40A) | 熔断器（主回路） | 安装在配电箱．屏．盘，柜内 | RTO-100/50-60A<br>RM10-100/60A |
| 变频器 | 用于风机、泵类；<br>用于一般工业机械设备 | FRN11（15）P9S-4JE 8R11F3 或 8R15F3<br>FRN11（15）G9S-4JE 8R11G3 或 8R15G3 | 热继电器（串接于 TA 二次电路中） | 安装在配电箱．屏．盘，柜内 | 3UA50e<br>JR16-20/1A<br>调节范围：3.2-4-5A |
| 漏电断路器 | 安装在配电箱．屏．盘，柜内 | NB1L-40/40(40)<br>DZL25-40 或-50 | 铜母线 | 安装在配电箱．屏．盘，柜内 | MY-3×25mm |
| 交流接触器 | 安装在配电箱．屏．盘，柜内 | CJ10-40/40A | 真空交流接触器 | 安装在配电箱．屏．盘，柜内 | CKJ-80 |
| 电流互感器 | 安装在配电箱．屏．盘，柜内 | LMZ1-0.5kV<br>LQG-0.5kV<br>变比为 30：5 | 电流表 | 安装在配电箱，屏．柜．盘表面上 | 1T1-A<br>量程 0～30A |
| 热继电器（主回路） | 安装在配电箱．屏．盘，柜内 | JR16-60(32A)<br>调节范围：20-26-32A | 电磁调速控制器 | 安装在操作方便且安全的地方（机前） | JD1A-11 |
| 绝缘电线 | 穿管；<br>明设；<br>盘内二次配线 | BBLX-0.5kV　10mm²<br>BV-0.5kV　10mm²<br>BV-0.5kV　1.5mm² | 端子排 | 安装在配电箱．屏．盘，柜内与外部设备连接 | B1-10　10A<br>D1-10<br>TB-10 |
| 控制熔断器（操作回路）或熔断隔离器 | 安装在配电箱，柜内的端子排上或配电箱上 | RL-15/2A<br>GF-16/2A<br>RT18-32/2A | 交流接触器 | 安装在配电箱．屏．盘，柜内 | NC1-32(32A) |
| 电力电缆（主回路） | 直埋地下；<br>明敷设，桥架上；<br>易燃易爆 | VV29-1kV-3×10mm²<br>VV-1kV-3×10mm²<br>DYFBVV-1kV-3×10mm² | 线鼻子（连接端子） | 电缆的两端与（电源设备连接）用电设备连接 | 内径　mm<br>外径　mm |
| 保护管<br>防爆操作柱 | 机前电缆保护；<br>机前操作 | 铁管 ϕ32mm<br>LZ1-3W 有电流表<br>TA（变比为 30：5） | 控制按钮 | 防水防尘场所、易燃易爆场所、一般场所盘用 | LA10-2S<br>LA52-2，LA81-2<br>LA2 |
| 信号灯 | 箱、盘、柜表面上 | ND11　380V　ϕ25mm<br>XD8-380V 变压器式 | 转换开关（万能） | 操作方式选择装在配电箱．屏．盘内 | LW5-16<br>HZ5B-10 |
| 控制电缆（操作线） | 直埋地下；<br>明敷设，桥架上；<br>易燃易爆 | KVV-0.5kV-5×1.5mm²<br>KXV-0.5kV-5×1.5mm²<br>DYFBKVV-0.5kV-6×1.5mm² | 磁力起动器<br>电磁开关 | 安装在配电箱．屏．盘，柜内<br>正反转设备用（有机械联锁） | QC12-4/2<br>额定电流 40A<br>CJ10-60/3(60A) |

表 7　　电动机额定功率（15kW）配用开关电器型号规格选择表

| 电动机型号 | Y200L-8（4） | Y180L-6 | Y160L-4 | Y160M-2 | YA200L-8 |
|---|---|---|---|---|---|
| 额定电流 | 34.1A | 31.6a | 30.3A | 29.4A | 34.1A |
| 电器名称 | 用于场所 | 型号规格 | 电器名称 | 用于场所 | 型号规格 |
| 隔离开关（刀形隔离器） | 安装在配电箱．屏．盘，柜内 | HD13-100/3(100A)<br>HD11-100/39(100A) | 自耦减压起动箱 | 安装在操作方便且安全的地方，机前 | JJ1-18.5(18.5kW)<br>XJO1-20(20kW) |
| 空气断路器 | 安装在配电箱．屏．盘，柜内 | DZ4-25/330/10A<br>DZ6-60/330/15A | 熔断器（主回路） | 安装在配电箱．屏．盘，柜内 | RTO-100/80A<br>RM10-100/80A |
| 变频器 | 用于风机、泵类；<br>用于一般工业机械设备 | FRN15（18.5）P9S-4JE<br>8R15F3 或 8R18.5F3<br>FRN15（18.5）G9S-4JE<br>8R15G3 或 8R18.5G3 | 热继电器（串接于 TA 二次电路中） | 安装在配电箱．屏．盘，柜内 | 3UA50e<br>JR16-20(5A)<br>调节范围：<br>3.2-4-5A |
| 漏电断路器 | 安装在配电箱．屏．盘，柜内 | NB1L-40/40（40）<br>DZL25-40 或-50 | 铜母线 | 安装在配电箱．屏．盘，柜内 | MY-3×25mm |
| 交流接触器 | 安装在配电箱．屏．盘，柜内 | CJ60-10/60A | 真空交流接触器 | 安装在配电箱．屏．盘，柜内 | CKJ-80(80A) |
| 电流互感器 | 安装在配电箱．屏．盘，柜内 | LMZ1-0.5kV<br>LQG-0.5kV<br>变比为 50∶5 | 电流表 | 安装在配电箱，屏．柜．盘表面上 | 1T1-A<br>量程 0～50A |
| 热继电器（主回路） | 安装在配电箱．屏．盘，柜内 | JR16B-60/3(45A)<br>调节范围：28-36-45A | 电磁调速控制器 | 安装在操作方便且安全的地方（机前） | JD1A-40 |
| 绝缘电线 | 穿管；<br>明设；<br>盘内二次配线 | BBLX-0.5kV　$16mm^2$<br>BV-0.5kV　$10mm^2$<br>BV-0.5kV　$1.5mm^2$ | 端子排 | 安装在配电箱．屏．盘，柜内与外部设备连接 | B1-10　10A<br>D1-10<br>TB-10 |
| 控制熔断器（操作回路）或熔断隔离器 | 安装在配电箱，柜内的端子排上或配电箱上 | RL-15/2A<br>GF-16/2A<br>RT18-32/2A | 负荷开关 | 安装在操作方便且安全的地方 | HH3-60 |
| 电力电缆（主回路） | 直埋地下；<br>明敷设，桥架上；<br>易燃易爆 | VV29-1kV-3×$10mm^2$<br>VV-1kV-3×$10mm^2$<br>DYFBVV-1kV-3×$10mm^2$ | 线鼻子(连接端子) | 电缆的两端与（电源设备连接）用电设备连接 | 内径 4.5mm<br>外径 9mm<br>$10mm^2$ |
| 保护管<br>防爆操作柱 | 机前电缆保护；<br>机前操作 | 铁管 $\phi$32mm<br>LZ1-3W 有电流表<br>TA（变比为 50∶5） | 控制按钮 | 防水防尘场所、易燃易爆场所、一般场所盘用 | LA10-2S<br>LA52-2　LA81-2<br>LA2 |
| 信号灯 | 箱、盘、柜表面上 | ND11　380V　$\phi$25mm<br>XD8-220V 变压器式 | 转换开关(万能) | 操作方式选择装在配电箱．屏．盘内 | LW5-16<br>HZ5B-10 |
| 控制电缆(操作线) | 直埋地下；<br>明敷设，桥架上；<br>易燃易爆 | KVV-0.5kV-5×$1.5mm^2$<br>KXV-0.5kV-5×$1.5mm^2$<br>DYFBKVV-0.5kV-6×$1.5mm^2$ | 磁力起动器<br>电磁开关<br>电流互感器 | 安装在配电箱．屏．盘，柜内<br>正反转设备用（有机械联锁） | QC12-5/K<br>额定电流 60A<br>CJ10-60（60A） |

表 8　　电动机额定功率（18.5kW）配用开关电器型号规格选择表

| 电动机型号 | Y180M-4 | Y200L1-6 | Y160L-2 | YA180M-2 | YA225S-8 |
|---|---|---|---|---|---|
| 额定电流 | 35.9A | 37.7A | 35.5A | 34.9A | 41.3A |
| 电器名称 | 用于场所 | 型号规格 | 电器名称 | 用于场所 | 型号规格 |
| 隔离开关（刀形隔离器） | 安装在配电箱．屏．盘，柜内 | HD13-100/3(100A)<br>HD11-100/39(100A) | 自耦减压起动箱 | 安装在操作方便且安全的地方，机前 | XJ01-20　(28)<br>JJ1-22　(30) |
| 空气断路器 | 安装在配电箱．屏．盘，柜内 | DZX10-100/330(80A) | 熔断器（主回路） | 安装在配电箱．屏．盘，柜内 | RTO-100/80～100A<br>RM10-100/80～100A |
| 变频器 | 用于风机、泵类；<br>用于一般工业机械设备 | FRN18.5(22)P9S-4JE<br>8R18.5F3 或 8R22F3<br>FRN18.5(22)G9S-4JE<br>8R18.5G3 或 8R22G3 | 热继电器（串接于 TA 二次电路中） | 安装在配电箱．屏．盘，柜内 | 3UA50e<br>JR16-20/5A<br>调节范围：<br>3.2-4-5A |
| 漏电断路器 | 安装在配电箱．屏．盘，柜内 | DZL25-50　(40A)<br>DZL25-50　(50A) | 铜母线 | 安装在配电箱．屏．盘，柜内 | MY-3×25mm |
| 交流接触器 | 安装在配电箱．屏．盘，柜内 | CJ10-60/ 60A | 真空交流接触器 | 安装在配电箱．屏．盘，柜内 | CKJ-80(80) |
| 电流互感器 | 安装在配电箱．屏．盘，柜内 | LMZ1-0.5kV<br>LQG-0.5kV<br>变比为 50：5 | 电流表 | 安装在配电箱，屏．柜．盘表面上 | 1T1-A<br>量程 0～50A |
| 热继电器（主回路） | 安装在配电箱．屏．盘，柜内 | JR36-63<br>调节范围：28-36-45A | 电磁调速控制器 | 安装在操作方便且安全的地方（机前） | JD1A-40 |
| 绝缘电线 | 穿管；<br>明设；<br>盘内二次配线 | BBLX-0.5kV　16mm²<br>BV-0.5kV　16mm²<br>BV-0.5kV　1.5mm² | 端子排 | 安装在配电箱．屏．盘，柜内与外部设备连接 | B1-10　10A<br>D1-10<br>TB-10 |
| 控制熔断器（操作回路）或熔断隔离器 | 安装在配电箱，柜内的端子排上或配电箱上 | RL-15/2A<br>GF-16/2A<br>RT18-32/2A | 负荷开关 | 安装在操作方便且安全的地方 | HH3-100/3(100A) |
| 电力电缆（主回路） | 直埋地下；<br>明敷设，桥架上；<br>易燃易爆 | VV29-1kV-3×16mm²<br>VV-1kV-3×16mm²<br>DYFBVV-1kV-3×16mm² | 线鼻子（连接端子） | 电缆的两端与（电源设备连接）用电设备连接 | 内径 5.5mm<br>外径 10mm<br>16mm² |
| 保护管<br>防爆操作柱 | 机前电缆保护；<br>机前操作 | 铁管 $\phi$20mm<br>LZ1-3W 有电流表<br>TA（变比为 50：5） | 控制按钮 | 防水防尘场所、易燃易爆场所、一般场所盘用 | LA10-2S<br>LA52-2，LA81-2<br>LA2 |
| 信号灯 | 箱、盘、柜表面上 | ND11　380V　$\phi$25mm<br>XD8-380V 变压器式 | 转换开关（万能） | 操作方式选择装在配电箱．屏．盘内 | LW5-16<br>HZ5B-10 |
| 控制电缆（操作线） | 直埋地下；<br>明敷设，桥架上；<br>易燃易爆 | KVV-0.5kV-5×1.5mm²<br>KXV-0.5kV-5×1.5mm²<br>DYFBKVV-0.5kV-6×1.5mm² | 磁力起动器<br>电磁开关<br>交流接触器 | 安装在配电箱．屏．盘，柜内正反转设备用（有机械联锁） | QC12-5/K(60A)<br>额定电流 60A<br>CJ10-100（100A） |

**表 9　　电动机额定功率（22kW）配用开关电器型号规格选择表**

| 电动机型号 | Y225M-8 | Y200L-6 | YA200L-4- | YB180M-2 | YA180M-2 |
|---|---|---|---|---|---|
| 额定电流 | 47.6A | 44.6A | 42.5A | 42A | 42.2A |
| 电器名称 | 用于场所 | 型号规格 | 电器名称 | 用于场所 | 型号规格 |
| 隔离开关（刀形隔离器） | 安装在配电箱．屏．盘，柜内 | HD13-100/3(100A)<br>HD11-100/39(100A) | 自耦减压起动箱 | 安装在操作方便且安全的地方，机前 | XJ01-28<br>JJ1-30 |
| 空气断路器 | 安装在配电箱．屏．盘，柜内 | DZ4-25/330/10A<br>DZ6-60/330/15A | 熔断器（主回路） | 安装在配电箱．屏．盘，柜内 | RTO-200/100A<br>RM10-200/100A |
| 变频器 | 用于风机、泵类；<br>用于一般工业机械设备 | FRN22（30）P9S-4JE 8022F3 或 8030F3<br>FRN22（30）G9S-4JE 8022G3 或 8030G3 | 热继电器（串接于 TA 二次电路中） | 安装在配电箱．屏．盘，柜内 | 3UA50e<br>JR16-20/(5A)<br>调节范围：<br>3.2-4-5(5A) |
| 漏电断路器 | 安装在配电箱．屏．盘，柜内 | DZL25-50　(50A)<br>DZL25-50　(63A) | 铜母线 | 安装在配电箱．屏．盘，柜内 | MY-3×25mm |
| 交流接触器 | 安装在配电箱．屏．盘，柜内 | CJ10-60/ 60A | 真空交流接触器 | 安装在配电箱．屏．盘，柜内 | CKJ-80 |
| 电流互感器 | 安装在配电箱．屏．盘，柜内 | LMZ1-0.5kV<br>LQG-0.5kV 变比为 50：5 | 电流表 | 安装在配电箱，屏．柜．盘表面上 | 1T1-A<br>量程 0～50A |
| 热继电器（主回路） | 安装在配电箱．屏．盘，柜内 | 调节范围： | 电磁调速控制器 | 安装在操作方便且安全的地方（机前） | JD-1A-40 |
| 绝缘电线 | 穿管；<br>明设；<br>盘内二次配线 | BBLX-0.5kV　16$mm^2$<br>BV-0.5kV　16$mm^2$<br>BV-0.5kV　1.5$mm^2$ | 端子排 | 安装在配电箱．屏．盘，柜内与外部设备连接 | B1-10　10A<br>D1-10<br>TB-10 |
| 交流接触器 | 起重机设备 | CJ10-100（100A） | | | |
| 控制熔断器（操作回路）或熔断隔离器 | 安装在配电箱，柜内的端子排上或配电箱上 | RL-15/2A<br>GF-16/2A<br>RT18-32/2A | 负荷开关 | 安装在操作方便且安全的地方 | HH3-100 |
| 电力电缆（主回路） | 直埋地下；<br>明敷设，桥架上；<br>易燃易爆 | VV29-1kV-3×16$mm^2$<br>VV-1kV-3×16$mm^2$<br>DYFBVV-1kV-3×16$mm^2$ | 线鼻子（连接端子） | 电缆的两端与（电源设备连接）用电设备连接 | 内径 5.5mm<br>外径 10mm<br>16$mm^2$ |
| 保护管<br>防爆操作柱 | 机前电缆保护；<br>机前操作 | 铁管 $\phi$20mm<br>LZ1-3W 有电流表<br>TA（变比为 50：5） | 控制按钮 | 防水防尘场所、易燃易爆场所、一般场所盘用 | LA10-2S<br>LA52-2LA81-2<br>LA2 |
| 信号灯 | 箱、盘、柜表面上 | ND11　380V　$\phi$25mm<br>XD8-380V 变压器式 | 转换开关（万能） | 操作方式选择装在配电箱．屏．盘内 | LW5-16<br>HZ5B-10 |
| 控制电缆（操作线） | 直埋地下；<br>明敷设，桥架上；<br>易燃易爆 | KVV-0.5kV-7×1.5$mm^2$<br>KXV-0.5kV-7×1.5$mm^2$<br>DYFBKVV-0.5kV-5×1.5$mm^2$ | 磁力起动器<br>电磁开关 | 安装在配电箱．屏．盘，柜内<br>正反转设备用（有机械联锁） | QC12-2/10<br>额定电流 10A |

**表 10　　　　　电动机额定功率（30kW）配用开关电器型号规格选择表**

| 电动机型号 | Y250M-8 | Y200L1-2 | Y225M-6 | YA200L1-2 | YA225S-4 |
|---|---|---|---|---|---|
| 额定电流 | 63A | 56.9A | 59.5A | 56.9A | 57.5A |
| 电器名称 | 用于场所 | 型号规格 | 电器名称 | 用于场所 | 型号规格 |
| 隔离开关（刀形隔离器） | 安装在配电箱．屏．盘，柜内 | HD13-100/3(100A)<br>HD11-100/39(100A) | 自耦减压起动箱 | 安装在操作方便且安全的地方，机前 | XJ01-40(40kW)<br>JJ1-37(37kW) |
| 空气断路器 | 安装在配电箱．屏．盘，柜内 | DZ4-25/330/10A<br>DZ6-60/330/15A | 熔断器（主回路） | 安装在配电箱．屏．盘，柜内 | RTO-200/120A<br>RM10-200/150A |
| 变频器 | 用于风机、泵类；<br>用于一般工业机械设备 | FRN30(37)P9S-4JE<br>8030F3 或 8037F3<br>FRN30（37）G9S-4JE<br>8030G3 或 8037G3 | 热继电器（串接于 TA 二次电路中） | 安装在配电箱．屏．盘，柜内 | JRS1-09<br>调节范围：2.5～4A |
| 漏电断路器 | 安装在配电箱．屏．盘，柜内 | DZL25-100　（63A）<br>DZL25-100　（80A） | 铜母线 | 安装在配电箱．屏．盘，柜内 | MY-3×25mm |
| 交流接触器 | 安装在配电箱．屏．盘，柜内 | CJ10-100/100A | 真空交流接触器 | 安装在配电箱．屏．盘，柜内 | CKJ-80(80A) |
| 电流互感器 | 安装在配电箱．屏．盘，柜内 | LMZ1-0.5kV<br>LQG-0.5kV<br>变比为 100：5 | 电流表 | 安装在配电箱，屏．柜．盘表面上 | 1T1-A<br>量程 0～100A |
| 热继电器（主回路） | 安装在配电箱．屏．盘，柜内 | JR16-150(85A)<br>调节范围：53-70-85A | 电磁调速控制器 | 安装在操作方便且安全的地方（机前） | JD1-40(40kW) |
| 绝缘电线 | 穿管；<br>明设；<br>盘内二次配线 | BBLX-0.5kV　$16mm^2$<br>BV-0.5kV　$16mm^2$<br>BV-0.5kV　$1.5mm^2$ | 端子排 | 安装在配电箱．屏．盘，柜内与外部设备连接 | B1-10　10A<br>D1-10<br>TB-10 |
| 交流接触器 | 起重机设备 | CJ10-100A | | | |
| 控制熔断器（操作回路）或熔断隔离器 | 安装在配电箱，柜内的端子排上或配电箱上 | RL-15/2A<br>GF-16/2A<br>RT18-32/2A | 负荷开关 | 安装在操作方便且安全的地方 | HH3-100（100A） |
| 电力电缆（主回路） | 直埋地下；<br>明敷设，桥架上；<br>易燃易爆 | VV29-1kV-3×$16mm^2$<br>VV-1kV-3×$16mm^2$<br>DYFBVV-1kV-3×$16mm^2$ | 线鼻子（连接端子） | 电缆的两端与（电源设备连接）用电设备连接 | 内径 5.5mm<br>外径 10mm<br>16 $16mm^2$ |
| 保护管<br>防爆操作柱 | 机前电缆保护；<br>机前操作 | 铁管 $\phi$20mm<br>LZ1-3W 有电流表<br>TA（变比为 100：5） | 控制按钮 | 防水防尘场所、易燃易爆场所、一般场所盘用 | LA10-2S<br>LA52-2<br>LA2 |
| 信号灯 | 箱、盘、柜表面上 | ND11　380V　$\phi$25mm<br>XD11-380V | 转换开关（万能） | 操作方式选择装在配电箱．屏．盘内 | LW5-16<br>HZ5B-10 |
| 控制电缆（操作线） | 直埋地下；<br>明敷设，桥架上；<br>易燃易爆 | KVV-0.5kV-7×$1.5mm^2$<br>KXV-0.5kV-5×$1.5mm^2$<br>DYFBKVV-0.5kV-6×$1.5mm^2$ | 磁力起动器<br>电磁开关 | 安装在配电箱．屏．盘，柜内交流接触器 | QC12-6/K<br>QC10-100<br>额定电流 100A |

表 11　　电动机额定功率（37kW）配用开关电器型号规格选择表

| 电动机型号 | Y200L2-2 | Y225S-4 | Y250M-6 | Y280S-8 | |
|---|---|---|---|---|---|
| 额定电流 | 69.8A | 70.4A | 72A | 78.7A | |
| 电器名称 | 用于场所 | 型号规格 | 电器名称 | 用于场所 | 型号规格 |
| 隔离开关（刀形隔离器） | 安装在配电箱．屏．盘，柜内 | HD13-200/3(200A)<br>HD11-200/39(200A) | 自耦减压起动箱 | 安装在操作方便且安全的地方，机前 | XJ01-40(40kW)<br>XJ01-55(55kW) |
| 空气断路器 | 安装在配电箱．屏．盘，柜内 | DZ20-100/330/100A<br>DZX10-100/320/100A | 熔断器（主回路） | 安装在配电箱．屏．盘，柜内 | RTO-200/150A<br>RM10-200/160A |
| 变频器 | 用于风机、泵类；<br>用于一般工业机械设备 | FRN37(45)P9S-4JE<br>8045F3 或 8037F3<br>FRN37（45）G9S-4JE<br>8037G3 或 8045G3 | 热继电器（串接于 TA 二次电路中） | 安装在配电箱．屏．盘，柜内 | 3UA52 调节范围<br>3.2-5A<br>NR3-16<br>调节围：3.4～4.5A |
| 漏电断路器 | 安装在配电箱．屏．盘，柜内 | DZL25-100 (80A)<br>DZL25-100 (100A) | 铜母线 | 安装在配电箱．屏．盘，柜内 | LMY-3×25mm |
| 交流接触器 | 安装在配电箱．屏．盘，柜内 | CJ10-100/ 100A<br>CJX2-80 | 真空交流接触器 | 安装在配电箱．屏．盘，柜内 | CKJ-125（125A） |
| 电流互感器 | 安装在配电箱．屏．盘，柜内 | LMZ1-0.5kV<br>LQG-0.5kV<br>变比为 100∶5 | 电流表 | 安装在配电箱，屏．柜．盘表面上 | 1T1-A<br>量程 0～100A |
| 热继电器（主回路） | 安装在配电箱．屏．盘，柜内 | JRS1-80(80A)<br>调节范围：63～80A | 电磁调速控制器 | 安装在操作方便且安全的地方（机前） | JD1-40(40kW) |
| 绝缘电线 | 穿管；<br>明设；<br>盘内二次配线 | BBLX-0.5kV 25mm$^2$<br>BV-0.5kV 16mm$^2$<br>BV-0.5kV 1.5mm$^2$ | 端子排 | 安装在配电箱．屏．盘，柜内与外部设备连接 | B1-10 10A<br>D1-10<br>TB-10 |
| 交流接触器 | 起重机设备 | CJ10-100A | | | |
| 控制熔断器（操作回路）或熔断隔离器 | 安装在配电箱，柜内的端子排上或配电箱上 | RL-15/2A<br>GF-16/2A<br>RT18-32/2A | 负荷开关 | 安装在操作方便且安全的地方 | HH3-200/3 200A |
| 电力电缆（主回路） | 直埋地下；<br>明敷设，桥架上；<br>易燃易爆 | VV29-1kV-3×25mm$^2$<br>VV-1kV-3×25mm$^2$<br>DYFBVV-1kV-3×35mm$^2$ | 线鼻子（连接端子） | 电缆的两端与（电源设备连接）用电设备连接 | 内径 mm<br>外径 mm<br>25mm$^2$ 35mm$^2$ |
| 保护管<br>防爆操作柱 | 机前电缆保护；<br>机前操作 | 铁管 $\phi$40mm<br>LZ1-3W 有电流表<br>TA（变比为 100∶5） | 控制按钮 | 防水防尘场所、易燃易爆场所、一般场所盘用 | LA10-2S<br>LA52-2<br>LA2 |
| 信号灯 | 箱、盘、柜表面上 | ND11 380V $\phi$25mm<br>XD11-380V | 转换开关（万能） | 操作方式选择装在配电箱．屏．盘内 | LW5-16<br>HZ5B-10 |
| 控制电缆（操作线） | 直埋地下；<br>明敷设，桥架上；<br>易燃易爆 | KVV-0.5kV-6×1.5mm$^2$<br>KXV-0.5kV-7×1.5mm$^2$<br>DYFBKVV-0.5kV-6×1.5mm$^2$，7×2.5mm$^2$ | 磁力起动器<br>电磁开关<br>交流接触器 | 安装在配电箱．屏．盘，柜内<br>正反转设备用（有机械联锁） | QC12-6/K(150A)<br>额定电流 100A |

表 12　　电动机额定功率（45kW）配用开关电器型号规格选择表

| 电动机型号 | Y315S-10 | Y225M-4 | Y280M-8 | Y225M-2 | |
|---|---|---|---|---|---|
| 额定电流 | 98A | 84.2A | 93.2A | 84A | |
| 电器名称 | 用于场所 | 型号规格 | 电器名称 | 用于场所 | 型号规格 |
| 隔离开关（刀形隔离器） | 安装在配电箱．屏．盘，柜内 | HD13-200/3(200A)<br>HD11-200/39(200A) | 自耦减压起动箱 | 安装在操作方便且安全的地方，机前 | XJ01-55(55kW)<br>JJ1-45　JJ1-55 |
| 空气断路器 | 安装在配电箱．屏．盘，柜内 | DZ20-250/330<br>DZX10-200/330 | 熔断器（主回路） | 安装在配电箱．屏．盘，柜内 | RTO-200/200A |
| 变频器 | 用于风机、泵类；<br>用于一般工业机械设备 | FRN45(55)P9S-4JE<br>8045F3 或 8055F3<br>FRN45（55）G9S-4JE<br>8045G3 或 8055G3 | 热继电器（串接于 TA 二次电路中） | 安装在配电箱．屏．盘，柜内 | JR36-20 调节范围：<br>2.2-2.8-3.5A<br>JRS2-12.5 12.5A<br>调节范围：2.5～4A |
| 漏电断路器 | 安装在配电箱．屏．盘，柜内 | DZL25-100　（100A）<br>DZL25-200　（100A） | 铜母线 | 安装在配电箱．屏．盘，柜内 | LMY-3×30mm |
| 交流接触器 | 安装在配电箱．屏．盘，柜内 | CJ10-150/150A | 真空交流接触器 | 安装在配电箱．屏．盘，柜内 | CKJ-125 |
| 电流互感器 | 安装在配电箱．屏．盘，柜内 | LMZ1-0.5kV<br>LQG-0.5kV<br>变比为 150：5 | 电流表 | 安装在配电箱，屏．柜．盘表面上 | 1T1-A<br>量程 0～150A |
| 热继电器（主回路） | 安装在配电箱．屏．盘，柜内 | JR15-150　（110A）<br>调节范围：68-90-110A | 电磁调速控制器 | 安装在操作方便且安全的地方（机前） | JD1-90(90kW) |
| 绝缘电线 | 穿管；<br>明设；<br>盘内二次配线 | BBLX-0.5kV　$50mm^2$<br>BV-0.5kV　$50mm^2$<br>BV-0.5kV　$1.5mm^2$ | 端子排 | 安装在配电箱．屏．盘，柜内与外部设备连接 | B1-10　10A<br>D1-10<br>TB-10 |
| 交流接触器 | 起重机设备 | CJ10-150　（150A） | | | |
| 控制熔断器（操作回路）或熔断隔离器 | 安装在配电箱，柜内的端子排上或配电箱上 | RL-15/4A<br>GF-16/4A<br>RT18-32/5A | 负荷开关 | 安装在操作方便且安全的地方 | HH3-200/3 |
| 电力电缆（主回路） | 直埋地下；<br>明敷设，桥架上；<br>易燃易爆 | VV29-1kV-3×$35mm^2$<br>VV-1kV-3×$35mm^2$<br>DYFBVV-1kV-3×$50mm^2$ | 线鼻子（连接端子） | 电缆的两端与（电源设备连接）用电设备连接 | 内径 9.5mm<br>外径 16mm<br>$50mm^2$ |
| 保护管<br>防爆操作柱 | 机前电缆保护；<br>机前操作 | 铁管 $\phi$32mm<br>LZ1-3W 有电流表<br>TA（变比为 150：5） | 控制按钮 | 防水防尘场所、易燃易爆场所、一般场所盘用 | LA10-2S<br>LA52-2<br>LA2 |
| 信号灯 | 箱、盘、柜表面上 | ND11　380V　$\phi$25mm<br>XD11-380V，XD13-380V | 转换开关（万能） | 操作方式选择装在配电箱．屏．盘内 | LW5-16<br>HZ5B-10 |
| 控制电缆（操作线） | 直埋地下；<br>明敷设，桥架上；<br>易燃易爆 | KVV-0.5kV-5×$1.5mm^2$<br>KXV-0.5kV-5×$1.5mm^2$<br>DYFBKVV-0.5kV-6×$1.5mm^2$，7×$2.5mm^2$ | 磁力起动器<br>电磁开关<br>交流接触器 | 安装在配电箱．屏．盘，柜内<br>正反转设备用（有机械联锁） | QC12-7/H(150A)<br>QC10-7/(150A)<br>额定电流 150A<br>NC1-95/3 |

表 13　　电动机额定功率（55kW）配用开关电器型号规格选择表

| 电动机型号 | Y250M-2（4） | Y280M-6 | Y315S-8 | Y315M2-10 | YB250M-2 |
|---|---|---|---|---|---|
| 额定电流 | 102.7A | 102.5A | 104.9A | 109A | 120A |
| 电器名称 | 用于场所 | 型号规格 | 电器名称 | 用于场所 | 型号规格 |
| 隔离开关（刀形隔离器） | 安装在配电箱．屏．盘，柜内 | HD13-200/3（200A）<br>HD11-200/39（200A） | 自耦减压起动箱 | 安装在操作方便且安全的地方，机前 | Xj01-75(75kW)<br>JJ1-55 或 JJ1-75 |
| 空气断路器 | 安装在配电箱．屏．盘，柜内 | DZ20-250/330(150A)<br>DZX10-200/330(120A) | 熔断器（主回路） | 安装在配电箱．屏．盘，柜内 | RTO-400/250A<br>RM10-350/260A |
| 变频器 | 用于风机、泵类；<br>用于一般工业机械设备 | FRN55-（75）P9S-4JE 8055F3 或 8075F3<br>FRN55-（75）G9S-4JE 8055G3 或 8075G3 | 热继电器（串接于 TA 二次电路中） | 安装在配电箱．屏．盘，柜内 | JR16-20/5A<br>调节范围：3.2-4-5<br>JRS2-12.5 12.5A<br>调节范围：2.5～4A |
| 漏电断路器 | 安装在配电箱．屏．盘，柜内 | DZL25-200（125A）<br>DZ20L-125（125A） | 铜母线 | 安装在配电箱．屏．盘，柜内 | LMY-3×40mm |
| 交流接触器 | 安装在配电箱．屏．盘，柜内 | CJ10-150/ 150A | 真空交流接触器 | 安装在配电箱．屏．盘，柜内 | CKJ-125（125A） |
| 电流互感器 | 安装在配电箱．屏．盘，柜内 | LMZ1-0.5kV<br>LQG-0.5kV<br>变比为 150：5 | 电流表 | 安装在配电箱，屏．柜．盘表面上 | 1T1-A<br>量程 0～150A |
| 热继电器（主回路） | 安装在配电箱．屏．盘，柜内 | JR15-150<br>调节范围：68-90-110A | 电磁调速电动机控制器 | 安装在操作方便且安全的地方（机前） | JD1-90（90kW） |
| 绝缘电线 | 穿管；<br>明设；<br>盘内二次配线 | BBLX-0.5kV　70mm²<br>BV-0.5kV　70mm²<br>BV-0.5kV　1.5mm² | 端子排 | 安装在配电箱．屏．盘，柜内与外部设备连接 | B1-10　10A<br>D1-10<br>TB-10 |
| 交流接触器 | 起重机设备 | CJ10-150　（150A） | | | |
| 控制熔断器（操作回路）或熔断隔离器 | 安装在配电箱，柜内的端子排上或配电箱上 | RL-15/4A<br>GF-16/4A<br>RT18-32/4A | 负荷开关 | 安装在操作方便且安全的地方 | HH3-200/3 |
| 电力电缆（主回路） | 直埋地下；<br>明敷设，桥架上；<br>易燃易爆 | VV29-1kV-3× 70mm²<br>VV-1kV-3× 70mm²<br>DYFBVV-1kV-3× 70mm² | 线鼻子（连接端子） | 电缆的两端与（电源设备连接）用电设备连接 | 内径 11.5mm<br>外径 18mm |
| 保护管<br>防爆操作柱 | 机前电缆保护；<br>机前操作 | 铁管 $\phi$32—40mm<br>LZ1-3W 有电流表<br>TA（变比为 150：5） | 控制按钮 | 防水防尘场所；<br>易燃易爆场所；<br>一般场所盘用 | LA10-2S<br>LA52-2，LA81-2<br>LA2，LA6 |
| 信号灯 | 箱、盘、柜表面上 | ND11　380V　$\phi$25mm<br>XD11-380V，<br>XD13-380V | 转换开关（万能） | 操作方式选择装在配电箱．屏．盘内 | LW5-16<br>HZ5B-10 |
| 控制电缆（操作线） | 直埋地下；<br>明敷设，桥架上；<br>易燃易爆 | KVV-0.5kV-7×1.5mm²<br>KXV-0.5kV-5×1.5mm²<br>DYFBKVV-0.5kV-6×1.5mm²（2.5 mm²） | 磁力起动器<br>电磁开关<br>交流接触器 | 安装在配电箱．屏．盘，柜内<br>正反转设备用（有机械联锁） | QC12-7/K（150A）<br>额定电流 150A |

**表 14　　电动机额定功率（75kW）配用开关电器型号规格选择表**

| 电动机型号 | Y280S-2 | Y260S-4 | YB280S-2 | Y315M1-8 | Y315M3-10 |
|---|---|---|---|---|---|
| 额定电流 | 140.1A | 139.7A | 139.9A | 148A | 160A |
| 电器名称 | 用于场所 | 型号规格 | 电器名称 | 用于场所 | 型号规格 |
| 隔离开关（刀形隔离器） | 安装在配电箱．屏．盘，柜内 | HD13-200/3(200A)<br>HD11-200/39(200A) | 自耦减压起动箱 | 安装在操作方便且安全的地方，机前 | XJ01-75(75kW)<br>XJ01-80(80kW) |
| 空气断路器 | 安装在配电箱．屏．盘，柜内 | DZ10-250/330/150-200A | 熔断器（主回路） | 安装在配电箱．屏．盘，柜内 | RTO-400/300A |
| 变频器 | 用于风机、泵类；<br>用于一般工业机械设备 | FRN75　(90) P9S-4JE 8075F3 或 8093F3<br>FRN75　(90) G9S-4JE 8075G3 或 8093G3 | 热继电器（串接于 TA 二次电路中） | 安装在配电箱．屏．盘，柜内 | JR16-20/5A<br>调节范围：3.2-4-5<br>JRS2-12.5 12.5A<br>调节范围：2.5～4A |
| 漏电断路器 | 安装在配电箱．屏．盘，柜内 | DZL25-160　(160A)<br>DZ20L-160　(160A) | 铜母线 | 安装在配电箱．屏．盘，柜内 | MY-3×30mm |
| 交流接触器 | 安装在配电箱．屏．盘，柜内 | B170　(170A)<br>CJ12B-250（250A） | 真空交流接触器 | 安装在配电箱．屏．盘，柜内 | CKJ-250（250A） |
| 电流互感器 | 安装在配电箱．屏．盘，柜内 | LMZ1-0.5kV<br>LQG-0.5kV<br>变比为 200：5 | 电流表 | 安装在配电箱，屏．柜．盘表面上 | 1T1-A<br>量程 0～200A |
| 热继电器（主回路） | 安装在配电箱．屏．盘，柜内 | JR20-170<br>调节范围：110～160A | 电磁调速控制器 | 安装在操作方便且安全的地方（机前） | JD1-90（90kW） |
| 绝缘电线 | 穿管；<br>明设；<br>盘内二次配线 | BBLX-0.5kV　95mm²<br>BV-0.5kV　95mm²<br>BV-0.5kV 1.5～2.5mm² | 端子排 | 安装在配电箱．屏．盘，柜内与外部设备连接 | B1-10　10A<br>D1-10<br>TB-10 |
| 交流接触器 | 起重机设备 | CJ12B-250（250A） | | | |
| 控制熔断器（操作回路）或熔断隔离器 | 安装在配电箱，柜内的端子排上或配电箱上 | RL-15/4A<br>GF-16/4A<br>RT18-32/4A | 负荷开关 | 安装在操作方便且安全的地方 | HH3-200/3 |
| 电力电缆（主回路） | 直埋地下；<br>明敷设，桥架上；<br>易燃易爆 | VV29-1kV-3×95mm²<br>VV-1kV-3×95mm²<br>DYFBVV-1kV-3×95mm² | 线鼻子（连接端子） | 电缆的两端与（电源设备连接）用电设备连接 | 内径 13.6mm<br>外径 21mm |
| 保护管<br>防爆操作柱 | 机前电缆保护；<br>机前操作 | 铁管 $\phi$40mm<br>LZ1-3W 有电流表 TA（变比为 200：5） | 控制按钮 | 防水防尘场所、易燃易爆场所、一般场所盘用 | LA10-2S<br>LA52-2<br>LA2 |
| 信号灯 | 箱、盘、柜表面上 | ND11　380V　$\phi$25mm<br>XD11-380V,<br>XD13-380V | 转换开关（万能） | 操作方式选择装在配电箱．屏．盘内 | LW5-16<br>HZ5B-10 |
| 控制电缆（操作线） | 直埋地下；<br>明敷设，桥架上；<br>易燃易爆 | KVV-0.5kV-5×1.5mm²<br>KXV-0.5kV-5×1.5mm²<br>DYFBKVV-0.5kV-6×1.5　(6× 2.5) mm² | 磁力起动器<br>电磁开关<br>交流接触器 | 安装在配电箱．屏．盘，柜内正反转设备用（有机械联锁） | CJ12B-250 |

**表 15　电动机额定功率（90kW）配用开关电器型号规格选择表**

| 电动机型号 | YB280M-2 | Y280M-4 | Y315M1-6 | Y315M2-8 | |
|---|---|---|---|---|---|
| 额定电流 | 167A | 164.3A | 167A | 175A | |
| 电器名称 | 用于场所 | 型号规格 | 电器名称 | 用于场所 | 型号规格 |
| 隔离开关（刀形隔离器） | 安装在配电箱．屏．盘，柜内 | HD13-100/3（100A）<br>HD11-100/39（100A） | 自耦减压起动箱 | 安装在操作方便且安全的地方，机前 | XJ01-90（90kW）<br>XJ01-110（110kW） |
| 空气断路器 | 安装在配电箱．屏．盘，柜内 | DZ4-25/330/10A<br>DZ6-60/330/15A | 熔断器（主回路） | 安装在配电箱．屏．盘，柜内 | TO-30/15A<br>RM10-60/15A |
| 变频器 | 用于风机、泵类；<br>用于一般工业机械设备 | FRN90（110）P9S-4JE<br>8093F3 或 8110F3<br>FRN90（110）G9S-4JE<br>8093G3 或 8110G3 | 热继电器（串接于 TA 二次电路中） | 安装在配电箱．屏．盘，柜内 | JR16-20/5A<br>调节范围：3.2-4-5<br>JRS2-12.5 12.5A<br>调节范围：2.5～4A |
| 漏电断路器 | 安装在配电箱．屏．盘，柜内 | DZL25-200　（180A）<br>DZ20L-180　（180A） | 铜母线 | 安装在配电箱．屏．盘，柜内 | LMY-3×35mm |
| 交流接触器 | 安装在配电箱．屏．盘，柜内 | CJ12-250/3　（250A） | 真空交流接触器 | 安装在配电箱．屏．盘，柜内 | CKJ-400 |
| 电流互感器 | 安装在配电箱．屏．盘，柜内 | LMZ1-0.5kV、<br>LQG-0.5kV<br>变比分别为<br>300：5、300：5 | 电流表 | 安装在配电箱，屏．柜．盘表面上 | 1T1-A 量程 0～200A<br>0～300A |
| 热继电器（主回路） | 安装在配电箱．屏．盘，柜内 | NR3-370<br>调节范围：140～200A | 电磁调速控制器 | 安装在操作方便且安全的地方（机前） | JD1-90（90kW） |
| 绝缘电线 | 穿管；<br>明设；<br>盘内二次配线 | BBLX-0.5kV　2× 70mm²<br>BV-0.5kV　2× 70mm²<br>BV-0.5kV 1.5～2.5mm² | 端子排 | 安装在配电箱．屏．盘，柜内与外部设备连接 | B1-10　10A<br>D1-10<br>TB-10 |
| 万能空气断路器 | 不频繁起动电动机 | DW15-200（200A） | | | |
| 控制熔断器（操作回路）或熔断隔离器 | 安装在配电箱，柜内的端子排上或配电箱上 | RL-15/4A<br>GF-16/4A<br>RT18-32/4A | 负荷开关 | 安装在操作方便且安全的地方 | HH3-300/3 |
| 电力电缆（主回路） | 直埋地下；<br>明敷设，桥架上；<br>易燃易爆 | VV29-1kV-3×120mm²<br>VV-1kV-3×120mm²<br>DYFBVV-1kV-3×120mm² | 线鼻子（连接端子） | 电缆的两端与（电源设备连接）用电设备连接 | 内径 15mm<br>外径 23mm<br>120mm² |
| 保护管<br>防爆操作柱 | 机前电缆保护；<br>机前操作 | 铁管 75mm<br>LZ1-3W 有电流表<br>TA（变比为 300：5） | 控制按钮 | 防水防尘场所、易燃易爆场所、一般场所盘用 | LA10-2S<br>LA52-2，LA81-2<br>LA2　LA6 |
| 信号灯 | 箱、盘、柜表面上 | ND11　380V　$\phi$25mm<br>XD11-380V，<br>XD13-380V | 转换开关（万能） | 操作方式选择装在配电箱．屏．盘内 | LW5-16<br>HZ5B-10 |
| 控制电缆（操作线） | 直埋地下；<br>明敷设，桥架上；<br>易燃易爆 | KVV-0.5kV-5×1.5mm²<br>KXV-0.5kV-5×1.5mm²<br>DYFBKVV-0.5kV-6×1.5，（7× 2.5）mm² | 磁力起动器<br>电磁开关<br>交流接触器 | 装在配电箱．屏．盘，柜内<br>正反转设备用（有机械联锁） | CJ12B-250 |

**表 16　　电动机额定功率（110kW）配用开关电器型号规格选择表**

| 电动机型号 | Y315S-2 | Y315M3-6 | JS126-8 | | |
|---|---|---|---|---|---|
| 额定电流 | 204A | 244A | 212A | | |
| 电器名称 | 用于场所 | 型号规格 | 电器名称 | 用于场所 | 型号规格 |
| 隔离开关（刀形隔离器） | 安装在配电箱．屏．盘，柜内 | HD13-400/3（400A）<br>HD11-400/39（400A） | 自耦减压起动箱 | 安装在操作方便且安全的地方，机前 | XJ01-115（115kW）<br>JJ1-132（132kW） |
| 空气断路器 | 安装在配电箱．屏．盘，柜内 | DZ10-400/330/300A | 熔断器（主回路） | 安装在配电箱．屏．盘，柜内 | RTO-600/500A<br>RM10-600/550A |
| 变频器 | 用于风机、泵类；<br>用于一般工业机械设备 | FRN110 （132）P9S-4JE<br>8110F3 或 8132F3<br>FRN110（132）G9S-4JE<br>8110G3 或 8132G3 | 热继电器（串接于 TA 二次电路中）调节范围 | 安装在配电箱．屏．盘，柜内 | JR16-20/5A<br>调节范围：3.2-4-5<br>JRS2-12.5 12.5A<br>调节范围：2.5～4A |
| 空气断路器（万能） | 用于不频繁起动的电动机 | DW15-400 （300A） | 铜母线 | 安装在配电箱．屏．盘，柜内 | LMY-4×40mm |
| 交流接触器 | 安装在配电箱．屏．盘，柜内 | CJ12-250(250A)<br>CJ12-400 （400A） | 真空交流接触器 | 安装在配电箱．屏．盘，柜内 | CKJ-400(400A) |
| 电流互感器 | 安装在配电箱．屏．盘，柜内 | LMZ1-0.5kV<br>LQG-0.5kV<br>变比为 300：5 | 电流表 | 安装在配电箱，屏．柜．盘表面上 | 1T1-A<br>量程 0～300A |
| 热继电器（主回路） | 安装在配电箱．屏．盘，柜内 | NR3-370<br>调节范围：160-250A | | | |
| 绝缘电线 | 穿管；<br>明设；<br>盘内二次配线 | BBLX-0.5kV 2×70mm²<br>BV-0.5kV 2×70mm²<br>BV-0.5kV 1.5～2.5mm² | 端子排 | 安装在配电箱．屏．盘，柜内与外部设备连接 | B1-10 10A<br>D1-10<br>TB-10 |
| 控制熔断器（操作回路）或熔断隔离器 | 安装在配电箱，柜内的端子排上或配电箱上 | RL-15/2A<br>GF-16/2A<br>RT18-32/2A | 负荷开关 | 安装在操作方便且安全的地方 | HH3-300/3 |
| 电力电缆（主回路） | 直埋地下；<br>明敷设，桥架上；<br>易燃易爆 | VV29-1kV-3×120mm²<br>VV-1kV-3×120mm²<br>DYFBVV-1kV-3×120mm² | 线鼻子（连接端子） | 电缆的两端与（电源设备连接）用电设备连接 | 内径 15mm<br>外径 23mm<br>120mm² |
| 保护管<br>防爆操作柱 | 机前电缆保护；<br>机前操作 | 铁管 $\phi$75mm<br>LZ1-3W 有电流表<br>TA（变比为 300：5） | 控制按钮 | 防水防尘场所、易燃易爆场所、一般场所盘用 | LA10-2S<br>LA52-2<br>LA2 |
| 信号灯 | 箱、盘、柜表面上 | ND11 380V $\phi$25mm<br>XD11-380V，<br>XD13-380V | 转换开关（万能） | 操作方式选择装在配电箱．屏．盘内 | LW5-16<br>HZ5B-10 |
| 控制电缆（操作线） | 直埋地下；<br>明敷设，桥架上；<br>易燃易爆 | KVV-0.5kV-5×1.5mm²<br>KXV-0.5kV-5×1.5mm²<br>DYFBKVV-0.5kV-6×1.5（6×2.5）mm² | 交流接触器 | 安装在配电箱．屏．盘，柜内<br>正反转设备用（有机械联锁） | NC2-400NS 400A<br>NC2-500NS |

表 17　电动机额定功率（132kW）配用开关电器型号规格选择表

| 电动机型号 | JBO400S-2 | JB315S2-2 | Y315M3-6 | Y315M1-2 | |
|---|---|---|---|---|---|
| 额定电流 | 250A | 240A | 244A | 245A | |
| 电器名称 | 用于场所 | 型号规格 | 电器名称 | 用于场所 | 型号规格 |
| 隔离开关（刀形隔离器） | 安装在配电箱．屏．盘，柜内 | HD13-400/3（400A）<br>HD11-400/39（400A） | 自耦减压起动箱 | 安装在操作方便且安全的地方，机前 | XJ01-135(135kW)<br>JJ1-160(160kW) |
| 空气断路器 | 安装在配电箱．屏．盘，柜内 | DZ20-400/330/350A | 熔断器（主回路） | 安装在配电箱．屏．盘，柜内 | RTO-600/550A<br>RM10-1000/600A |
| 变频器 | 用于风机、泵类；<br>用于一般工业机械设备 | FRN132（160）P9S-4JE<br>8132F3 或 8160F3<br>FRN132（160）G9S-4JE<br>8132G3 或 8160G3 | 热继电器（串接于 TA 二次电路中） | 安装在配电箱．屏．盘，柜内 | JR16-20/5A<br>调节范围：3.2-4-5<br>JRS2-12.5 12.5A<br>调节范围：3.4～4.5A |
| 漏电断路器 | 安装在配电箱．屏．盘，柜内 | DZ20L-400(250 A) | 铜母线 | 安装在配电箱．屏．盘，柜内 | LMY-4×40mm |
| 交流接触器 | 安装在配电箱．屏．盘，柜内 | CJ12-400（400A） | 真空交流接触器 | 安装在配电箱．屏．盘，柜内 | CKJ-400(400A) |
| 电流互感器 | 安装在配电箱．屏．盘，柜内 | LMZJ1-0.5kV<br>LQG-0.5kV<br>变比为 300：5 | 电流表 | 安装在配电箱，屏．柜．盘表面上 | 1T1-A<br>量程 0～300A |
| 热继电器（主回路） | 安装在配电箱．屏．盘，柜内 | NR3-250<br>调节范围：160～250A | 空气断路器（万能） | 用于不频繁起动的电动机 | DW15-400(315A) |
| 绝缘电线 | 穿管；<br>明设；<br>盘内二次配线 | BBLX-0.5kV　2×70mm$^2$<br>BV-0.5kV　2×70mm$^2$<br>BV-0.5kV 1.5～2.5mm$^2$ | 端子排 | 安装在配电箱．屏．盘，柜内与外部设备连接 | B1-10　10A<br>D1-10<br>TB-10 |
| 交流接触器 | 起重机设备 | CJ12B-250(400) | | | |
| 控制熔断器（操作回路）或熔断隔离器 | 安装在配电箱，柜内的端子排上或配电箱上 | RL-15/6A<br>GF-16/4A<br>RT18-32-/5A | 负荷开关 | 安装在操作方便且安全的地方 | HH3-300/3 |
| 电力电缆（主回路） | 直埋地下；<br>明敷设，桥架上；<br>易燃易爆 | VV29-1kV-3×150mm$^2$<br>VV-1kV-3×150mm$^2$<br>DYFBVV-1kV-3×150mm$^2$ | 线鼻子（连接端子） | 电缆的两端与（电源设备连接）用电设备连接 | 内径 16.5mm<br>外径 25mm<br>150mm$^2$ |
| 保护管<br>防爆操作柱 | 机前电缆保护；<br>机前操作 | 铁管 $\phi$75mm<br>LZ1-3W 有电流表<br>TA（变比为 300：5） | 控制按钮 | 防水防尘场所、易燃易爆场所、一般场所盘用 | LA10-2S<br>LA52-2，LA81-2<br>LA2 |
| 信号灯 | 箱、盘、柜表面上 | ND11　380V　$\phi$25mm<br>XD11-380V，XD13-380V | 转换开关（万能） | 操作方式选择装在配电箱．屏．盘内 | LW5-16<br>HZ5B-10 |
| 控制电缆（操作线） | 直埋地下；<br>明敷设，桥架上；<br>易燃易爆 | KVV-0.5kV-5×1.5mm$^2$<br>KXV-0.5kV-5×1.5mm$^2$<br>DYFBKVV-0.5kV-6×1.5 或 7×2.5mm$^2$ | 交流接触器 | 正反转设备用（有机械联锁） | NC2-400NS 400A<br>NC2-500NS |

表 18　　电动机额定功率（160kW）配用开关电器型号规格选择表

| 电动机型号 | JB315M-2 | JS2-355M1-2 | JS2-400 | | |
|---|---|---|---|---|---|
| 额定电流 | 289A | 288A | 303A | | |
| 电器名称 | 用于场所 | 型号规格 | 电器名称 | 用于场所 | 型号规格 |
| 隔离开关（刀形隔离器） | 安装在配电箱．屏．盘，柜内 | HD13-600/3(600A)<br>HD13-400/3(400A) | 自耦减压起动箱 | 安装在操作方便且安全的地方，机前 | XJ01-190(190kW)<br>JJ1-180(180kW) |
| 空气断路器 | 安装在配电箱．屏．盘，柜内 | DZX10-400/320/350A<br>DZ20-400/330/350A | 熔断器（主回路） | 安装在配电箱．屏．盘，柜内 | RTO-600/600A |
| 变频器 | 用于风机、泵类；<br>用于一般工业机械设备 | FRN160(200) P9S-4JE 8R160F3 或 8187F3<br>FRN160(200)G9S-4JE 8160G3 或 8187G3 | 热继电器（串接于 TA 二次电路中） | 安装在配电箱．屏．盘，柜内 | JR16-20/5A<br>调节范围：3.2-4-5<br>JRS2-12.5 12.5A<br>调节范围：2.5～4A |
| 空气断路器（万能） | 用于不频繁起动的电动机 | DW15-400(315-400) | 铜母线 | 安装在配电箱．屏．盘，柜内 | MY-5×40mm |
| 交流接触器 | 安装在配电箱．屏．盘，柜内 | CJ10-400（400A）<br>CJ12B-400（400A） | 真空交流接触器 | 安装在配电箱．屏．盘，柜内 | CKJ-400(400A)<br>CKJ-600(600A) |
| 电流互感器 | 安装在配电箱．屏．盘，柜内 | LMZ1-0.5kV，LQG-0.5<br>变比为 400：5 | 电流表 | 安装在配电箱，屏．柜．盘表面上 | 1T1-A<br>量程 0～400A |
| 热继电器（主回路） | 安装在配电箱．屏．盘，柜内 | NR3-370<br>调节范围：250～400A | 负荷开关 | 安装在操作方便且安全的地方 | HH3-400/3 |
| 热继电器（主回路） | 安装在配电箱．屏．盘，柜内 | NR3-370<br>调节范围：310～500 | 端子排 | 安装在配电箱．屏．盘，柜内与外部设备连接 | B1-10　10A<br>D1-10<br>TB-10 |
| 控制熔断器（操作回路）或熔断隔离器 | 安装在配电箱，柜内的端子排上或配电箱上 | RL-15/4A<br>GF-16/4A<br>RT18-32/4A | 漏电断路器 | 安装在配电箱．屏．盘，柜内 | DZ20L-400(350A)<br>DZ20L-400(400A) |
| 电力电缆（主回路） | 直埋地下；<br>明敷设，桥架上；<br>易燃易爆 | VV29-1kV-3×185mm$^2$<br>VV-1kV-3×185mm$^2$<br>DYFBVV-1kV-3×240mm$^2$ | 接线鼻子（连接端子） | 电缆的两端与（电源设备连接）用电设备连接 | 内径 21mm<br>外径 31mm<br>240mm$^2$ |
| 保护管<br>防爆操作柱 | 机前电缆保护；<br>机前操作 | 铁管 $\phi$mm<br>LZ1-3W 有电流表 TA（变比为 400：5） | 控制按钮 | 防水防尘场所、易燃易爆场所、一般场所盘用 | LA10-2S<br>LA52-2 LA81-2<br>LA2 |
| 信号灯 | 箱、盘、柜表面上 | ND11　380V　$\phi$25mm<br>XD11-380V，XD13-380V | 转换开关（万能） | 操作方式选择装在配电箱．屏．盘内 | LW5-16<br>HZ5B-10 |
| 控制电缆（操作线） | 直埋地下；<br>明敷设，桥架上；<br>易燃易爆 | KVV-0.5kV-7×1.5mm$^2$<br>KXV-0.5kV-5×1.5mm$^2$<br>DYFBKVV-0.5kV-6×1.5mm$^2$ 或 6×2.5mm$^2$ | 磁力起动器电磁开关交流接触器 | 安装在配电箱．屏．盘，柜内<br>正反转设备用（有机械联锁） | NC2-400NS 400A<br>NC2-500NS |

**表 19　　电动机额定功率（200kW）配用开关电器型号规格选择表**

| 电动机型号 | Y315L2-2 | Y355M3-6 | Y315M1-2 | YR355M2-6 | YR355M-4 |
|---|---|---|---|---|---|
| 额定电流 | 365（A） | 374（A） | 363（A） | 378（A） | 367（A） |
| 电器名称 | 用于场所 | 型号规格 | 电器名称 | 用于场所 | 型号规格 |
| 隔离开关（刀形隔离器） | 安装在配电箱．屏．盘，柜内 | HD13-100/3(100A)<br>HD11-100/39(100A) | 自耦减压起动箱 | 安装在操作方便且安全的地方，机前 | XJ01-225(225kW)<br>JJ1-250(250kW) |
| 空气断路器 | 安装在配电箱．屏．盘，柜内 | DZ4-25/330/10A<br>DZ6-60/330/15A | 熔断器（主回路） | 安装在配电箱．屏．盘，柜内 | RT0-1000/900A |
| 变频器 | 用于风机、泵类；<br>用于一般工业机械设备 | FRN200(220)P9S-4JE<br>8200F3 或 8220F3<br>FRN200（220）G9S-4JE<br>8200G3 或 8220G3 | 热继电器（串接于 TA 二次电路中） | 安装在配电箱．屏．盘，柜内<br>正反转设备用（有机械联锁） | JR16-20/5A<br>调节范围：3.2-4-5<br>JRS2-12.5 12.5A<br>调节范围：2.5～4A |
| 漏电断路器 | 安装在配电箱．屏．盘，柜内 | DZ20L-630（400A）<br>DZ20L-630（500A） | 铜母线 | 安装在配电箱．屏．盘，柜内 | LMY-5×50mm |
| 交流接触器 | 安装在配电箱．屏．盘，柜内 | CJ12-400（400A）<br>CJ12B-400(600)/3 | 真空交流接触器 | 安装在配电箱．屏．盘，柜内 | CKJ- 400(400A)<br>CKJ- 600(600A) |
| 电流互感器 | 安装在配电箱．屏．盘，柜内 | LMZ1-0.5kV，LQG-0.5<br>变比为 600：5 | 电流表 | 安装在配电箱，屏．柜．盘表面上 | 1T1-A<br>量程 0～600A |
| 热继电器（主回路） | 安装在配电箱．屏．盘，柜内 | NR3-370<br>调节范围：310～500A | 电磁调速控制器 | 安装在操作方便且安全的地方（机前） | |
| 空气断路器（万能） | 用于不频繁起动的电动机 | DW15-630(500A) | 端子排 | 安装在配电箱．屏．盘，柜内与外部设备连接 | B1-10　10A<br>D1-10<br>TB-10 |
| 控制熔断器（操作回路）或熔断隔离器 | 安装在配电箱，柜内的端子排上或配电箱上 | RL-15/2A<br>GF-16/2A<br>RT18-32/2A | | | |
| 电力电缆（主回路） | 直埋地下；<br>明敷设，桥架上；<br>易燃易爆 | VV29-1kV-3×240mm²<br>VV-1kV-3×240mm²<br>DYFBVV-1kV-3×240mm² | 线鼻子（连接端子） | 电缆的两端与（电源设备连接）用电设备连接 | 内径 21mm<br>外径 31mm |
| 保护管<br>防爆操作柱 | 机前电缆保护；<br>机前操作 | 铁管 ϕ20mm<br>L11-3W 有电流表 TA（变比为 600：5） | 控制按钮 | 防水防尘场所、易燃易爆场所、一般场所盘用 | LA10-2S<br>LA52-2，LA81-2<br>LA2 LA6-2 |
| 信号灯 | 箱、盘、柜表面上 | ND11　380V　ϕ25mm<br>XD11-380V，XD13-380V | 转换开关（万能） | 操作方式选择装在配电箱．屏．盘内 | LW5-16<br>HZ5B-10 |
| 控制电缆（操作线） | 直埋地下；<br>明敷设，桥架上；<br>易燃易爆 | KVV-0.5kV-5×1.5mm²<br>KXV-0.5kV-5×1.5mm²<br>DYFBKVV-0.5kV-6×1.5mm² 或 7×2.5mm² | 磁力起动器<br>电磁开关 | 安装在配电箱．屏．盘，柜内<br>正反转设备用（有机械联锁） | NC2-400NS 400A<br>NC2-500NS |

**表 20　　电动机额定功率（250kW）配用开关电器型号规格选择表**

| 电动机型号 | Y355M2-2 | Y355M2-4 | Y315M2-2 | YR355M3-6 | Y315M2-4 |
|---|---|---|---|---|---|
| 额定电流 | 444（A） | 460（A） | 363（A） | 465（A） | 458（A） |
| 电器名称 | 用于场所 | 型号规格 | 电器名称 | 用于场所 | 型号规格 |
| 隔离开关（刀形隔离器） | 安装在配电箱．屏．盘，柜内 | HD13-600/3(600A) | 自耦减压起动箱 | 安装在操作方便且安全的地方，机前 | XJ01-260(280kW)<br>JJ1-250(280kW) |
| 空气断路器 | 安装在配电箱．屏．盘，柜内 | DZ4-25/330/10A<br>DZ6-60/330/15A | 熔断器（主回路） | 安装在配电箱．屏．盘，柜内 | RT0-1000/1000A |
| 变频器 | 用于风机、泵类；<br>用于一般工业机械设备 | FRN280P9S-4JE<br>8R250F3 或 8280F3<br>8250G3 或 8280G3 | 热继电器（串接于 TA 二次电路中） | 安装在配电箱．屏．盘，柜内 | JR16-20/5A<br>调节范围：3.2-4-5<br>JRS2-12.5 12.5A<br>调节范围：2.5～4A |
| 漏电断路器 | 安装在配电箱．屏．盘，柜内 | DZ20L-630(500A) | 铜母线 | 安装在配电箱．屏．盘，柜内 | LMY-5×50mm |
| 交流接触器 | 安装在配电箱．屏．盘，柜内 | CJ12B-600(600A) | 真空交流接触器 | 安装在配电箱．屏．盘，柜内 | CKJ-600(600A) |
| 电流互感器 | 安装在配电箱．屏．盘，柜内 | LMZ1-0.5kV，LQG-0.5<br>变比为 600：5 | 电流表 | 安装在配电箱，屏．柜．盘表面上 | 1T1-A<br>量程 0～600A |
| 热继电器（主回路） | 安装在配电箱．屏．盘，柜内 | NR3-370<br>调节范围：310～500A | 电磁调速控制器 | 安装在操作方便且安全的地方（机前） | |
| 空气断路器（万能） | 安装在配电箱．屏．盘，柜内，用于不频繁起动的电动机 | DW15-630　630A | 端子排 | 安装在配电箱．屏．盘，柜内与外部设备连接 | B1-10　10A<br>D1-10<br>TB-10 |
| 控制熔断器（操作回路）或熔断隔离器 | 安装在配电箱，柜内的端子排上或配电箱上 | RL-15/6A<br>GF-16/5-6A<br>RT18-32/4-6A | | | |
| 电力电缆（主回路） | 直埋地下；<br>明敷设，桥架上；<br>易燃易爆 | VV29-1kV-3×150mm² 并<br>VV-1kV-3×150mm² 并联<br>DYFBVV-1kV-3×300mm² | 接线鼻子（连接端子） | 电缆的两端与（电源设备连接）用电设备连接 | 内径外径<br>见表 D-15 |
| 保护管<br>防爆操作柱 | 机前电缆保护；<br>机前操作 | 铁管 $\phi$75－$\phi$100mm<br>L11-3W 有电流表<br>TA（变比为 600：5） | 控制按钮 | 防水防尘场所、易燃易爆场所、一般场所盘用 | LA10-2S<br>LA52-2　LA81-2<br>LA2 |
| 信号灯 | 箱、盘、柜表面上 | ND11　380V　$\phi$25mm<br>XD11-380V，<br>XD13-380V | 转换开关（万能） | 操作方式选择装在配电箱．屏．盘内 | LW5-16<br>HZ5B-10 |
| 控制电缆（操作线） | 直埋地下；<br>明敷设，桥架上；<br>易燃易爆 | KVV-0.5kV-5×1.5mm²<br>KXV-0.5kV-5×1.5mm²<br>DYFBKVV-0.5kV-6×1.5mm² 或 7×2.5 mm² | 交流接触器 | 安装在配电箱．屏．盘，柜内<br>正反转设备用（有机械联锁） | CJ12B-600（600A）<br>NC2-500NS |

# 参 考 文 献


[1] 黄北刚．现代电工识图与实用电路．北京：国防工业出版社，2005.
[2] 黄北刚．泵用电动机控制电路详解．北京：中国电力出版社，2010.
[3] 黄北刚．实用电工电路300例．北京：中国电力出版社，2011.
[4] 黄北刚．实用电动机控制电路400例．北京：中国电力出版社，2015.